WebGIS系列丛书

之OpenLayers全面解析 第2版

郭明强 黄颖 编著

電子工業出版社
Publishing House of Electronics Industry
北京•BEIJING

内 容 简 介

作为业内广泛使用的地图引擎之一，OpenLayers 已被各大 GIS 厂商和广大 WebGIS 二次开发者采用。借助于 OpenLayers 强大的扩展功能，可以与不同的 WebGIS 平台产品相结合，开发出各具特色的 WebGIS 应用系统。

本书的主要内容涵盖 WebGIS 和 OpenLayers 的开发基础， OpenLayers 的快速入门、多源数据加载、图形绘制、OGC 服务、高级功能，最后给出了 OpenLayers 的项目实战——水利信息在线分析服务系统。

本书可作为 WebGIS 专业的教材，也可供 WebGIS 的开发爱好者阅读。

读者可登录华信教育资源网（www.hxedu.com.cn）下载本书的代码。

图书在版编目（CIP）数据

WebGIS 之 OpenLayers 全面解析 / 郭明强，黄颖编著. —2 版. —北京：电子工业出版社，2019.9
（WebGIS 系列丛书）
ISBN 978-7-121-37323-7

Ⅰ. ①W… Ⅱ. ①郭… ②黄… Ⅲ. ①地理信息系统－应用软件 Ⅳ. ①P208

中国版本图书馆 CIP 数据核字（2019）第 182633 号

责任编辑：田宏峰
印　　刷：北京盛通数码印刷有限公司
装　　订：北京盛通数码印刷有限公司
出版发行：电子工业出版社
　　　　　北京市海淀区万寿路 173 信箱　邮编　100036
开　　本：787×1092　1/16　印张：18　字数：461 千字
版　　次：2016 年 7 月第 1 版
　　　　　2019 年 9 月第 2 版
印　　次：2025 年 1 月第 12 次印刷
定　　价：79.00 元

凡所购买电子工业出版社图书有缺损问题，请向购买书店调换。若书店售缺，请与本社发行部联系，联系及邮购电话：（010）88254888，88258888。

质量投诉请发邮件至 zlts@phei.com.cn，盗版侵权举报请发邮件至 dbqq@phei.com.cn。

本书咨询联系方式：tianhf@phei.com.cn。

序

经过作者在 WebGIS 领域多年的实践经验积累及近一年的精心撰写，《WebGIS 之 OpenLayers 全面解析（第 2 版）》一书终于呈现给广大 WebGIS 领域科研工作者和程序开发爱好者了。我有幸作为首批读者，提前感受了 OpenLayers 在 WebGIS 开发方面的强大功能，同时也首先体验到了本书能够让读者从 OpenLayers 快速入门到精通方面的优势和特色。

从内容组织上讲，本书从一个 WebGIS 开发爱好者的角度去认识、理解、分析和实现 OpenLayers 在 WebGIS 开发中的各个功能：从 WebGIS 基础到 OpenLayers 入门，从多源地图数据展示到 Web 中的图形绘制，再从 OGC 标准服务到 OpenLayers 高级功能开发，讲解全面深入，示例程序清晰易懂。本书图文并茂，内容丰富，对 WebGIS 和 OpenLayers 基本原理和开发过程的清晰阐述，对程序代码分析的精确明晰，使读者能够体会到作者在基于 OpenLayers 的 WebGIS 开发方面的经验和深刻理解。

我认为本书值得推荐的原因有以下几点。

首先，近年来，基于 Flex 和 Silverlight 等 RIA 技术的 WebGIS 开发技术已逐渐淡出我们的视野，传统的 JavaScript 开发方式又开始流行起来，各大 GIS 厂商也将产品研发重心转移到 JavaScript 上。OpenLayers 作为业内使用最为广泛的地图引擎之一，已被各大 GIS 厂商和广大 WebGIS 二次开发者采用，在这种形势的驱动下，本书系统地针对 OpenLayers 的 WebGIS 开发进行了全方位的介绍，可指导 WebGIS 开发爱好者快速掌握 OpenLayers 的各个 WebGIS 功能的开发方法。

其次，本书所讲述的所有方法和经验均是作者在多年从事 WebGIS 产品研发过程中积累形成的，非常利于读者快速掌握基于 OpenLayers 的 WebGIS 开发技巧。例如，读者通过学习书中的多源数据展示和 OGC 相关章节的内容，不仅可以快速地实现各种网络地图数据的获取和展示，还可以将其与各种公开的 OGC 服务图层结合起来，实现各种网络地图的叠加显示和交互。书中的这些内容对 WebGIS 科研工作者和程序开发爱好者都具有重要的参考价值。

再次，通过大量的二次开发示例操作和详尽的代码解析，本书可以带领读者进一步深刻地理解和掌握 OpenLayers 的各个高级功能开发方法。例如，书中的动态投影和标绘功能等高级功能，读者参照其中的二次开发示例，只要稍做修改，再结合实际的二次开发功能需求，就可以用于正在开发的 WebGIS 项目中，达到事半功倍的效果，有利于读者快速熟悉和掌握 OpenLayers 开发过程中的各种细节和技巧。本书可作为 WebGIS 相关二次开发大赛参赛团队的技术参考书，也可作为开设“WebGIS”课程的实验上机指导书。

最后，我们可以看到，基于 OpenLayers 的 WebGIS 二次开发已逐渐成为 JavaScript 重新占据 WebGIS 开发主导地位的代表，OpenLayers 框架已逐渐成熟，功能越来越强，各大 GIS 厂商的 WebGIS 平台均能快速地扩展到 OpenLayers 框架中。一旦通过本书掌握了 OpenLayers，就能够快速地熟悉并掌握各大 GIS 厂商 WebGIS 平台的二次开发，如 ArcGIS Server、MapGIS IGServer、SuperMap iServer 等。因此，OpenLayers 站在了 WebGIS 二次开发技术变革的浪潮之巅，将具有不可预估的发展前景和应用价值。

如果您是初级 WebGIS 程序开发爱好者，那么就更有必要拥有并好好学习本书；如果您正在 GIS 领域进行科研工作或进行高级 WebGIS 功能开发，也有必要阅读本书。无论科研人员、架构师、开发者、学生，还是对 WebGIS 和 OpenLayers 技术比较好奇的读者，本书都是一本不可多得的从入门向高级进阶的精品图书，值得大家选择！

前 ESRI 中国公司大客户经理

前　言

WebGIS 开发技术先后经历了从 JavaScript 到 RIA，再从 RIA 到 JavaScript 的发展过程。近年来，基于 RIA 的 WebGIS 开发技术已逐渐淡出，WebGIS 传统的 JavaScript 开发方式又开始流行起来，ArcGIS、MapGIS、SuperMap 等各大 WebGIS 厂商的平台产品也已将产品研发重心转移到了 JavaScript 上。OpenLayers 作为业内使用最为广泛的地图引擎之一，已被各大 GIS 厂商和广大 WebGIS 二次开发者采用。借助于 OpenLayers 强大的扩展功能，可以与各大 WebGIS 厂商的平台产品（如 ArcGIS Server、MapGIS IGServer、SuperMap iServer、GeoServer 等）相结合，开发出各具特色的 WebGIS 应用系统。因此，一旦掌握了 OpenLayers 客户端 WebGIS 开发技术，便可快速地实现与任何一种 WebGIS 服务平台的对接。本书针对 OpenLayers 的 WebGIS 开发，从基础到高级功能进行了详细全面的讲解，目的就是为了给广大读者提供一本能够指导基于 OpenLayers 的 WebGIS 开发的参考书籍。

自 2006 年在武汉中地数码集团开始从事 WebGIS 平台产品的研发工作以来，我先后开发过 WebGIS 服务器、JavaScript 版本 WebGIS 客户端、Flex 版本 WebGIS 客户端、Silverlight 版本 WebGIS 客户端。在十多年来的 WebGIS 研发工作中，我体会到了做平台产品不能“闭门造车”，要以一种开放共享的态度来做一个 WebGIS 平台，这样才能够在 WebGIS 领域立足。而 OpenLayers 与我的想法不谋而合，借助 OpenLayers 的开放特性和强大的扩展功能，可以扩展各个 WebGIS 平台的插件，这样就能做到用“多个插件、一个系统”，去对接多个 WebGIS 服务平台，避免了 WebGIS 客户端功能扩展难，难以与各大 WebGIS 厂商的平台产品（如 ArcGIS Server、MapGIS IGServer、SuperMap iServer、GeoServer、Google Map、百度地图、天地图等）融合的难题。这是我撰写本书的主要动因，希望本书能够给 WebGIS 领域的科研工作者和程序开发好爱者提供参考。

我在中国地质大学（武汉）信息工程学院主讲“WebGIS”课程，学生在这门课程的上机实践中难以选择某个 WebGIS 平台进行学习，因为不同的 GIS 厂商各自提供的 WebGIS 客户端开发库都大相径庭，学习难度大，难以在短时间内快速入门。这种现状进一步促使我下定决心，把自己多年来在 WebGIS 开发方面积累的经验撰写成书，将获得业界认可的、开放的 OpenLayers 开发指导书提供给广大学生，让开设 GIS 专业的高校学生能够基于此书快速地了解、学习并掌握 WebGIS，而不用再受不同 WebGIS 平台的限制。希望本书能够为高校学生的产学研、专业技能学习、创新创业、毕业设计等起到一定的指导和帮助作用。

高校 GIS 二次开发大赛是高校学生锻炼和学习的最佳环境，虽然我指导的学生在第五届、第六届、第七届高校 GIS 技能大赛中都获得了很好的成绩，第六届和第七届连续斩获特等奖，但是还有很多学生因为 WebGIS 学习难度大，缺乏一本能够快速学习并接入自己熟悉的某个 WebGIS 平台的开发指导书籍，限制了他们参加各种 GIS 二次开发大赛。为了增加学生的自信心，降低入门门槛，本书对 OpenLayers 开发技术进行了详细全面的讲解，内容由浅入深，配以丰富的程序示例，一旦快速学习并掌握了 OpenLayers 开发技术，就能够快速地将其与自己熟悉的 WebGIS 平台相结合，高效地开发出自己的 WebGIS 系统。希望本书的出版能够增强参加各类 GIS 大赛的学生的自信心，并指导学生快速地了解、熟悉并掌握 WebGIS，提高项目实践动手能力。

本书的出版得到了国家自然科学基金（41701446、41971356）的资助，在此表示感谢。

在十多年来的 WebGIS 项目开发实践中，目前 WebGIS 系统已从单一的 WebGIS 平台向多源异构的方向发展，越来越多的系统需要在一套系统中使用来自不同 GIS 厂商的数据，调用不同 GIS 厂商提供的 GIS 服务，这给 WebGIS 系统的可扩展性提出了极高的要求，而目前主流的 OpenLayers 刚好能够很好地解决这一难题，使其被广大 WebGIS 程序开发爱好者作为首选的 WebGIS 客户端。在这个形势驱动下，促使我下定决心，顺势推出一本全方位讲解 OpenLayers 开发的技术书籍，希望能够给广大 WebGIS 程序开发爱好者提供参考。

郭明强

中国地质大学（武汉） 副教授 博士后

武汉中地数码科技有限公司 WebGIS 产品研发经理 高级工程师

湖北地信科技集团股份有限公司 技术顾问

目　　录

第 1 章

概　述

1.1　什么是 GIS

GIS 是什么？能给我们带来什么？这应该是每一位刚接触 GIS 的人感到非常迷茫和困惑的问题，很多 GISer（GIS 从业人员）也无法简单地用一言两语说清道明。长久以来，GIS 给人们的印象是神秘、复杂、专业、高深，颇具技术含量。然而，随着相关技术的迅速发展，尤其是近年来网络技术的发展，GIS 势如破竹，走进人们的工作与生活，进入公众的视野，并迅速成为大家关注的焦点。

当 Google 地图、Google 地球横空出世时，大家发现可以在计算机上漫游世界，能够快速定位周边的环境，甚至可以看到自己家的房顶，引起了广大用户的极大兴趣，越来越多的人开始了解 GIS。尤其是近年来百度地图、高德地图、腾讯地图等在线地图应用市场火爆，随着滴滴打车、大众点评等热门 APP 的广泛应用，“地图”“GIS”等字眼频频出现，吸引更多人的眼球。于是，人们开始通过网络等渠道查询 GIS 的信息，查找 GIS 的概念，尝试慢慢理解 GIS 及其应用。

地理信息系统（Geographic Information System）是一种特定的十分重要的空间信息系统。它是在计算机软/硬件的支持下，以采集、存储、管理、检索、分析和描述空间物体的定位分布及与之相关的属性数据，并回答用户问题等为主要任务的计算机系统。

类似上述的专业解释，很多人看完后仍然是一头雾水，更多的也是懵懵懂懂。“GIS 是利用计算机做地图吗？”“GIS 就是我们现在用的百度地图、Google 地图吧？”“GIS 不仅仅是制图，更是对空间数据的管理分析与应用，可以做空间分析……”“GIS 能够形象地描述整个地球空间，包括平面的二维地图应用，也包括立体的三维应用……”等，很多问题和想法不断涌现。

GIS 听起来无所不能。正如大家所见，任何事物都有时空属性，都会与空间信息相关，地理信息无处不在。GIS 以空间数据为基础，只要是人类所能及的地方，就有 GIS 的用武之地，如航天、地面、地表、地下都是 GIS 所研究的领域。我们在工作生活中所接触到的各种地图制图工具、在线地图产品（如百度地图、Google 地图等）仅仅是 GIS 的冰山一角。其实，GIS 从最初的地图制图发展至今，更多应用于国土、气象、矿产、农林、市政等专业行业领域，处理分析行业领域面临的业务问题、辅助决策等。随着网络技术的发展，GIS 逐步进入大众领域，为人们的工作生活提供便利，如我们熟知的百度地图等应用产品，以及数字校园等众多面向公众的 GIS 应用系统。随着技术的进步、研究与应用的深入，相信 GIS 的作用会越来越大，对我们的影响也会越来越大。

那 GIS 究竟能做什么呢？以大众应用为例，首先就是收集地理信息，人类的绝大部分活动都与地理位置有关，比如想和朋友找个餐馆吃饭、周末想找个电影院看电影、出差到一个陌生的城市找宾馆……这些都是地理信息，通过 GIS 能有效地把这些信息存储起来。怎么保存这些信息呢？使用 Excel 吗？怎么和地图关联起来呢？这些问题不需要用户操心，GIS 早就定义好了地理信息的各种存储方式，文件或数据库都可以，只要按要求把信息录入就可以了。收集到的地理信息在计算机中只是一堆表格数据，那怎么被人们看到呢？这就是所谓的“可视化”了。各种图表是信息可视化的产物，那地理信息可视化的产物就是“地图”，当然地图远比 GIS 出现得要早，GIS 可以方便地将收集到的信息在地图上展示。空间分析其实离我们也并不遥远，像大众点评这样的应用已经相当普及了，我们可以很方便地找到周边的餐馆。还有地图导航，通过 GPS 装置收集地理位置之后，就可以在地图上找到正确的位置，再进一步实现诸如查询、搜索等功能。

上述仅仅是 GIS 在大众应用中的一个缩影。GIS 发展至今，紧跟 IT 相关技术的步伐，从单机桌面工具到 Web（网络）在线应用，再到移动端便携应用；在各类应用需求的驱动下，从简单的制图到二维 GIS 应用，从 2.5D 到 3D，甚至全空间真三维的突破……GIS 在短短几十年时间中迅速发展、蜕变，其应用已渗透到各行各业，分别在横向与纵向逐步扩大应用的广度和深度，成为创建智慧城市和智慧地球的中坚力量。

1.2 什么是 WebGIS

WebGIS（网络地理信息系统）是指基于网络平台，客户端应用软件采用网络协议，运行在网络上的地理信息系统，即将 GIS 所能提供的功能通过网络展现给用户。顾名思义，WebGIS 就是展现在网络上的 GIS，是 GIS 与 Web 融合的产物。GIS 通过 Web 功能得以扩展，使得 GIS 冲破专业圈子，真正成为大众化的 GIS。如今，网络已成为日常生活中不可或缺的工具，人们可以在网上订餐、购物、查找路线信息、实现定位分析等。地理信息普惠大众，越来越多的人使用地理信息服务，享受地理信息所带来的便利与乐趣。

随着技术的不断发展，GIS 经历了单机环境应用向网络环境应用发展的过程。从 21 世纪开始，网络进入了爆发式增长阶段，这为 WebGIS 的发展提供了坚实的基础。网络环境 GIS 应用从 C/S（Client/Server，客户机/服务器）模式向网络环境下的 B/S（Browser/Server，浏览器/服务器）架构发展，逐步成为 GIS 应用的主流。相比 C/S 架构，B/S 架构的 WebGIS 具有部署方便、使用简单、便于推广等优势，为地理信息服务的发展奠定了基础。于是，WebGIS 应用需求剧增，基于 B/S 架构的 GIS 系统越来越多地开始提供服务，并且随着 RIA 技术、Ajax 技术等的涌现和成熟，WebGIS 能够以更好的视觉效果与交互效果展现，越来越受到广大用户的关注。

网络的大发展为人类创造了极大的物质财富和精神财富，各种信息资源通过手指轻轻一点便可轻易获取。网络与 GIS 的融合成为 GIS 应用的催化剂，标志着 GIS 迎来一个新的时代，GIS 真正走向大众化，其应用全面融入人们的工作与生活，并彰显出了巨大的活力。WebGIS 激活了 GIS 大众应用的市场。网络的嗅觉早已敏锐地嗅到了商机，大量资本与外界力量进驻，网络巨头纷纷跨界布局地图领域，Google 地图、百度地图等服务提供商的大规模扩张便是最好的证明。移动互联网成功的关键是为用户提供优质便捷的生活服务，地图则是实现移动端增值服务的最佳入口。因此，当移动互联网遇上无处不在的地理信息位置服务时，LBS 应用市场需求旺盛，移动端必将涌现出更多意想不到的特色应用。随着终端定位能力、网络及资费等外部条件的成熟，位置服务可能会在很多应用上成为标配，更有希望基于位置信息维度重新组织网络中的海量信息，创新地理信息价值。如今，GIS 早已融入人们的日常生活，网络在线地图不再限于导航，人们可以通过地图快速获取周围的景点、餐馆信息，甚至能在同一种应用下实现订餐、订房、支付等一站式服务。有了移动互联网的支撑，地图所承载的应用会更加丰富、多元化，WebGIS 应用将更加宽泛和深入。

随着网络新技术的发展，广义 WebGIS 被赋予了更多内容。我们所讨论的 WebGIS 通常为狭义的 WebGIS，即仅仅是指基于 B/S 架构通过 Web 浏览器访问的 WebGIS。WebGIS 的应用非常广泛，几乎可以应用到所有的领域，主要分为行业应用与大众应用。行业应用通常为传统专业领域的应用，如地矿、国土、公安、市政、应急防灾等领域；大众应用则主要为互联网方向服务于人们日常生活的 GIS 应用，诸如百度地图等在线地图产品，以及旅游、餐饮、购物、公交出行等各类 WebGIS 应用系统，而公众接触最多的也就是这些大众应用类产品，只是很多时候我们并不清楚这些就是 WebGIS 应用而已。

得益于网络的发展，WebGIS 快速发展前进，开发工具与平台也呈现出百花齐放之势。目前，涌现出大量用于二次开发的 WebGIS 产品，主要包括开发 API、开源与商业 WebGIS 开发平台等。在互联网方向，如百度地图 API、天地图 API、高德地图 API、腾讯地图 API、Google 地图 API 等；在行业应用方向，有很多诸如 GeoServer 的开源 WebGIS 平台，还有中地数码、超图、ESRI 等 GIS 厂商提供的专业 WebGIS 开发平台产品，如 MapGIS IGServer、ArcGIS for Server 等相关产品。

1.3 常见的开源 WebGIS 平台

WebGIS 市场需求旺盛，更多的人开始关注 WebGIS 应用，很多开发者投身于 GIS 开发大军，催生了众多开源 GIS 项目，推动了 WebGIS 的普及。部分开源 GIS 项目如表 1-1 所示。

表 1-1 部分开源 GIS 项目列表

类别/类型	开源 GIS 项目	说 明
桌面工具	QGIS、uDig、GRASS	主要用于制图，即桌面端加载数据以及对数据的编辑
服务器	GeoServer、MapServer、Geodjango	GeoServer 基于 J2EE 框架，MapServer 核心部分基于 C 语言
数据库	PostGIS/PostgreSQL、MySQL Spatial	主要用于存储空间数据
客户端	QGIS、OpenLayers、OpenScales、Worldkit	作为客户端开发框架
工具集	JTS、GEOS（几何拓扑操作库）、Shapely、GDAL/OGR（栅格矢量数据操作库）、Proj4（地图投影库）	

续表

类别/类型	开源 GIS 项目	说　明
中间件	GeoTools、MapTools	GeoTools 是一款基于 Java 的开源 GIS 工具集，允许用户对空间数据进行基本操作。空间分析功能一般是基于中间件或 OGC WPS 实现的

1．uDig

uDig 是一个开源的桌面应用程序框架，是构建在 Eclipse RCP 和 GeoTools（一个开源基于 Java 的 GIS 工具包）上的桌面 GIS。uDig 作为一款开源桌面 GIS 软件，基于 Java 和 Eclipse 平台，可以进行 shp 格式地图文件的编辑和查看，是一个开源空间数据查看器与编辑器。uDig 页面如图 1-1 所示。

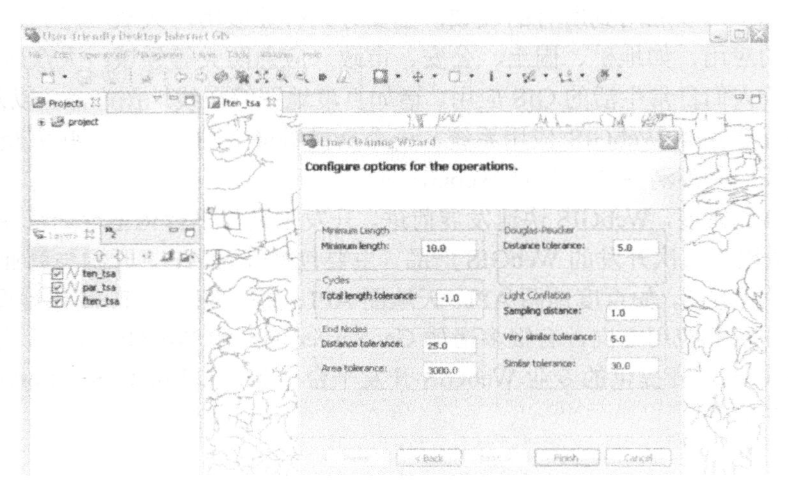

图 1-1　uDig 页面

2．QGIS

QGIS 是一个用户页面友好的桌面 GIS，可运行在 Linux、UNIX、Mac OSX 和 Windows 等平台之上。QGIS 是基于 Qt（跨平台的图形工具软件包）、使用 C++开发的一个用户页面友好、跨平台的开源版桌面地理信息系统。QGIS 页面如图 1-2 所示。

3．GeoServer

GeoServer 是 OpenGIS Web 服务器规范的 J2EE 实现，利用 GeoServer 可以方便地发布地图数据，允许用户对特征数据进行更新、删除、插入操作，通过 GeoServer 可以比较容易地在用户之间迅速共享空间地理信息。GeoServer 是社区开源项目，可以直接通过社区网站（如中文社区网站 http://www.opengeo.cn/）下载相关资料。

GeoServer 支持 OGC 标准规范的系列服务，支持 PostgreSQL、MySQL 等数据库以及 ArcSDE、Shapefile 等中间件和文件资源，能够将网络地图输出为 jpeg、png、KML 等多种图片和数据格式，可以运行在任何基于 J2EE/Servlet 的容器之上，支持多种客户端框架，如 OpenLayers 等。

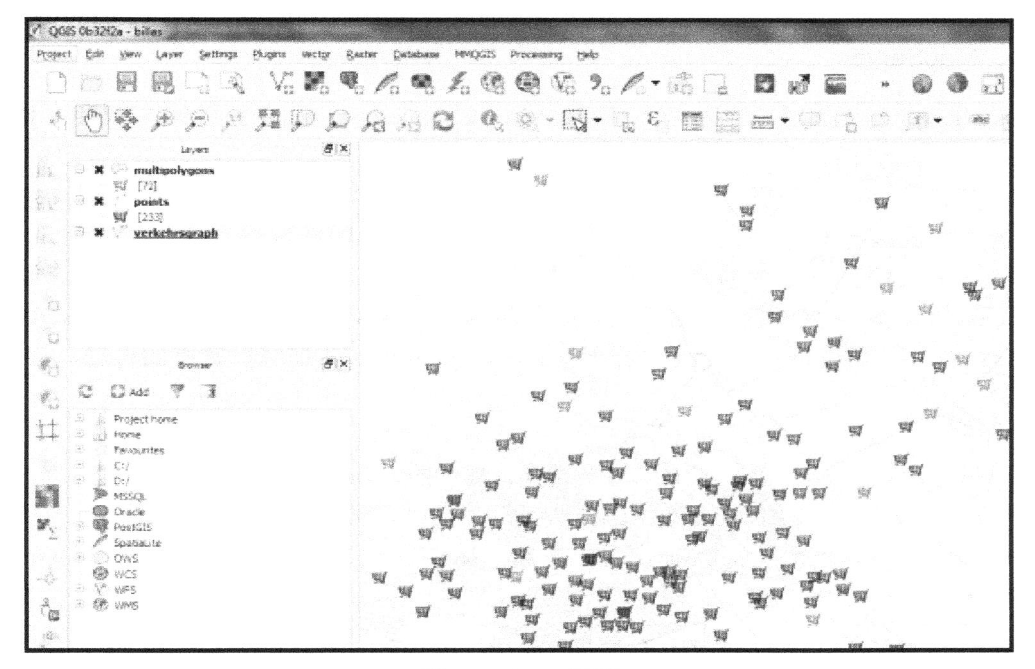

图 1-2 QGIS 页面

GeoServer 页面如图 1-3 所示。

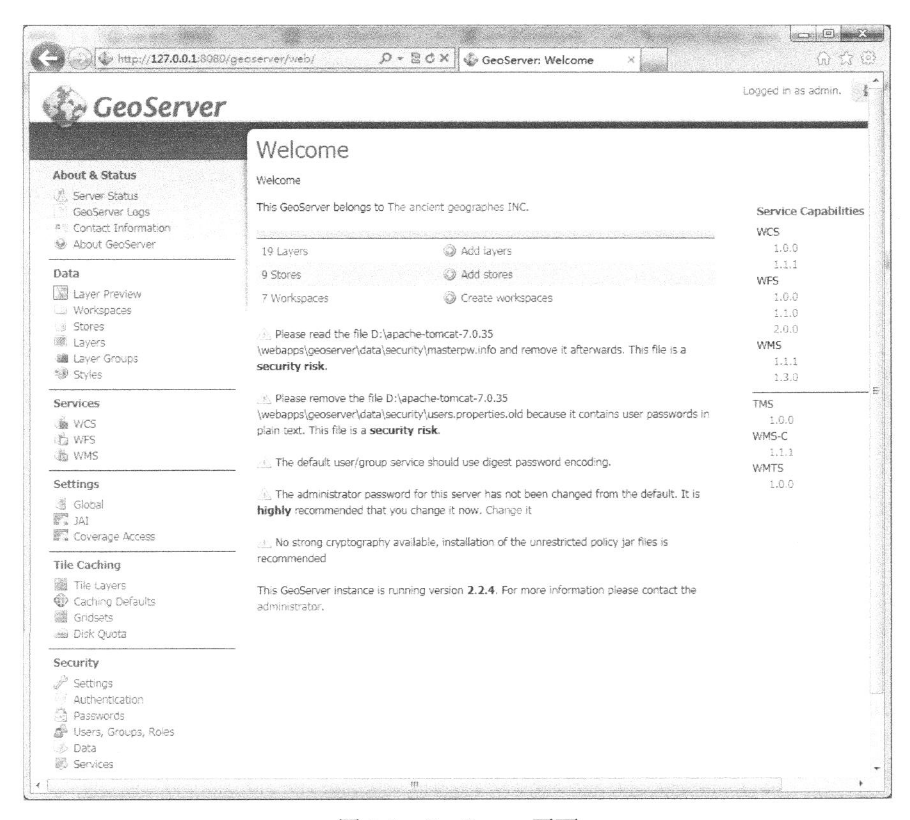

图 1-3 GeoServer 页面

4. MapServer

MapServer 是美国明尼苏达大学（University of Minnesota）在 20 世纪 90 年代利用 C 语言开发的开源 WebGIS 项目。

MapServer 是一套基于胖服务器端/瘦客户端模式的实时地图发布系统，当客户端发送数据请求时，服务器端实时处理空间数据，并将生成的数据发送给客户端。MapServer 的核心部分是 C 语言编写的地图操作模块，它本身许多功能的实现依赖一些开源或免费的库。MapServer 遵循 OGC 标准规范，可以集合 PostGIS 和开源数据库 PostgreSQL 对空间数据进行存储和查询操作，同时还支持其他客户端 API 实现空间数据的传输与表达。

5. OpenLayers

OpenLayers 是一个专为 WebGIS 客户端开发提供的 JavaScript 类库，用于访问以标准格式发布的地图数据，实现访问空间数据的方法都符合行业标准，支持各种公开的和私有的数据标准和资源。OpenLayers 采用纯面向对象的 JavaScript 方式开发，同时借用了 Prototype 框架和 Rico 库的一些组件。

OpenLayers 是一个开源的项目，其目的是为互联网客户端提供强大的地图展示功能，包括地图数据显示与相关操作，并具有灵活的扩展机制。目前，OpenLayers 已经成为一个拥有众多开发者和帮助社区的成熟、流行的框架。目前 OpenLayers 3 已经升级为 OpenLayers 5，可从其官方网站（http://openlayers.org/）下载相关资源，如图 1-4 所示。

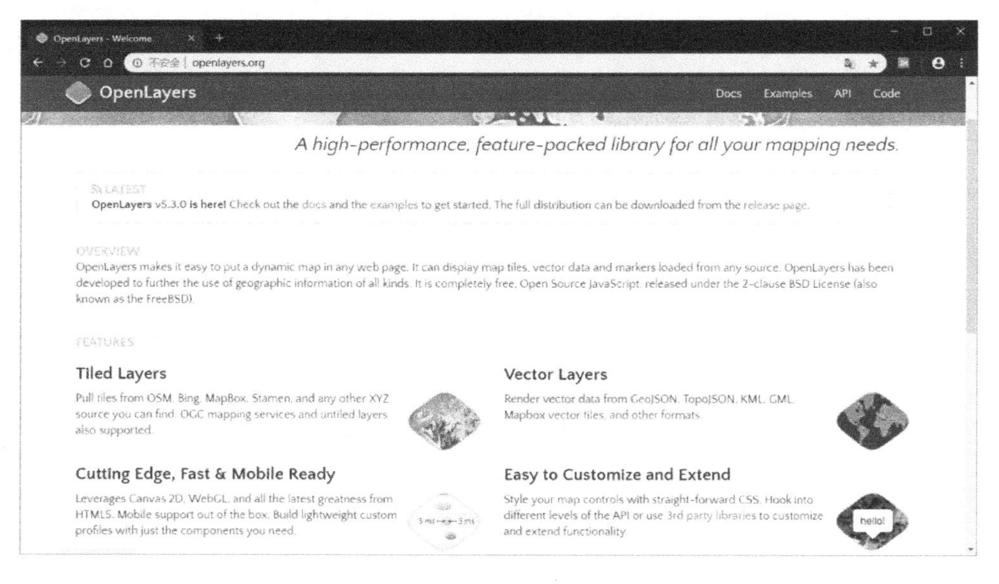

图 1-4　OpenLayers 官网

6. OpenScales

OpenScales 是一个基于 Flex 的优秀的前台地图框架，开发者可以在此开发各种网络版、手机版和桌面版的地图程序。

OpenScales是基于ActionScript 3和Flex开发的，能够支持各种标准的地图服务，如WMS、WFS、TMS、OSM等。OpenScales是开源的、免费的客户端开发框架，基于LGPL开源协议，并且基于FlashPlayer运行，可以运行在各个浏览器上，具有很好的跨平台特性。OpenScales作为一个开源的GIS客户端框架，具有非常大的应用潜力，可从其官方网站（http://www.openscales. org/）下载相关资源，如图1-5所示。

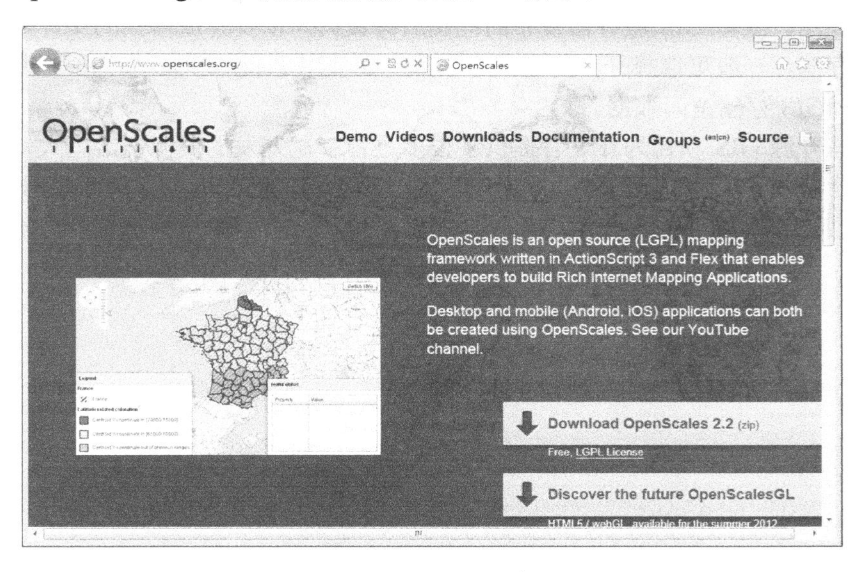

图 1-5 OpenScales 官网

OpenScales可看成对OpenLayers的ActionScript翻译，所以在学习OpenScales时可以适当参考OpenLayers的官方教程。相比之下，虽然OpenLayers的教程也是英文的，不过非常详细，提供的示例也远比OpenScales丰富。

针对WebGIS应用开发，最具代表性的开源GIS项目是：服务器端为GeoServer与MapServer，客户端为OpenLayers与OpenScales。总体来说，GeoServer功能要稍强于MapServer，MapServer对WMS的支持更高效，而GeoServer更擅长结合WFS规范进行属性查询。

不同的GIS开源项目所采用的技术框架不同，根据开发环境可以将主流的WebGIS开源解决方案分成两派，一派是C/C++，另一派是Java。常用的WebGIS全套解决方案为：

（1）基于C/C++的解决方案：MapServer（服务器）+QGIS（桌面软件）+Tomcat（中间件）+PostGIS或MySQL空间扩展（数据库）+OpenLayers(JS)或 OpenScales(Flex)（浏览器客户端）；

（2）基于JavaEE的解决方案：GeoServer（服务器）+uDig（桌面软件）+Tomact（中间件）+PostGIS|MySQL空间扩展（数据库）+OpenLayers(JS)/ OpenScales(Flex)（浏览器客户端）。

采用开源WebGIS平台进行二次开发，一般是从客户端、服务器端、数据源与数据存储方面进行设计和实现的。

Web客户端：可以选择使用OpenLayers、OpenScales等开源框架，也可以结合互联网方向的在线地图API（如百度地图API等）。

服务器端：使用最具代表性的GeoServer或MapServer作为地理信息服务器，基于服务器发布地图数据服务（如OGC的WMS、WFS、WCS等），Web应用程序则通过HTTP请求访问服务器发布的服务。若设计简单的大众应用WebGIS，可以不使用服务器端开源GIS平台，直接访问第三方提供的数据服务、数据接口，或者存储在关系数据库中的POI数据等。

数据层：数据源可使用公共在线地图服务（如百度地图、天地图、Google地图等），一般将它们作为底图，或者GIS服务器发布的地图服务数据，以及开放格式的文件数据等。针对空间数据的存储，一般可选择开源的空间数据库，如使用PostgreSQL作为关系数据库，用其扩展模块PostGIS存储空间数据。

尽管这些开源GIS项目为开发者提供了很多进行二次开发的资源，给广大GISer带来了便利，但只能满足一部分WebGIS开发需求，无法应对更多的面向大众的互联网应用。目前，GIS开源项目的不足主要表现在对底图处理能力不足、对空间数据的管理能力不足、空间分析能力较弱、无法实现一体化的系统构建与应用等。针对开源GIS项目的不足，往往需要借助专业的WebGIS开发平台，满足更多应用的需求。

第 2 章

WebGIS 开发基础

2.1 Web 开发基础理论

2.1.1 B/S 架构

Web 软件开发通常使用 B/S（Browser/Server，浏览器/服务器）架构，这是 Web 兴起后的一种网络结构模式，是目前网络开发的主流趋势。

B/S 架构采用开放式的浏览器/服务器架构，其基本结构一般包括 Web 服务器、Web 页面、Web 浏览器和 HTTP 协议等部分，如图 2-1 所示。HTTP 协议是基于客户器/服务器架构的信息分布方式，原意为“请求-响应模型”，即将包含信息等网页文档存放在 Web 服务器上，客户端以 Web 浏览器为媒介，通过程序向 Web 服务器发出请求并访问相应的 Web 网页。基于 B/S 架构的 Web 应用，将 Web 应用程序安装部署在服务器端，客户端直接通过 Web 浏览器访问，如网络上常见的门户网站、论坛、商城等。

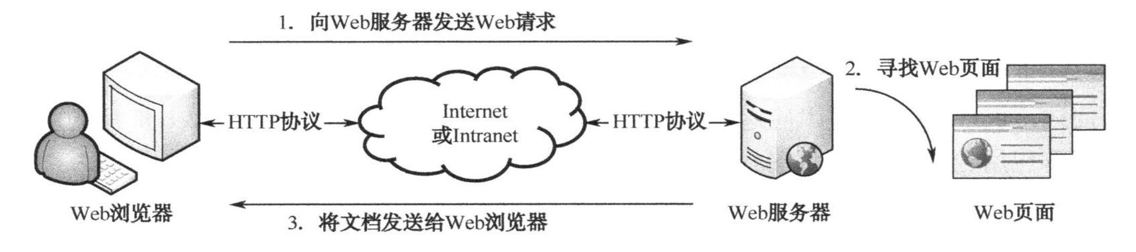

图 2-1　Web 基本结构

Web 应用的经典多层架构为表现层、业务逻辑层、数据访问层、数据源。对应于 Web 的多层结构，从物理角度划分，依次为数据服务器、Web 服务器、客户端（浏览器）三个核心构件。Web 应用的多层架构如图 2-2 所示，其中，Web 应用程序主要分为 Web 客户端与 Web 服务器端，即通常所说的 Web 前端与 Web 后台。Web 客户端通常指表现层；Web 服务器端则包括业务逻辑层与数据访问层，目前使用 Web Service（Web 服务）封装系统的业务逻辑功能与数据操作功能成为主流趋势之一。整个 Web 系统开发完成后，将编译后的 Web 应用程序部署在 Web 服务器上，数据库则部署在数据服务器上，用户通过客户端的浏览器（如 IE）进行访问。

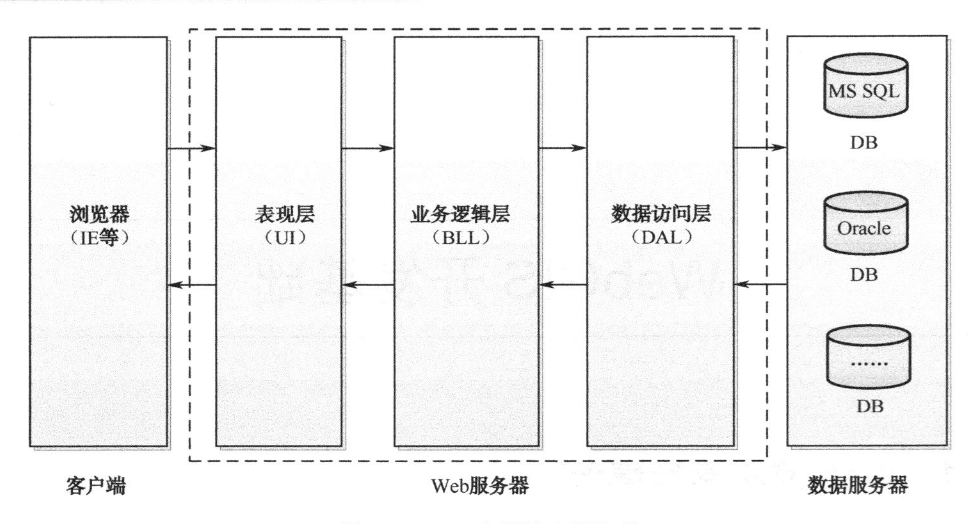

图 2-2 Web 应用的多层架构

（1）表现层（UI）：负责用户与整个系统的交互，通俗地讲就是展现给用户的页面，即用户在使用一个系统的时候，他的所见即所得。

（2）业务逻辑层（BLL）：与系统所应对的业务（领域）逻辑有关，负责业务规则的制定、业务流程的实现等。针对具体问题的操作，即对数据业务逻辑处理，是针对数据层的操作。业务逻辑层扮演两个不同的角色：对于数据访问层而言是调用者；对于表现层而言是被调用者，可以使用 Web Service 的服务模式实现。

（3）数据访问层（DAL）：该层主要是数据库的操作，主要负责数据库的访问，实现对数据表的选择、插入、更新、删除操作，同样可以使用基于 Web Service 的服务模式实现。

Web 应用的多层架构设计具有很多优势：开发人员可以只关注整个架构中的其中一层；可以很容易地用新的实现来替换原有层次的实现；可以降低层与层之间的依赖；有利于标准化；有利于各层逻辑的复用等。基于多层架构设计的 Web 应用，具备良好的数据兼容性、可移植性，维护方便。随着 Web 技术的发展，为解决共享难、复用差、跨平台难、业务混乱等诸多问题，Web Service 技术应运而生。基于 Web Service 的服务模式成为 Web 应用的主流趋势。Web 应用也趋向于前/后端分离，由此衍生出了 Web 前端开发与 Web 后台开发。

在 Web 发展过程中，用户需求和技术进步是推动架构进步的动力。在设计一个 Web 应用的架构时，要切实满足当前用户需求，同时考虑应对发展变化的灵活性。因此，Web 应用架构的扩展性非常关键。如果每次在需求变化时都会导致架构进行重大改动，那么这无疑是一个失败的设计。

2.1.2 客户端技术

Web 前端开发技术包括网页开发技术、客户端交互实现技术等。Web 前端开发技术的三要素为 HTML、CSS 和 JavaScript，但随着 RIA 的流行与普及，Flash/Flex、Silverlight 等也非常受欢迎。随着时代的发展，Web 前端开发技术的三要素已经演变为现在的 HTML5、CSS3、jQuery。

1. HTML

HTML（Hypertext Markup Language）即超文本标记语言，是用于描述网页文档的一种标记语言。它通过在用户文档中加入特定的控制字符或命令，使文档能够按照用户期望的格式输出。HTML 语言主要用于客户端的页面设计。HTML 作为互联网上“通行无阻”的语言，简单易用但功能强大，支持不同数据格式的文档嵌入，具有简易性、可扩展性、平台无关性等特点。

HTML 文档是使用 HTML 语言编写的 ASII 文本文档，扩展名为.htm 或.html，主要用于定义 Web 页面的内容与显示格式。HTML 文档包含文档（显示）内容与 HTML 标记两部分，其标记基本上是成对出现的，即由一个开始标记和一个结束标记组成。

随着 Web 技术的发展与应用，HTML 不断丰富和规范，形成相应的各个版本。HTML5 的第一份正式草案已于 2008 年 1 月 22 日公布，目前仍处于发展阶段，但大部分浏览器已经支持某些 HTML5 技术。HTML5 有两大特点：首先，强化了 Web 网页的表现性能；其次，追加了本地数据库等 Web 应用的功能。广义上的 HTML5，实际指的是包括 HTML、CSS 和 JavaScript 在内的一套技术组合，它希望能够减少浏览器对于需要插件的富互联网应用（RIA）的需求，并且提供更多能有效增强网络应用的标准集。

2. CSS

CSS（Cascading Style Sheet）即级联样式表，通常又称为风格样式表（Style Sheet），用来进行网页风格设计，即表现 HTML 或 XML 等文档的样式。比如，如果想让链接字在未单击时是蓝色的，当鼠标指针移上去时变成红色且有下画线，这就是一种风格。通过设计级联样式表，可以统一控制 HTML 中各标志的显示属性，能够更有效地控制网页外观，具有精确指定网页元素位置、外观以及创建特殊效果的能力。

在站点网页上使用的级联样式表有三种：外部样式表、内页样式表、行内样式表。其中，网页链接到外部样式表，为网页所创建的嵌入式样式将扩充或覆盖外部样式表中的指定属性。在设计 Web 页面时，通常采用 CSS+DIV 的页面布局。相比传统的用 Table 布局的页面，CSS+DIV 方式具有代码精简、易重构、访问网页速度快、浏览器兼容性好等优点。

CSS 目前的最新版本为 CSS3，是能够真正做到网页表现与内容分离的一种样式设计语言。相对于传统 HTML 而言，CSS 能够对网页中的对象位置排版进行像素级的精确控制，支持几乎所有的字体、字号、样式，拥有对网页对象进行显示控制的能力，并能够进行初步交互设计，是目前基于文本展示的最优秀的设计语言。HTML5 兼容 CSS3，使得 HTML5 的应用更加广泛。

3. JavaScript

JavaScript 的前身为 LiveScript。在 Netscape 公司与 Sun 公司合作之后，引进 Java 的程序设计概念，将其改名为 JavaScript。之所以取名为 JavaScript，原因在于 JavaScript 是一种嵌入 HTML 文档的、基于对象的脚本设计语言，语法同 Java 语言很相似，而且 JavaScript 的设计使得它很容易同 Java 语言一同工作，还可以充分支持 Java 的 Applet 应用程序。目前，几乎所有的浏览器都支持 JavaScript 语言。

JavaScript 是一种通用的、基于原型的、面向对象的脚本语言，属于解释型语言，它的设计目标是在不占用很多系统和网络资源的情况下提供一种可以嵌入不同应用程序的通用代码，不需要依赖于特定的机器和操作系统，独立于操作平台。

JavaScript 主要用于创建具有动态性、交互性的 Web 页面，有如下几个特点：

（1）简单性：JavaScript 语句可以直接嵌入 HTML 文档中，其语句的解析执行由 Web 浏览器负责，不需要额外的开发环境。

（2）基于对象：JavaScript 采用面向对象的编程方法，通过设置属性和调用方法来完成所需的编程功能。

（3）事件驱动：JavaScript 采用事件驱动方式，可以对用户的鼠标单击、移动窗口、菜单选择等事件产生响应。

（4）平台无关性：JavaScript 的运行依赖于 Web 浏览器，与操作环境无关，只要客户端能运行支持 JavaScript 的 Web 浏览器，就可以运行嵌入 JavaScript 脚本的 Web 页面。

（5）安全性：JavaScript 脚本是通过 Web 浏览器处理的，不能修改其文件的内容。因此，当 Web 浏览器浏览嵌入 JavaScript 脚本的 Web 页面时，用户不需要担心 JavaScript 脚本会被删除或修改。同时，没有服务器端程序的协同，JavaScript 脚本不能在服务器上打开文件或存储信息。

JavaScript 的功能强大且非常灵活，了解其特性与适用场合，便能运用自如。JavaScript 主要适用于交互式用户页面设计、动态更新页面信息、数据校验、通过 Ajax 异步访问服务器提取数据等。鉴于 JavaScript 的优良特性，业界很多个人或组织投入研究与应用，涌现出大量优秀的 JavaScript 开源框架和插件，让 Web 开发事半功倍。基于这些开源框架和插件，使 HTML+CSS+JavaScript 的 Web 应用具有丰富的交互体验效果，可以与 Flex、Silverlight 等 RIA 媲美，获得了更多 Web 开发人员的青睐。因此，HTML5+CSS3+JavaScript 已成为目前 Web 前端开发广泛使用的方式。本书也是基于此方式展开介绍的。

4. Flex

Flex 通常指 Adobe Flex，基于其专有的 Macromedia Flash 平台，Flex 是涵盖了支持 RIA（Rich Internet Applications）的开发和部署的一系列技术组合。Flex 作为 RIA 开发的主流方式之一，应用较广。Flex 是基于组件的开源开发框架，使用 MXML 与 ActionScript 语言构建 RIA 系统，其应用系统编译成 Flash 文件，通过 Flash Player 插件运行，兼容性非常好。Flex 继承了 Flash 在表现层得天独厚的优势，丰富的交互性和视觉效果吸引了越来越多的 Web 开发者。

5. Silverlight

Silverlight 是一种融合了微软的多种技术的 Web 呈现技术，也是 RIA 开发的主流方式之一。Silverlight 提供了一套开发框架，为开发设计人员提供了一个统一的开发应用模型，基于 XAML 进行交互，使具有不同背景知识的开发设计人员能够更好地协作，高效地创造出能在 Windows 和 Macintosh 上多种浏览器中运行的，内容丰富、页面绚丽的 Web 应用程序。

6. 其他相关技术

另外，基于 HTML+CSS+JavaScript 的 Web 客户端开发，通常会涉及 XML、DOM、Ajax

等相关技术。

（1）XML（Extensible Markup Language）：可扩展标记语言，用于标记电子文件，使其具有结构性的标记语言，可以用来标记数据、定义数据类型，允许用户对自己的标记语言进行定义。XML 是标准通用标记语言（SGML）的子集，非常适合 Web 传输。XML 提供统一的方法来描述和交换独立于应用程序或供应商的结构化数据。XML 与 HTML 的设计区别是：XML 的核心是数据，其重点是数据的内容；而 HTML 用来显示数据，其重点是数据的显示。XML 可在任何应用程序中读写数据，这使 XML 很快成为数据交换的唯一公共语言。

（2）DOM（Document Object Model）：文档对象模型，用于表示文档（如 HTML、XML）、访问、操作文档各种元素的应用程序接口（API）。DOM 用于 JavaScript 与页面的交互能够动态修改文档中的节点、元素、属性等。一般的，支持 JavaScript 的所有浏览器都支持 DOM。在 DOM 下，HTML 文档各个节点被视为各种类型的 Node 对象，每个 Node 对象都有自己的属性和方法，利用这些属性和方法可以遍历整个文档。

（3）Ajax（Asynchronous JavaScript and XML）：Ajax 并不是一门新的语言或技术，它实际上是几项技术按一定的方式组合在一起的，在共同的协作中发挥各自的作用。Ajax 最大的一个特点是无须刷新页面便可向服务器传输或读写数据（又称为无刷新更新页面）。这一特点主要得益于 XMLHTTP 组件 XMLHttpRequest 对象，它是一种支持异步请求的技术。只同服务器进行数据层面的交换，而不用每次都刷新页面，也不用每次将数据处理的工作提交给服务器来做，既减轻了服务器的负担，又加快了响应速度、缩短了用户等候时间。

7．开源框架与插件

随着 JavaScript 和相关技术在 Web 开发中的广泛应用，出现了很多 JavaScript 开源框架，即 JavaScript 库。其中，jQuery 是目前最流行的 JavaScript 库。jQuery 是一个轻量级的 js 库，兼容 CSS3 与各种浏览器，简化 HTML 与 JavaScript 之间的操作，使用户能更方便地处理 HTML 文档、事件、实现动画效果，并且方便地为网站提供 Ajax 交互。除了 jQuery，还有大量优秀的 JavaScript 框架和插件，如 Prototype、ExtJS、MooTools、Dojo、YUI 等。

（1）Prototype：致力于简化动态 Web 应用程序的开发，具有独特的、易用的工具库和最好的 Ajax 库。

（2）ExtJS：用于创建前端用户页面，与后台技术无关的前端 Ajax 框架，主要用来开发 RIA 的 Ajax 应用，具有强大的 UI，而且性能不错。

（3）MooTools：是一个模块化的、面向对象的 JavaScript 框架，适合中高级 JavaScript 开发人员。

（4）Dojo：其强大的核心使 Web 开发更加敏捷，拥有出色的 UI 工具库，号称 Unbeatable JavaScript Tools，更适合企业应用和产品开发，背后有 IBM、Sun、BEA 等公司的强大支持。

（5）YUI：是 Yahoo 公司推出的开源 JavaScript 框架，用于快速开发交互性高、更加稳健的 Web 应用。

在实际应用中选用这些框架与插件，可以大幅提高开发效率，并且强化 Web 应用，使得 Web 前端开发人员更加得心应手。

由于有了 WebKit 和 HTML5 的支持，很多 Web 开发厂商开始转向基于移动设备的 Web 应用框架组件，推出了一些面向移动应用的 JavaScript 框架，如 Yahoo 的 YUI3.2 的 Touch、 jQuery 的 jQueryMobile、ExtJS 整合的 jQTouch，以及 Raphael 推出的 Sencha Touch 框架等。

2.1.3 服务器端技术

Web 服务器端开发技术一直以来主要分为两大不同派系：.NET 与 Java。.NET 是微软提供的框架，可以使用 ASP.NET 进行动态网页开发，后台使用 C#语言实现；基于 Java 技术进行 Web 应用开发，主要采用 JavaEE 平台体系，使用 JSP 进行动态网页开发，后台使用 Java 语言实现。除此之外，还有 CGI、PHP、Python 等技术。

随着 Web Service 技术的兴起，越来越多的开发人员喜欢用 Web Service 技术，基于面向服务的模式构建 Web 应用，解决系统集成、异构平台协作、资源共享等问题。Web Service 只有通过日益广泛的应用才能体现出价值，比较流行的实现方法是使用.NET 和 Java 两种技术，并且两种实现方法可以互相操作。

1. .NET

基于.NET 的 Web 开发，即使用微软的.NET 框架进行开发。.NET 框架（.NET Framework）是一个致力于快速应用开发、平台无关性和网络透明化的软件开发平台，包含很多有助于互联网和内部网应用迅捷开发的技术，如图 2-3 所示。

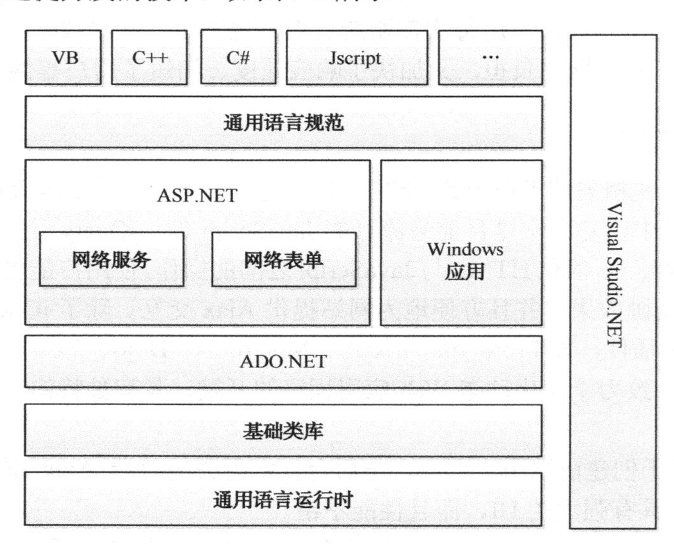

图 2-3 .NET 框架

.NET 框架是一个多语言组件开发和执行环境，提供了一个跨语言的统一编程环境。.NET 框架的目的是便于开发人员更容易地建立 Web 应用程序和 Web 服务，使得互联网上的各应用程序之间可以使用 Web 服务进行沟通。从层次结构来看，.NET 框架又包括三个主要组成部分：通用语言运行时（CLR）、服务框架和上层的两类应用模板——传统的 Windows 应用程序模板和基于 ASP.NET 的面向 Web 的网络应用程序模板。.NET 框架在通用语言运行时的基础上，给开发者提供了完善的基础类库、高效的数据库访问技术 ADO.NET、网络开发技术 ASP.NET 等，开发者可以使用多种语言及 Visual Studio.NET 来快速构建网络应用。

基于.NET 的 Web 开发，应用成熟规范的.NET 开发框架，遵循.NET 技术标准，便于快速开发各种Web应用系统。目前，基于.NET开发框架的Web应用，Web服务器端通常采用C#语言实现系统业务逻辑，或者编写实现系统功能的Web服务；客户端则使用ASP.NET的相关控件，并结合HTML、CSS、JavaScript等进行开发。

2. Java

基于Java的Web开发，即使用Java技术开发实现Web应用程序。Java是一种可以编写跨平台应用软件的面向对象的程序设计语言，是由Sun公司推出的Java程序设计语言和Java平台的总称。Java技术具有卓越的通用性、高效性、平台移植性和安全性，在各个领域得到广泛应用。在全球云计算和移动互联网的产业环境下，Java更具备了显著优势和广阔前景。

Java语言的风格十分接近于C、C++语言，它继承了C++语言面向对象技术的核心，是纯面向对象的程序设计语言。Java不同于一般编译执行或解释执行的计算机语言，它首先将代码编译成二进制字节码，然后依赖于各种不同平台上的虚拟机来解释执行字节码，从而实现了“一次编译、多处运行”的跨平台特性。

Java平台由Java虚拟机和Java应用编程接口（API）构成。在硬件或操作系统中安装一个Java平台之后，即可运行Java应用程序。Java平台主要分为三个体系，即JavaSE（Java2 Platform Standard Edition，Java平台标准版）、JavaME（Java 2 Platform Micro Edition，Java平台微型版）、JavaEE（Java 2 Platform Enterprise Edition，Java平台企业版）。JavaEE可以帮助开发和部署可移植、健壮、可伸缩且安全的服务器端Java应用程序。JavaEE提供Web Serivce、组件模型、管理和通信API，通常用来实现企业级的面向服务的体系架构和Web应用程序。

JavaEE使用多层分布式应用模型，应用逻辑按功能划分为组件，各个应用组件根据它们所在层分布在不同的机器上。该模型通常分四层来实现，也可以按三层来实现，分别如下：

- 客户层：运行在客户计算机上的组件。
- Web层与业务逻辑层：运行在JavaEE服务器上的组件。
- 企业信息系统（EIS）层：运行在EIS服务器上的软件系统，通常为数据库系统等。

在JavaEE的分层应用模型（见图2-4）中，客户层组件包括Web浏览器，Applet与应用服务器，Web方式通常采用HTML+CSS+JavaScript等技术实现动态网页；而Web层与业务逻辑层均位于JavaEE服务器上，Web层组件可以是JSP页面或Servlet等，业务逻辑层则是对行业应用的业务逻辑进行处理，通常由运行在业务逻辑层上的Enterprise Bean（EJB）容器完成；对企业EIS层的数据操作是通过JDBC等技术来实现的。基于Java的Web开发，通常会综合采用已有的框架构建Web项目，如目前流行的Hibernate、Struts、Spring等框架，既可提高系统开发效率，也便于系统更新维护。

目前常用的Java平台基于Java1.8，最新版本为甲骨文公司收购后推出的Java开发包。Sun公司在推出Java之际就将其作为一种开放的技术，全球数以万计的Java开发公司被要求所设计的Java软件必须相互兼容。正因如此，Java技术才得以广泛应用，成为主流的程序开发技术。

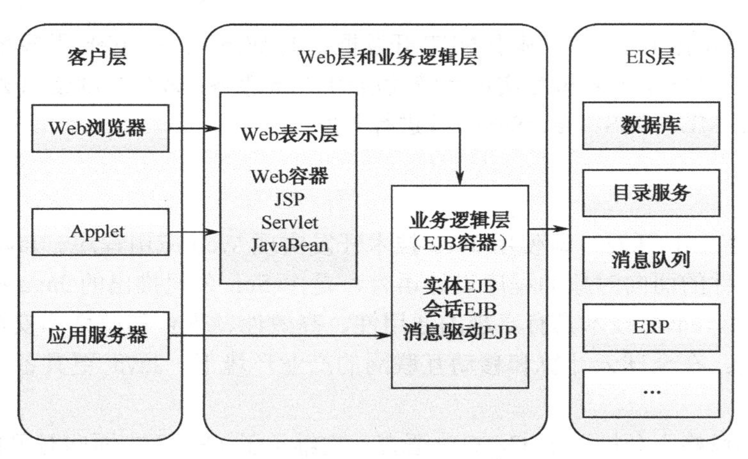

图 2-4　JavaEE 分层应用模型

3．Web Service

随着网络技术、网络运行理念的发展，人们提出一种新的利用网络进行应用集成的解决方案——Web Service。Web Service 成为构造分布式、模块化应用程序和面向服务应用集成的最新技术和发展趋势。

所谓 Web Service（Web 服务），是指那种自包含、自描述、模块化的应用程序，这类应用程序能够被发布、定位，并通过 Web 实现动态调用。从表面上看，Web 服务向外界暴露出一个能够通过 Web 进行调用的 API，用户能够采用编程的方法通过 Web 来调用该 API，即使用这个应用程序。Web 服务主要是为了使原来各孤立的站点之间的信息能够相互通信、共享而提出的一种接口。Web 服务所实现的功能可以是从简单请求到复杂的商业过程。一旦一个 Web 服务被配置完毕，则其他的应用程序，包括其他 Web 服务就能够发现并调用该服务。因此，利用 Web 服务技术，可以很好地实现在服务层上的互操作，并实现服务整合。

Web 服务是基于 XML 和 HTTPS 的一种服务，其通信协议主要基于 SOAP，服务的描述采用 WSDL，通过 UDDI 来发现和获得服务的元数据。其中，XML 是表示数据的基本格式，可以基于 XML 来表示结构化数据，以便在网络上进行数据传输与交换。Web Service 体系如图 2-5 所示。

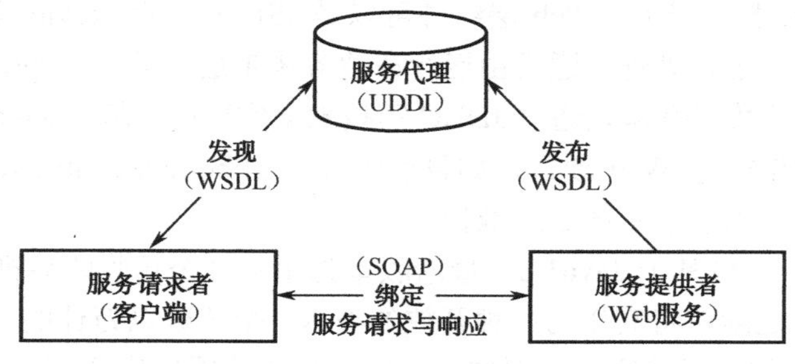

图 2-5　Web Service 体系

（1）XML。XML 是一个基于文本的、W3C 组织规范的标记语言。与 HTML 使用标签来描述外观和数据不同，XML 严格地定义了可移植的结构化数据，可以作为定义数据描述语言，如标记语法或词汇、交换格式和通信协议。XML 是 Web 服务中表示数据的基本格式，既与平台无关，也与厂商无关。

（2）SOAP。简单对象访问协议（Simple Object Access Protocol，SOAP）是一个基于 XML 的、用于在分布式环境下交换信息的轻量级协议，被设计成在 Web 上交换结构化的和固化的信息。SOAP 在服务请求者和服务提供者之间定义了一个通信协议，在面向对象编程的环境中，可以在提供的对象上执行远程方法调用。SOAP 的优点在于它完全和厂商无关，相对于平台、操作系统、目标模型和编程语言可以独立实现。

（3）WSDL。用于描述 Web Service 及其函数、参数和返回值。WSDL 定义了一个 XML 词汇表，该词汇表依照请求和响应消息，在服务请求者和服务提供者之间定义了一种契约。我们能够将 Web 服务定义为软件，这个软件通过描述 SOAP 消息接口的 WSDL 文档来提供可重用的应用程序功能，并使用标准的传输协议进行传递。

（4）UDDI。通用描述、发现和集成（Universal Description, Discovery and Integration，UDDI）协议向 Web 服务注册中心定义 SOAP 接口。

Web Service 技术能够很好地克服异构系统之间平台、语言、协议的差异，实现无缝、松耦合的系统集成。其突出的优点表现在几个方面：实现异构平台间的互通、实现更广泛的软件复用、具有更强大的通信能力。

如今，Web 服务已广泛应用，很多 Web 应用使用 Web Service 技术，采用面向服务（如 SOA）的架构设计。Web Service 主要有 SOAP 与 REST 两种形式：

（1）基于 SOAP 的 Web Service：即 SOAP 协议方式。SOAP 是在分布式的环境中交换信息的简单协议，采用的通信协议可以是 HTTP/HTTPS（最广泛应用）协议，也可以是 SMTP/POP3 协议，或为一些应用专门设计的特殊通信协议。通常，SOAP 被简单理解为 SOAP=RPC+HTTP+XML，即 SOAP 采用 HTTP 和 XML 协议，HTTP 用于实现 RPC 风格的传送，而 XML 是编码模式。基于 SOAP 的 Web Service 一般是通过服务代理类进行调用的。

（2）基于 REST 的 Web Service：REST（Representational State Transfer）在 Web 领域已经得到了广泛的应用，是更为简单的基于 SOAP 和 WSDL 的 Web Service 替代方法。基于 REST 的 Web Service 是一组非常便于理解的 URL，将互联网上的一切都表示为资源，对函数的调用将转化为对资源的 HTTP 请求。基于 REST 的 Web Service 可直接通过浏览器调用，即基于 HTTP 协议进行通信，返回 XML、JSON（JavaScript Object Notation）等格式的数据。

针对 REST 的特性，可以在 JavaScript 中大量使用基于 REST 的 Web Service，以请求资源的 JSON 数据，并快速将其转化为 JavaScript 对象，而无须使用传统的服务器端开发方式实现。由此，REST 服务结合 JavaScript 的纯客户端开发，将大幅度减少工程的复杂度与代码量，凸显了 REST 架构设计的优势。目前，大部分 Web 开发者都选用了 REST 服务方案，简单易用，更为灵活。

基于 SOAP 的 Web Service 功能强大、全面，虽然使用较为复杂，但 SOAP 作为一个工业标准，具备标准化协议和一套公共遵循的规则，在很多大型和小型 Web 系统中均有采用，仍然是 Web 服务应用的重要角色。对于 Web 开发者来说，目前上述两种方式都是行之有效的方案。基于 REST 或 SOAP 的 Web Service 都能解决许多 Web 方面的问题与挑战，同时两者还可以搭配使用。

2.1.4 数据库技术

数据是网络世界的基础，数据库为 Web 应用与资源共享提供了一个有力的工具。随着互联网的快速发展，数据库技术的应用越来越广泛，已成为 Web 应用必不可少的重要内容，更是网络的核心技术。万丈高楼平地起，系统的数据库建设是最关键的地基，其重要性是显而易见的。因此，在现有的 Web 应用系统建设中，数据库设计是非常关键的一项内容。

鉴于数据库的重要性，各大软件厂商纷纷推出自己的 Web 数据库解决方案产品，并提供相应的工具与技术。目前，主流的 Web 数据库有 Microsoft SQL Server、Oracle、Sybase、DB2、MySQL、Microsoft Access 等。这些数据库各有所长，在市场上各占一席之地。因此，在系统设计时可根据应用需求进行选型。

现有的关系数据库几乎都采用结构化查询语言（Structured Query Language，SQL）标准。SQL 是专为数据库而建立的操作命令集，包括数据定义、数据操纵、数据控制等方面，是一种功能齐全的数据库语言。SQL 的主要功能就是同各种数据库建立联系，进行沟通。SQL 语言结构简洁、功能强大、简单易学，已经成为数据库操作的基础。

数据库管理系统为 Web 应用系统提供数据存储与管理功能。在 Web 应用系统中，通过相应的数据库驱动访问操作数据资源。

2.2 Web 编程基础

基于 B/S 架构开发 Web 应用程序，可以选择.NET、Java 等服务端技术体系，以及 Web Service 技术、动态网页技术（ASP.NET、JSP、PHP 等）、RIA 技术（JavaScript、Flex 等）。在此，本书主要对 HTML+CSS+JavaScript 方式的 Web 前端开发进行讲解，是目前 Web 前端开发的主流方式，积累了众多的用户与资源。

JavaScript 的出现使得信息和用户之间不再仅仅是一种显示与浏览的关系，实现了一种实时的、动态的、交互式的表达能力。JavaScript 是一种解释性脚本语言（代码不需要预编译），在用户访问时由客户端浏览器（如 IE、Firefox 等）解释执行。JavaScript 主要用来向 HTML 页面添加交互行为，是一种广泛用于客户端 Web 开发的脚本语言，学习 JavaScript 的主要目的也是为了 Web 开发。

基于 JavaScript 的 Web 开发，即 HTML+CSS+JavaScript 的 Web 客户端开发方式，主要分为以下几种应用模式：

（1）纯客户端模式：应用 HTML+CSS+JavaScript 等客户端技术进行 Web 系统开发，可结合基于 REST 的 Web Service，实现数据访问或其他业务功能。

（2）综合开发模式：将 Web 客户端开发与 Web 服务器端开发结合，即客户端使用 HTML+CSS+JavaScript 等技术，服务器端采用.NET、J2EE 等开发框架，支持基于 SOAP 或 REST 的 Web Service 调用。

（3）混合开发模式：以基于 JavaScript 的 Web 开发为主体，可结合 Flex、Silverlight 等开发方式，便于大型应用系统的集成，满足各种应用需求。

基于 JavaScript 的 Web 开发，不管选用哪种开发模式，其开发的 Web 系统基本架构如图 2-6 所示。客户端采用 HTML、CSS、JavaScript 等，呈现网页页面与实现 UI 效果，并通过 UI 行为向服务器端发送请求；服务器端使用 Web 服务，或者结合.NET、J2EE 等开发框架通过后台应用程序与数据服务器通信请求数据。

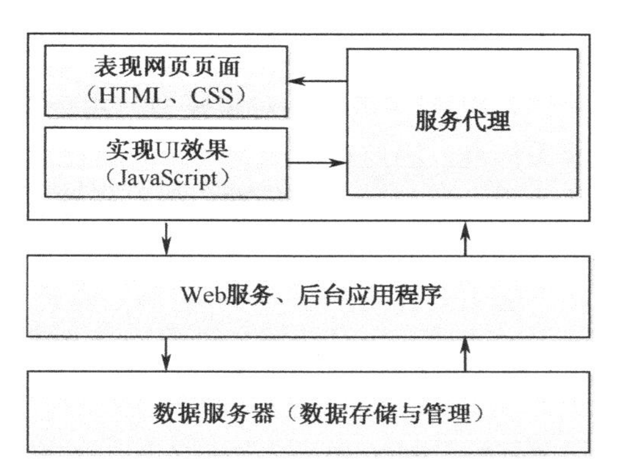

图 2-6 基于 JavaScript 的 Web 系统基本架构

Web 前端开发的核心是 HTML+CSS+JavaScript。Web 前端从概念上划分为相对独立的三个层次：结构、表现和行为，在物理层面上分别对应 HTML、CSS、JavaScript 三种不同的的文件格式，各司其职。HTML 负责定义网页的结构与内容，CSS 负责内容的表现方式，JavaScript 负责网页关于动态的行为反应。由此可见，HTML、CSS 主要负责页面的表现；JavaScript 主要负责 UI 行为，即页面交互、框架交互、数据的交互、表单验证等，可以动态操作所有对象。JavaScript 脚本可以直接嵌入 HTML 页面，也可以写成单独的 js 文件引用，其中后者有利于结构和行为的分离。因此，本质上三者也构成一个 MVC 框架，即 HTML 作为信息模型（Model）、CSS 控制样式（View）、JavaScript 负责调度数据和实现某种展现逻辑（Controller）。而基于 JavaScript 的 Web 前端开发，关键是 JavaScript 与 HTML、CSS 的灵活应用。

Web 前端三要素的结合，提供给 Web 开发者巨大的创作空间，能够实现令人惊喜的页面视觉与交互效果。如今网络上也有众多开源框架与插件，Web 开发可以充分利用这些资源。关于 Web 前端三要素的基础学习，可以参考书籍或网络上的相关内容。其中，JavaScript 由 ECMAScript、DOM、BOM 三个核心部分组成，其组成部分与基本内容如图 2-7 所示。由于 JavaScript 是一种基于对象和事件驱动，并具有相对安全性的客户端脚本语言，因此在学习 JavaScript 时需要具备一定的面向对象编程的基础。

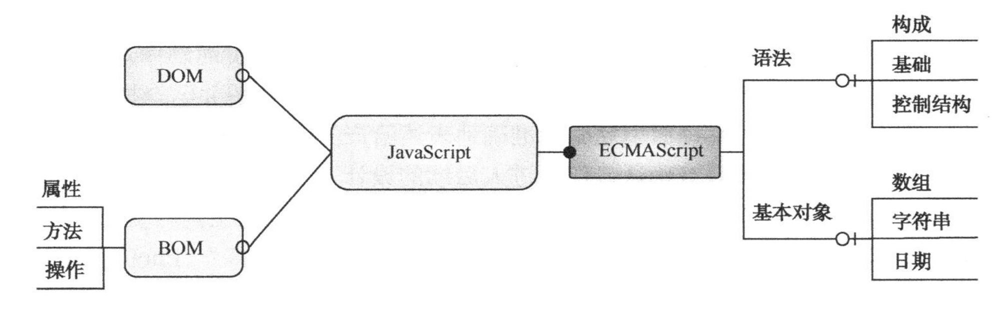

图 2-7 JavaScript 组成部分与基本内容

注意：

（1）ECMAScript 由 ECMA（前身为欧洲计算机制造商协会，英文名称是 European Computer Manufacturers Association）通过 ECMA-262 标准化的脚本程序设计语言，实际上是一种脚本在语法和语义上的标准，描述了 JavaScript 语言的语法和基本对象。

（2）DOM（文档对象模型）用于描述处理网页内容的方法和接口。DOM 分为 HTML DOM

和 XML DOM 两种，它们分别定义了访问和操作 HTML/XML 文档的标准方法，并将对应的文档表现为带有元素、属性和文本的树结构（节点树），因此 DOM 的树结构是学习的关键。

（3）BOM（浏览器对象模型）用于描述与浏览器进行交互的方法和接口。由于 BOM 没有相关标准，因此每个浏览器都有自己对 BOM 的实现方式。BOM 有窗口对象、导航对象等一些实际上已经默认的标准，但对于这些对象和其他一些对象，每个浏览器都定义了自己的属性和方式。

下面主要介绍基于 Web 前端三要素的 Web 开发的关键内容，即页面设计、交互机制与 Web 前后台交互。从宏观上掌握 Web 开发的结构与关键点，理解基于 JavaScript 的 Web 开发基本原理与方法，有助于在实践中正确、灵活地运用。

2.2.1 页面设计

Web 前端开发是一项很特殊的工作，涵盖的知识面非常广，既有具体的技术，又有抽象的理念。Web 前端的重点是页面的视觉与交互，需要把网站的页面更好地表现给用户，因而更注重于技巧。Web 页面的设计与制作通常包括页面规划（需求）、页面设计（构思与设计）、页面实现（编码）、页面维护支持流程。

页面设计包括页面视觉设计与交互设计，重点在于页面的视觉效果与交互体验。页面设计需要遵循一定的设计规范，使得最终设计出来的页面风格一致，提高工作效率，实现以用户为中心的产品页面设计。针对页面设计，设计规范至少应该包括设计流程与设计内容的规范，而设计内容通常包括页面风格，页面框架（如框架、布局、字体、颜色等），页面交互等方面。

在进行页面设计时，一般需要根据功能需求进行分析设计，整体构思、模块化设计，由抽象转为具体。一般情况下，如果是中大型项目开发，通常会先利用主流的原型工具（如 AxureRP 等）进行系统原型设计（Prototype Design）。系统原型设计包括系统框架，甚至交互设计的内容，然后基于此原型设计进行修改、调整和完善，以及进一步进行视觉设计（GUI 设计）等。若是简单的小系统或网站，也可以使用诸如 Office 工具、Adobe 的 Photoshop 等工具进行简单的系统原型设计，如系统设计框架图、流程图等，然后进一步实现页面设计。在实践中，可根据应用需求进行低保真原型设计与高保真原型设计。开发人员与交互设计师、视觉设计师协作，基于原型设计使用 HTML、CSS、JavaScript 完成页面制作与实现。

提示： 系统原型设计最基础的工作，就是画出站点的大体框架图并结合批注、大量的说明以及流程图等，将自己的系统原型完整而准确地表述给产品、UI、重构/开发工程师等，并通过沟通反复修改原型直至最终确认，然后进入后续的设计开发流程。

工欲善其事，必先利其器。现在是工具便捷的时代，要学会运用工具与资源，提高效率，提升质量。目前常用的网页制作工具有 Adobe 的网页设计“四剑客”（Photoshop、Flash、Dreamweaver、Fireworks），以及全球主流快速原型设计工具 AxureRP 等。另外，各种 JavaScript 框架和插件层出不穷，为整个前端开发领域注入了巨大的活力，可以充分利用现有的丰富资源，如 jQuery、Prototype、ExtJS 等。

提示： 页面设计是一个看似简单，实则不易的工作。需要注重用户体验，掌握基本方法，学会相关技巧，在学习过程中扎实基础、实践校验、研究借鉴、阅读交流、培养 UI 感观，多实践、多看优秀作品、多思考。

2.2.2 事件机制

Web 前端开发的另一关键内容就是页面交互的实现，即基于事件机制的页面动态交互、与基于 Ajax 引擎的前后台数据交互。在此主要讨论客户端的事件处理机制。

事件是指浏览器中发生的动作或状态变化，当与浏览器中 Web 页面进行某些类型的交互时，事件就发生了，即事件是用户或系统在与对象交互过程中发生的动作或状态变化。例如，用户单击网页上某个按钮、鼠标指针移动、按下键盘按键或者从服务器加载某个页面（或图像）等。基于事件机制，可以用 JavaScript 脚本来响应鼠标、键盘和其他情形。通过 JavaScript，可以监听特定事件的发生，并规定让某些事件发生以对这些事件做出响应。事件犹如 JavaScript 应用跳动的心脏，Web 前端开发的 UI 行为均基于事件机制实现，而大部分都是通过鼠标事件实现页面交互的。

事件（Event）是针对对象建立的。不同的对象可能有不同的事件类型，但大多数对象都会响应鼠标事件、键盘事件、焦点事件，这些可称为通用事件。当对象发生某个事件时，可以编制专门的程序代码，即事件处理函数（Event Handler）来处理事件从而实现某种功能。当开发的页面需要实现某一行为动作时，首先要针对行为对象定义事件（即定义一个函数）或者说为事件定义一个动作，并把事件绑定到指定的元素上，只要客户端触发了元素的事件，就会执行定义好的事件处理函数。只有将事件处理函数与对象的事件关联起来，浏览器脚本引擎才可以触发这个事件处理程序，否则按默认方式处理。

Web 前端的事件处理机制就是标准的事件驱动机制，W3C 制定的 DOM 标准支持两种事件模型，即捕获型事件和冒泡型事件，但捕获型事件先发生。目前除了 IE 浏览器，其他主流的 Firefox、Opera、Chrome 等浏览器都支持标准的 DOM 事件处理模型；IE 浏览器仍然使用自己专有的事件模型（冒泡型），因此在 Web 开发中使用事件时需要注意兼容性问题。简单来说，Web 前端设计的任何 UI 交互行为都是基于事件机制实现的，主要包括事件定义（即定义事件处理函数）、事件注册（即与元素绑定，添加事件监听器）。

W3C 的 DOM 标准与 IE 自定义规范的事件注册方法各不相同。

1．DOM 标准的事件监听器

在支持 DOM 标准事件监听器的浏览器中，每个支持事件的对象都可以使用 addEventListener 方法来进行事件注册，使用 removeEventListener 方法来移除事件注册，既支持注册冒泡型事件处理，又支持捕获型事件处理。

```
function addEventListener(string eventFlag, function eventFunc, [bool useCapture=false])
```

参数说明：eventFlag 为事件名称（如 click、mouseover 等）；eventFunc 为绑定到事件中执行的动作（定义的事件处理函数）；useCapture 表明是在事件传递过程中的捕获阶段还是在冒泡阶段调用 addEventListener 方法，默认值为 true（捕获阶段调用），通常设为 false（冒泡阶段调用）。

2．IE 自定义规范的事件监听器

在 IE 浏览器中，每个元素和 Window 对象都有两个方法：attachEvent 方法和 detachEvent 方法。通过 attachEvent 方法来进行事件注册，通过 detachEvent 方法来移除事件注册。

```
function attachEvent(string eventFlag, function eventFunc)
```

参数说明：eventFlag 为事件名称（要加上 on，如 onclick、onmouseover 等）；eventFunc 为绑定到事件中执行的动作，即定义的事件处理函数。

另外，使用 JavaScript 的事件委托（Event Delegation）技术可以避免对特定的每个子节点添加事件监听器，事件监听器仅需添加在父节点上即可。

提示：基于 JavaScript 进行 Web 前端开发，由于浏览器的事件规则不同，使得遵循 DOM 标准的浏览器与 IE 自定义规范的浏览器之间存在兼容性问题，因此在具体实现时要分别处理，确保 Web 页面在各浏览器上兼容。jQuery 框架对 js 事件进行了很好的封装，应用方便，而且跨浏览器使用，因而业界越来越倾向于使用 jQuery 框架。

2.2.3 前后台数据交互

事件机制实现了 Web 页面的动态数据交互，那么在 Web 开发中 JavaScript 是如何实现前台与后台数据交互的呢？目前主流的实现方式为基于 Ajax 引擎，采用 XMLHTTP 组件的 XMLHttpRequest 对象实现。Ajax 引擎可以实现前台与后台数据的异步交互，并且可保证实时的、局部刷新。

基于 Ajax 引擎的 Web 浏览器与后台服务器的异步交互原理如图 2-8 所示，Ajax 引擎特别适合 Web 浏览器调用后台服务器进行数据交互的应用场景。

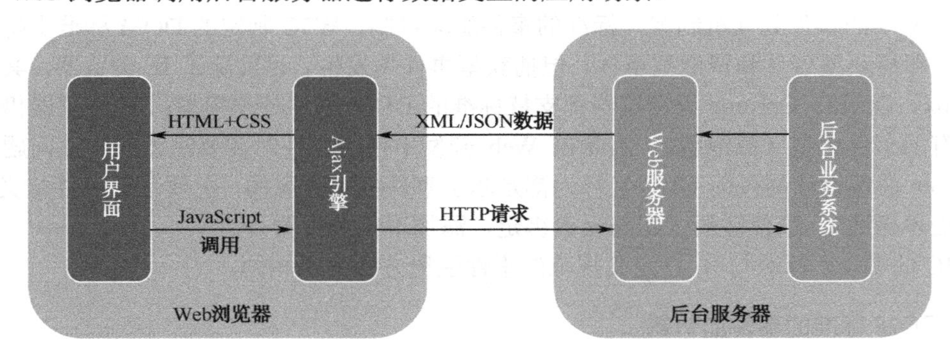

图 2-8 基于 Ajax 引擎的 Web 浏览器与后台服务器的异步交互原理

在图 2-8 中，Ajax 引擎在后台服务器和 Web 前端之间充当了一个缓冲器的角色。XMLHttpRequest 是 Ajax 引擎的核心机制，可以在 Web 前端使用 JavaScript 向后台服务器提出请求并处理响应，而不阻塞用户，从而达到无须刷新的效果。在 Web 开发中，Ajax 引擎提供了很方便的交互式用户体验模式。

Ajax 引擎并非一种新的技术，而是几种原有技术的结合体，主要由下列技术组合而成：

- 使用 CSS 和 XHTML 来表示；
- 使用 DOM 模型进行数据交互和动态显示；
- 使用 XMLHttpRequest 和后台服务器进行异步通信；
- 使用 JavaScript 绑定元素和调用函数。

提示：除了 XMLHttpRequest 对象，Ajax 引擎的其他技术都是基于 Web 标准的，并且已经得到了广泛使用。虽然 XMLHttpRequest 目前还没有被 W3C 所采纳，但是已经是一个事实上的标准，目前几乎所有的主流浏览器都支持它，并且 W3C 已经开始了相关的标准化工作。

简单来说，Ajax 引擎通过 XMLHttpRequest 对象向后台服务器发送请求，从后台服务器获得数据，然后用 JavaScript 处理结果，以及进行 DOM 更新页面。这其中最关键的一步就是从后台服务器获得数据，可以通过 XMLHttpRequest 来理解整个过程和基本原理。

下面通过 XMLHttpRequest 来分析 Ajax 引擎的工作原理，主要包括三个部分：

（1）创建一个 XMLHttpRequest 对象。不同的浏览器创建 XMLHttpRequest 对象的方法是有差异的。IE 浏览器使用 ActiveXObject，而其他浏览器使用名为 XMLHttpRequest 的 JavaScript 内建对象。其中，IE7 及以上版本也提供 XMLHttpRequest 对象，也会继续支持 ActiveX 对象 XMLHTTP，解决了基于 Ajax 引擎的浏览器兼容性问题。

（2）Web 前端向后台服务器发送请求。创建对象后，使用 XMLHttpRequest 对象的 open() 和 send()方法将请求发送到后台服务器。XMLHttpRequest 属性的简要说明如表 2-1 所示，XMLHttpRequest 方法的简要说明如表 2-2 所示。

表 2-1 XMLHttpRequest 的属性说明

属　性	属 性 说 明
Onreadystatechange	每次状态改变所触发事件的事件处理程序
responseText	从后台服务器进程返回数据的字符串形式
responseXML	从后台服务器进程返回的与 DOM 标准兼容的文档数据对象
status	从后台服务器返回的数字代码，如常见的 404（未找到）和 200（已就绪）
statusText	伴随状态码的字符串信息
readyState	对象状态值，其值分别如下： ● 0（未初始化）：对象已建立，但是尚未初始化（尚未调用 open 方法）。 ● 1（初始化）：对象已建立，尚未调用 send 方法。 ● 2（发送数据）：send 方法已调用，但是当前的状态及 HTTP 头未知。 ● 3（数据传送中）：已接收部分数据，因为响应及 HTTP 头不全，这时可通过 responseBody 和 responseText 获取部分数据会出现错误。 ● 4（完成）：数据接收完毕，此时可以通过 responseXml 和 responseText 获取完整的回应数据

表 2-2 XMLHttpRequest 的参数说明

方　法	参 数 说 明
open(method,url,async)	规定请求的类型、URL 以及是否异步处理请求。 ● method：请求的类型，如 GET 或 POST。 ● url：文件在服务器上的位置（请求的 URL 地址和传递的参数）； ● async：传输方式，如 true（异步）或 false（同步），默认为 true。如果是异步通信方式（true），Web 前端就不用等待后台服务器的响应；如果是同步方式（false），Web 前端就要等到后台服务器返回消息后才能去执行其他操作
send(string)	将请求发送到服务器，string 仅用于 POST 请求

（3）Web 前端处理后台服务器返回信息。通过 XMLHttpRequest 对象的方法发送请求后，通过 Onreadystatechange 事件处理函数判断当前状态，当 readyState 属性为 200 时，可通过 JavaScript 处理请求返回信息 responseText。

例如，一个简单的 Ajax 请求代码如程序代码 2-1 所示。

程序代码 2-1　Ajax 请求代码

```
var url="ajaxServer.aspx"; //要请求的后台服务端地址（后台页面）
//var url="WebService.asmx/HelloWorld?msg=test"; //要请求的服务地址（Web 服务）
var http_request; //请求对象
// （1）创建 XMLHttpRequest 对象
if(window.XMLHttpRequest) //非 IE 浏览器及 IE7（7.0 及以上版本），用 XmlHttpRequest 对象创建
{
    http_request =new XMLHttpRequest();
}
else if(window.ActiveXObject) //IE（6.0 及以下版本）浏览器用 ActiveXObject 对象创建，如果浏览器禁用了 ActiveX，可能会失败
{
    http_request=new ActiveXObject("Microsoft.XMLHttp");
}
// （2）向后台服务器发送请求
if(http_request) //成功创建 XmlHttpRequest
{
    http_request.open("GET",url,true); //与后台服务器建立连接
    http_request.Onreadystatechange = callback; //指定回调函数
    http_request.send(null); //发送请求
}
// （3）Web 前端处理后台服务器返回的信息
function callback()//回调函数，对后台服务器的响应处理，监视 response 状态
{
    if(http_request.readystate==4) //请求状态为 4 表示成功
    {
        if(http_request.status==200) //HTTP 状态为 200 表示成功
        {
            Dispaly(); //所有状态成功，处理请求返回的信息 responseText
        }
        else //HTTP 返回状态失败
        {
            alert("后台服务返回状态" + http_request.statusText);
        }
    }
    else //请求状态还没有成功，页面等待
    {
        document .getElementById ("myTime").innerHTML ="数据加载中……";
    }
}
```

由此可见，XMLHttpRequest 完全用来向后台服务器发送请求，处理后台服务器端和 Web

前端通信的问题。这是整个 Ajax 引擎实现的关键。Ajax 引擎无非是两个过程，即发出请求和响应请求，完全是客户端技术。Ajax 引擎的基本原理和流程可以简单为：把后台服务器看成一个数据接口，它返回的是一个纯文本流（即此文本流可以是 XML、HTML，也可以是 JavaScript 代码，或者只是一个字符串）；当 XMLHttpRequest 向后台服务器请求这个页面时，后台服务器将文本的结果写入页面，这跟普通的 Web 开发流程是一样的，不同的是，客户端在异步获取这个结果后并不是直接显示在页面上的，而是先由 JavaScript 来处理，然后显示在页面上。至于现在流行的很多 Ajax 控件，如 magicajax 等，可以返回 DataSet 等其他数据类型，这只是将整个过程封装后的结果，本质上并没有什么太大的区别。

目前，很多 JavaScript 框架均对 Ajax 引擎的请求做了封装，提供兼容且更为简便的接口或方法，使得发送请求以及处理返回结果更加简单。因此，在基于已有框架（如 jQuery）封装 Ajax 引擎后进行 Web 前后台数据交互是非常简便的。

例如，使用基于 jQuery 框架的 Ajax 引擎向后台服务器发送请求示例见程序代码 2-2。jQuery.ajax()可以处理复杂的逻辑，基于 jQuery.ajax()封装的请求方法更加简单方便，如 jQuery.get()、jQuery.post()等。

程序代码 2-2　基于 jQuery 框架的 Ajax 引擎向后台服务器发送请求示例

```
$.ajax({
    type:"POST", //请求的方式（POST 或 GET）
    contentType:"application/json", //当发送信息至后台服务器时内容编码类型
    url:"http://localhost/MyService/Service1.asmx/GetAge",//请求地址，此为服务接口
    data:"{name:'"+name+"'}",//发送到后台服务器的数据，此为参数名（与服务接口参数一致）
    datatype:'json', //预期后台服务器返回的数据类型
    success:function(result){//请求成功后调用的回调函数
        //处理返回的结果信息，略
    }
});
```

通过 Ajax 引擎可以解决前后台数据的异步交互的通信问题，也可以使用其他方法进行前后台的数据交互。例如，结合 ASP.NET 的 Web 开发，可以通过下列方法实现前后台的数据交互：

方法一：通过 Web 前端控件的 AutopostBack 属性、Button 控件等实现表单提交。

方法二：通过 Web Service 来实现，即后台服务器通过标识 System.Web.Services.WebMethod 声明 public 和 static 的方法，Web 前端的 ScriptManager 控件通过 PageMethods 方法调用后台服务器定义的方法。

方法三：通过<%=methodname()%>和<%#methodname()%>来实现，其中 methodname()为后台服务器定义的方法。

方法四：通过隐藏域的方式实现（如隐藏调用服务端的按钮）。

基于 JavaScript 的 Web 开发方式非常灵活，深得用户喜爱。随着 HTML5、CSS3 的推出，以及各种 JavaScript 的开源插件的应用，该开发方式必将充分发挥其优势，为 Web 开发与应用推波助澜。

2.3 WebGIS 的框架结构

了解 WebGIS 的框架结构，理解其各层次的逻辑结构关系，有助于 WebGIS 的开发。

WebGIS 的框架结构跟其他 Web 项目的框架没有本质的区别，唯一不同之处是 WebGIS 需要提供一些地图方面的功能服务，即 GIS 服务资源。WebGIS 的框架结构如图 2-9 所示，WebGIS 底层为数据层，提供空间数据与业务数据等基础数据支撑；中间层一般包括提供基础 GIS 服务资源的 GIS 服务器，以及负责业务逻辑处理、提供应用服务支撑的应用服务器，其中 GIS 服务器可以是专业的 GIS 开发平台、开源 GIS 项目，也可以是地图服务器，主要为应用层提供地图数据服务和功能服务资源；最上层则为应用层，可使用各类 WebGIS API 进行开发，与 GIS 服务器或应用服务器交互，实现满足具体需求的 Web 应用。

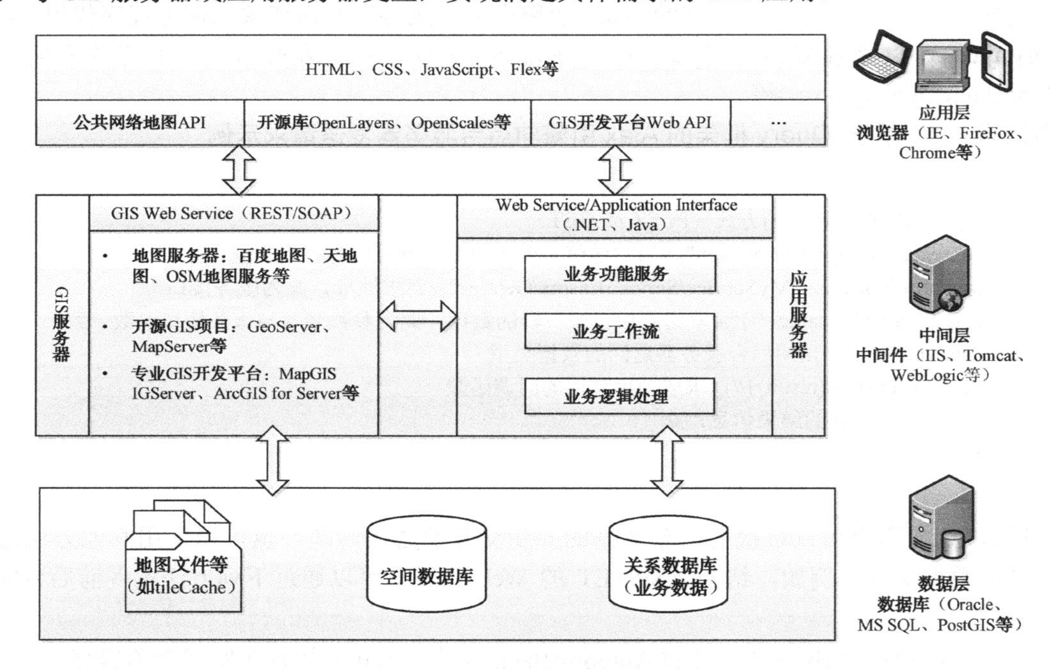

图 2-9　WebGIS 的框架结构

2.4 WebGIS 开发的 GIS 背景知识

WebGIS 是 GIS 与 Web 融合的地理信息系统，要掌握 WebGIS 的二次开发，除了要了解上述 Web 开发基础，还需要了解相关的 GIS 背景知识。

GIS 最核心的是空间数据，地图则是空间数据最显著的表现特征。因此，需要了解基础几何图形、GIS 地图学基础、GIS 数据与应用、网络地图数据服务，以及 WebGIS 开发关键点——逻辑坐标与窗口坐标转换。

2.4.1　基础几何图形

地图可视化是 GIS 的基础内容，而几何图形则是地图表达的基本元素。基础几何图形对应于二维空间的点、线、面，因此要了解点、线、区的几何图形内容，理解基于这些基础几何图形抽象来表达空间实体信息的基本原理（即采用面向对象的实体模型）。

1. 点

点是几何图形中最基本的单元，是空间中只有位置、没有大小的图形。在一个平面上，通常用坐标（x，y）来表示一个点，其中 x 表示水平位置，y 表示竖直位置。点坐标如图 2-10 所示。

虽然一个坐标可以确定一个点的位置，但由于点是现实世界中点状地物（如电杆、灯塔、泉水、水文站、气象观测点等）的抽象，种类多种多样，所以除了空间位置，点还有一些属性，如种类、颜色等。点图案如图 2-11 所示。

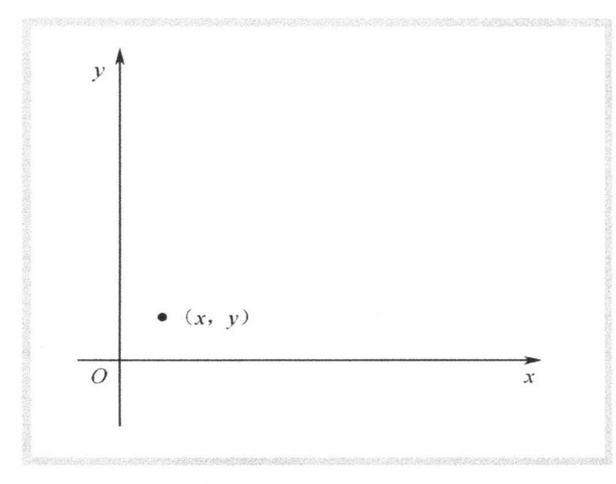

图 2-10　点坐标

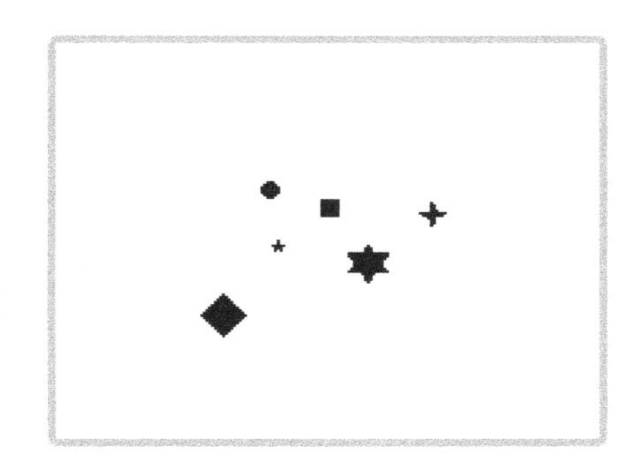

图 2-11　点图案

在计算机中，为了记录和显示不同的点，通常会给每个点一个唯一的编号，称为 ID；为了用不同的图案表达不同的含义，还要给出图案号。

2. 线

线是现实世界中线状地物（如道路、河流、航线、电力线等）的抽象。当需要记录一条线时，把所有的点都记录下来显然是不切实际的，实际中仅仅记录线上的一些“节点”就可以描述整条线。这些“节点”就是线的端点与转折点。所以，在计算机中，一条线是用有限个有序点来表示的。线坐标如图 2-12 所示。

与点类似，线的种类也是多种多样的，除了节点序列，还有颜色、线形、种类等属性。为了区分不同的线，每条线同样也要分配一个唯一的 ID。

3. 区

区是现实世界中面状地物（如地块、湖泊、行政区等）的抽象。在计算机中，区是由平面上三个及三个以上的节点连接而成的封闭图形，可以通过有序描述区边界的节点来描述一个最简单的区（带洞的区结构更为复杂）。最简单的区就是一个有限个有序点。区坐标如图 2-13 所示，区图案如图 2-14 所示。

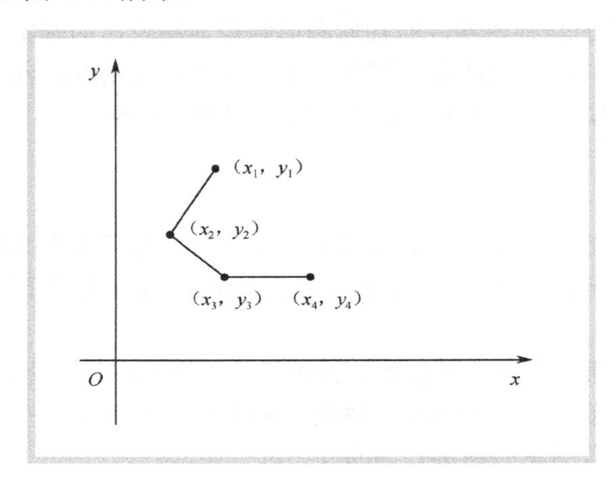

图 2-12　线坐标

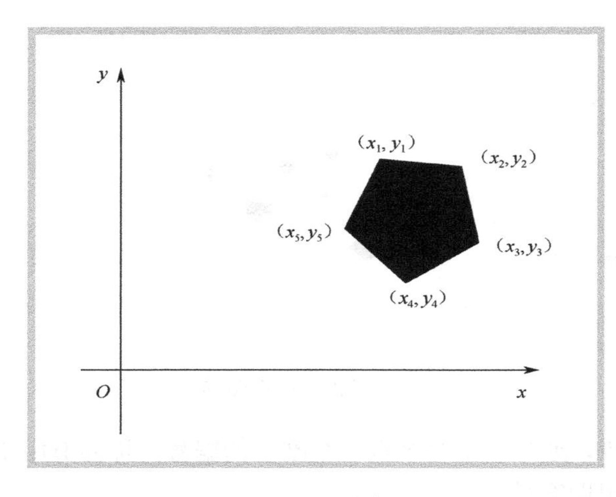

图 2-13　区坐标

图 2-14　区图形

与点、线类似，区的种类也是多种多样的，除了节点序列，还有颜色、填充图案、种类等属性。为了区分不同的区，每个区同样也要分配一个唯一的 ID。

2.4.2　GIS 地图学基础

GIS 是地图学的延伸，脱胎于地图，了解地图学基础知识，可以帮助理解 GIS，为 GIS 开发奠定理论基础。

地球不是一个正球体，是一个近于梨形的椭球体。地球自然表面则是一个起伏不平、十分不规则的表面，既有高山、丘陵和平原，又有江河湖海。

1. 坐标系

坐标系是用于定义要素实际位置的坐标框架，包括坐标原点（O）、长半轴（a）、短半轴

（*b*）、扁率（*f*）。

坐标系可分为地理坐标系（Geography Coordinate System）和投影坐标系（Projected Coordinate System），如表 2-3 所示。

表 2-3 坐标系的分类

坐 标 系	表 示 方 法
地理坐标系	经度和纬度
投影坐标系	米

地理坐标系统是直接建立在椭球体上的，用经度和纬度表达地理对象位置；投影坐标系是建立在平面上的。

地球椭球体是一种对地球形状的数学描述，常见的坐标系如表 2-4 所示。

表 2-4 常见的坐标系

坐 标 系	椭 球 体	坐 标 原 点	椭球体长半轴/m	椭球体短半轴/m
1954 北京坐标系	克拉索夫斯基椭球体	椭球体中心	6378245	6356863.0
1980 西安坐标系	1975 国际椭球体	椭球体中心	6378140	6356755.2882
WGS1984	WGS1984 椭球体	椭球体地心	6378137	6356752.3142
CGCS2000	与我们国家地形逼近的椭球体	椭球体地心	6378137	6356752.31414

大地坐标系（Geodetic Coordinate System，GCS）的定义是：以参考椭球体（用来模拟地球的光滑球体）中心为原点，本初子午面（英国格林尼治天文台所在位置为本初子午线，即 0 度经线）为纵轴方向，赤道平面为横轴方向，如图 2-15 所示，圆点的坐标就应该是（50，40），单位为度。

地理坐标系是建立在椭球体基础上的，然而我们看到的通常是一个平面的地图，需要把椭球体按照一定的法则展开到平面上，这就是投影坐标系。

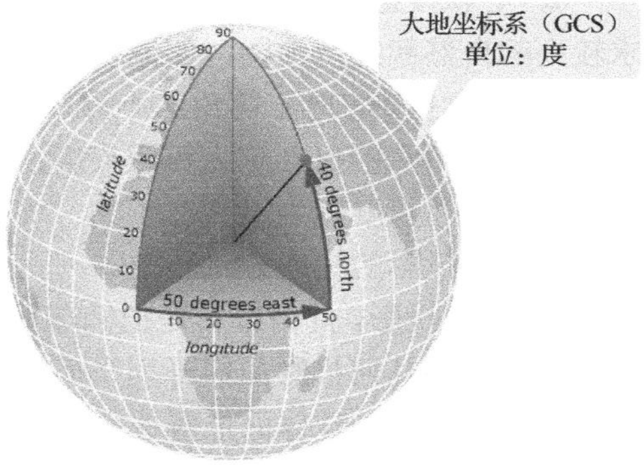

图 2-15 大地坐标系（图中是系统）

2. 投影转换

地球椭球体表面是曲面，而地图通常要绘制在平面图纸上，因此在制图时首先要把曲面展开为平面。然而球面是个不可展曲面，换句话说，就是在把球面直接展开为平面时，不避免地会发生破裂或褶皱。若用这种具有破裂或褶皱的平面绘制地图，显然是不实用的，所以必须采用特殊的方法将曲面展开，使其成为没有破裂或褶皱的平面，于是就出现了地图投影理论。该理论的基本原理就是：因为球面上一点的位置决定于它的经度和纬度，所以在实际投影时先将一些经线和纬线的交点展绘在平面上，再将相同经度的点连成经线，相同纬度的点连成纬线，构成经纬网。有了经纬网以后，就可以将球面上的点，按其经度和纬度展开绘在平面上相应的位置。投影转换如图 2-16 所示。

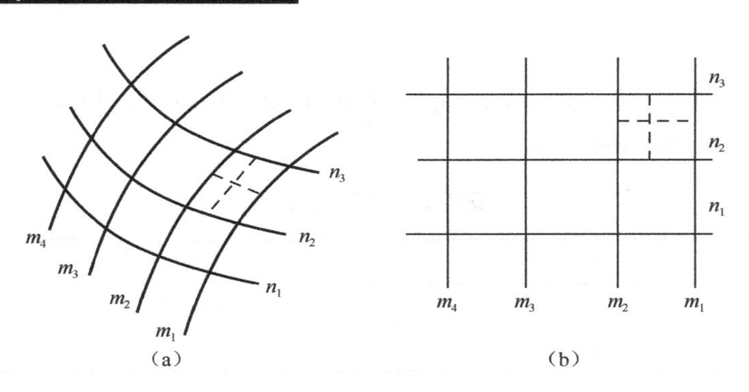

图 2-16　投影转换

由于球面上任何一点的位置都是用地理坐标（λ，φ）表示的，而平面上点的位置是用平面直角坐标（x，y）或极坐标（ρ，θ）表示的，所以要想将地球表面上的点转移到平面上，必须采用一定的法则来确定地理坐标与平面直角坐标或极坐标之间的关系。从经度和纬度转换为平面直角坐标或极坐标时总会出现扭曲变形，地图投影就是用来减小这种变形的。

地图投影的种类很多，一般按照两种标准进行分类：一是按投影的变形性质分类，二是按照投影的构成方式分类。

（1）按投影的变形性质分类。

① 等角投影。等角投影没有角度变形，便于测量方向和角度，常用于对角度和方向要求高的地图，如航海、洋流和风向图等。由于等角投影的面积变形很大，故不能测量面积。

② 等积投影。等积投影就是等面积投影，便于面积的比较和量算，常用于对面积精度要求较高的自然和经济地图，如地质、土壤、土地利用、行政区划等地图。

③ 任意投影。既不等角又不等积，角度和面积的变形都存在，但都适中。在任意投影中，有一类比较特殊的投影称为等距投影，它满足在正轴投影中经线长度比为 1，在斜轴或横轴投影中垂直圈长度比为 1。

（2）按投影的构成方式分类。

① 几何投影。几何投影是把椭球体面上的经纬网直接或附加某种条件后投影到几何投影面上，然后将几何投影面展开为平面的一类投影，包括方位投影、圆锥投影和圆柱投影。根据几何投影面与椭球体面位置关系的不同又可将其划分为正轴投影、横轴投影、斜轴投影。

② 解析投影。解析投影是不借助于辅助几何投影面，直接用解析法得到经纬网的一类投影，包括伪方位投影、伪圆锥投影、伪圆柱投影、多圆锥投影。

目前常用的投影有墨卡托投影（正轴等角圆柱投影）、高斯-克吕格投影（等角横切圆柱投影）、UTM 投影（等角横轴割圆柱投影）、Lambert 投影（等角正割圆锥投影）等。

3. 比例尺

比例尺等于图上距离除以实际距离。简单来讲，地图是对现实世界的抽象缩小，比例尺就代表了抽象缩小的程度。比例尺越小，抽象缩小的程度越高，表达的地物就少而简单；比例尺越大，抽象缩小的程度越低，表达的地物就越详细。如图 2-17 所示，同一个湖泊在较大的比例尺地图上以面来表示，可以看到湖泊的轮廓，而在较小的比例尺地图上就只是以线来表示。对地物进行抽象缩小的过程存在于数据采集这个环节，对于采集到的数据，在软件中是可以实现比例尺的无极缩放的，这时候改变的就不再是抽象缩小程度，而是显示的地理范围了。

地图是按照一定的数学法则，将地球（或星体）表面上的空间信息，经概括综合，以可视化、数字或触摸的符号形式，缩小表达在一定载体上的图形模型，用以传输、模拟和认知客观世界的时空信息。

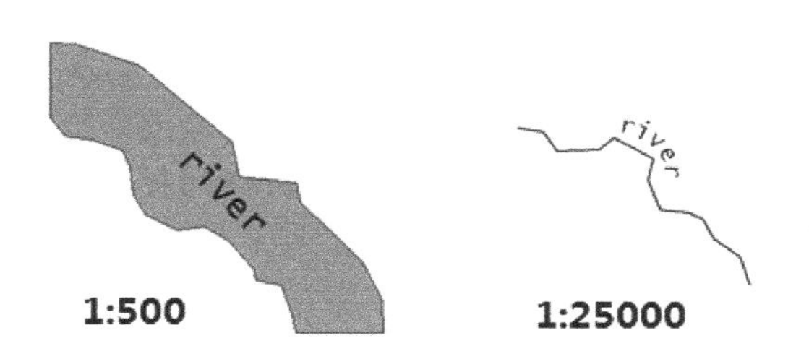

图 2-17　不同比例尺对于地物抽象缩小的程度

2.4.3　GIS 数据与应用

空间数据是 GIS 的心脏。根据数据来源不同，空间数据包括地图数据、遥感影像数据、地形数据，以及其他的统计数据、文字报告等。针对空间数据，GIS 有两大基本存储模型，一种是矢量数据模型，另一种是栅格数据模型。矢量数据模型以离散的点坐标来表示地理要素，通过点、线、面以及注记来抽象表达空间实体以及实体间的关系；栅格数据模型则以一系列栅格值来表示，基于网格结构使用不同颜色和灰度的像元来表达。除此之外，还有 TIN 数据模型，常用于存储高程数据。一般来说，具有明确对象的专题，一般使用矢量数据模型，如地籍数据、行政边界、街道等；具有连续空间变化的专题，则使用栅格数据模型。

如图 2-18 所示，对于同样信息的表达，在左边的矢量数据模型中，我们看到的是清晰的点、线、面的实体，用来表达河流、湖泊、地块等信息；而右边的栅格数据模型中，我们看到的则是一个个格子，相同的像元值在地图上展示出相同的颜色，从而也呈现出河流、湖泊、地块等的形态。虽然都能表达出一样的信息，但是这两种模型是完全不同的，矢量数据模型是以对象为单位的，我们可以把一个湖泊的面积等属性都存储在该对象中；而对于栅格数据模型，湖泊是由一组像元组成的，我们不可能将整个湖泊的面积分别赋予每个像元。在实际应用中，大部分地图数据为矢量数据，遥感影像为栅格数据。

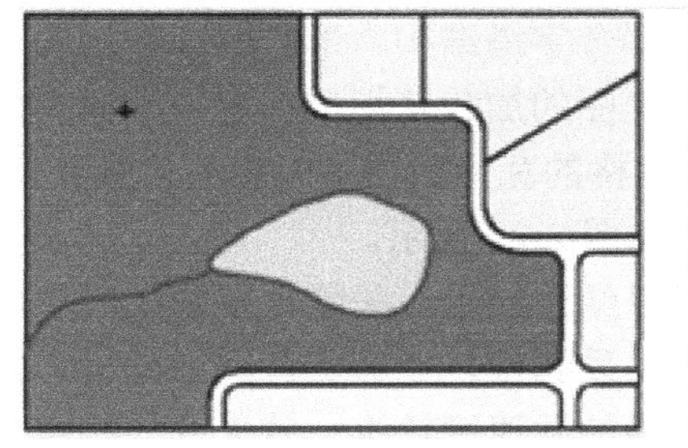
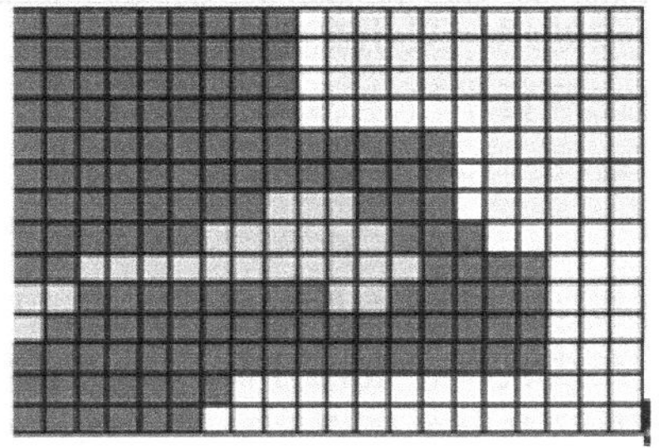

图 2-18　矢量数据模型与栅格数据模型

空间数据具备空间特征、属性特征和时间特征。其中，空间特征是指地理位置信息，包括空间位置（定位特征）与空间关系（几何特征），一般用坐标数据表示；属性特征是指实体的特征，如名称、分类、质量特征与数量特征等；时间特征描述的是实体随时间的变化。在 GIS 应用中，在空间数据库存储空间数据时，将空间特征与属性特征统一存储管理，同时也可将其他属性信息（包括业务数据）单独存储在业务数据库中。

基于 Web 应用的原理，WebGIS 的二维地图主要分为矢量地图与瓦片地图两种形式。

（1）矢量地图。矢量地图通常指由矢量数据模型存储的矢量数据组成的地图。矢量地图的加载，是指根据客户端请求的地图范围实时地从服务器的地图数据库中取图，实时生成请求范围对应的地图，这时服务器返回的一张地图。遥感影像与矢量地图采用的是相同的出图机制和方法。矢量地图如图 2-19 所示。

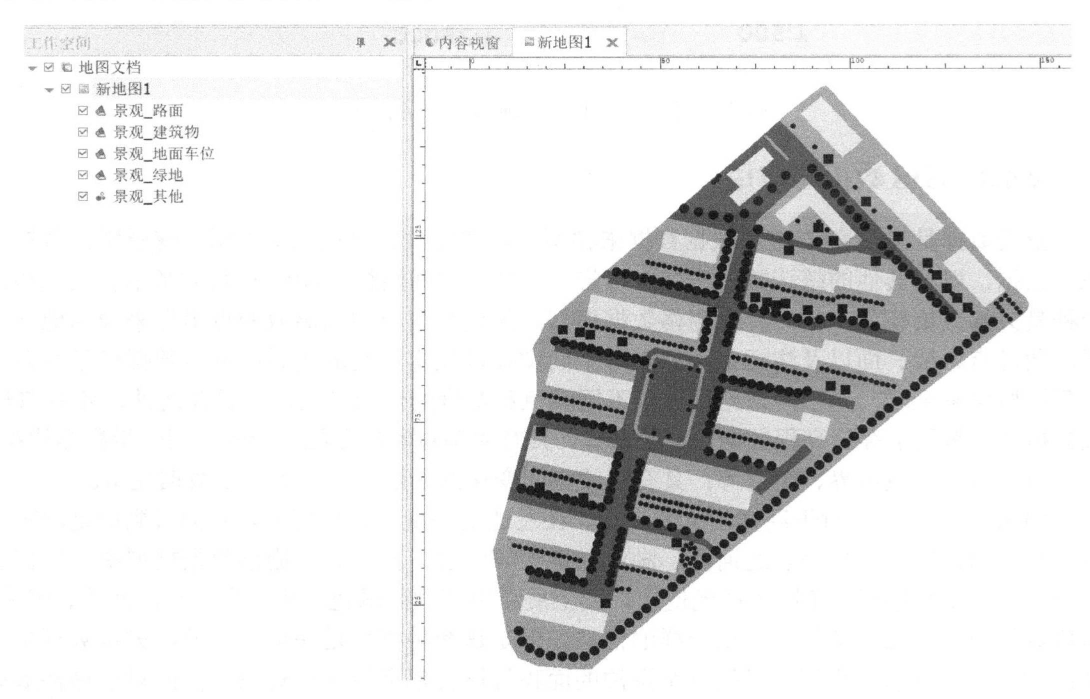

图 2-19　矢量地图

（2）瓦片地图。瓦片数据是指网格中多个类似瓦片的图片集。瓦片数据是通过将矢量或影像数据进行预处理，采用高效的缓存机制（即金字塔结构）形成的，采用级、行、列方式进行组织，可在网页中快速加载。因此，瓦片地图的加载是指根据客户端请求的地图范围和级别，通过计算行、列号分别获取对应级别下网格的瓦片数据（即服务器预裁剪的图片），由这些瓦片集在客户端形成一张地图。瓦片地图如图 2-20 所示。

矢量地图和瓦片地图各具特点和优势，可以结合应用。矢量地图是实时生成的，可以对地图数据进行在线编辑、查询分析，具有空间关系属性，能够支持网络分析、空间分析等应用。瓦片地图是预裁剪的缓存图片集，具有网络加载速度较快、效果好的特点，常作为底图应用。

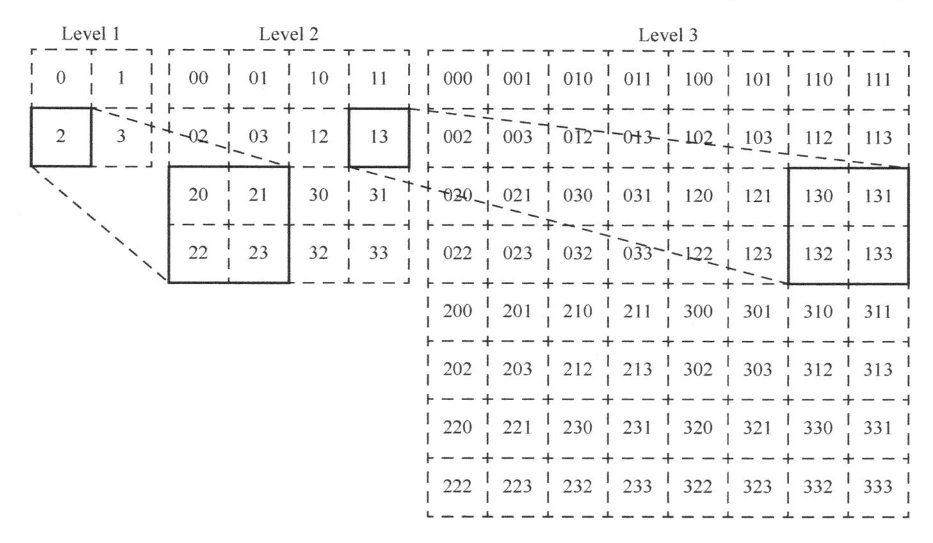

图 2-20 瓦片地图

2.4.4 网络地图数据服务

所谓"巧妇难为无米之炊"，数据才是王道，没有数据，GIS 系统就是一个空架子。在 WebGIS 应用中，数据组织非常关键，需要根据项目的需求进行各方平衡以选择最佳的数据组织方案。

随着互联网与移动互联网的发展，公众对地理信息服务应用的需求与日俱增，各大互联网公司纷纷跨界进入地图服务市场。与此同时，GIS 厂商、开源项目等在市场需求推动下迅速发展，我国政府相关部门也加大了对互联网地理信息服务建设的力度，在公众应用领域尤为突出。互联网涌现出大量开放的网络地图服务资源，呈现百花齐放之态。例如，Google 地图、OpenStreetMap、Bing 地图、Yahoo 地图、百度地图、高德地图、天地图等，它们均提供免费开放的基础地图服务，基本上都采用瓦片地图，对外提供各类基础地图数据的在线服务，通常在应用中作为底图直接调用。当然，为满足更多用户的需求，也提供多层次、多专题的地图数据服务，需要按照特定渠道和方式获取，合法使用。除此之外，一些 GIS 厂商、单位等也构建了共享服务平台，或者其他形式的服务平台，面向公众提供一些基础地图数据服务。

提示：针对这些公共地图服务，在开发应用时可以通过其官网和其他渠道获取所需类型的地图数据服务地址。

例如，OpenStreetMap（OSM）的目标是创造一个内容自由且能让所有人编辑的世界地图，目前已经成为使用频繁的地图数据源之一。天地图是国家地理信息公共服务平台的公众版，以门户网站与服务接口方式提供大量的地图服务资源，包括国家和各省（区）、市的测绘成果，如图 2-21 与图 2-22 所示，提供了免费的在线基础地图服务资源，同时提供基础测绘成果目录，供广大用户查询，有需求者可按需合法获取资源。

为实现空间数据的相互操作，促进异构平台的空间数据共享，OGC（Open Geospatial Consortium，开放地理空间信息联盟）一直致力于提供地理信息行业软件和数据及服务的标准化工作，制定了一系列针对空间数据的服务规范，如 WMS、WMTS、WFS 等。基于 OGC 服务规范，实现地理信息的全球范围内的共享与互操作，已经成为 GIS 技术发展的必然趋势。

因此，目前大部分开放的地图服务均是基于 OGC 服务规范发布的，向公众提供符合 OGC 服务规范的地图服务。

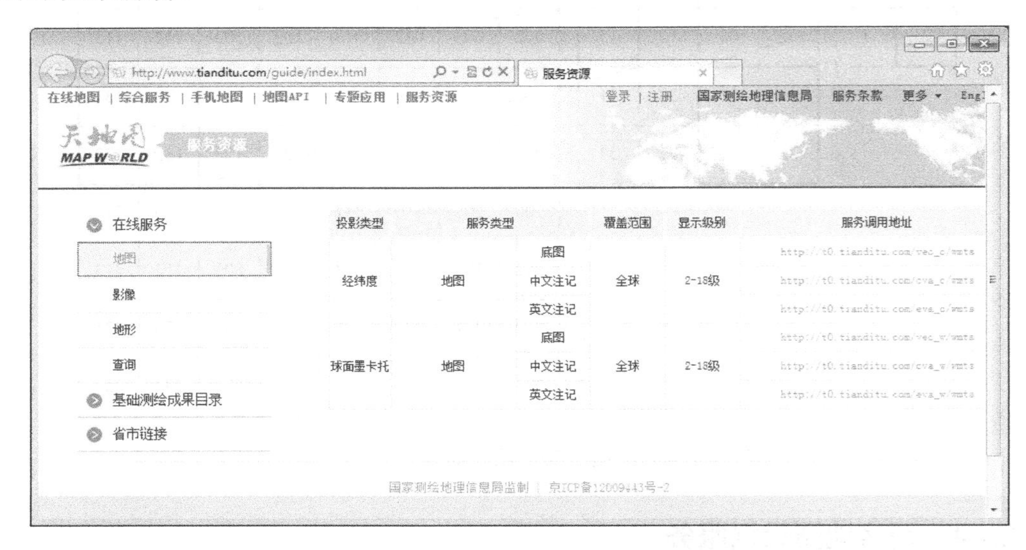

图 2-21　天地图全球服务资源

图 2-22　天地图省、市服务资源（武汉）

由于空间数据具有保密性，因此 GIS 相关人员都应具备安全意识，涉密空间数据要严格按照国家法规依法使用。因此，面向公众的地图服务大部分都是以瓦片形式提供的，并按照要求进行一定程度的偏移。在项目应用中，若需进行多源数据叠加显示，则必须考虑统一坐标系与偏移问题。另外，在从事 GIS 工作或学习中，都要时刻具备保密意识。

对于中国用户，开放的免费数据获取途径有限，国家基础地理信息中心发布过全国 1∶400 万比例尺的矢量图，详细到县级行政数据。另外，如果只是需要背景地图显示的话，则不必获取原始数据，采用叠加地图服务的方式即可。

2.4.5 WebGIS 的逻辑坐标与窗口坐标转换

在 WebGIS 开发中，通常会涉及逻辑坐标与窗口坐标的转换。逻辑坐标与窗口坐标的转换也是一个非常关键的步骤，读者要明白两者的含义。地图发布到 Web 网页上时，涉及地理空间位置在网页容器中的表示。逻辑坐标指实际的地理坐标，即数据坐标系，表示真实的地理空间位置；窗口坐标指在 Web 网页中逻辑坐标对应的屏幕坐标，是根据 Web 网页中地图容器布局（大小与位置），对逻辑坐标进行转换而得到的。当在客户端实现图形交互绘制、地图查询、编辑等功能时，鼠标交互获取到的是窗口坐标，通常要将其转换为对应的逻辑坐标，进而实现具体功能。

数据坐标系到窗口坐标的映射可以看成现实世界中的景物在 PC 浏览器窗口屏幕上的显示。窗口坐标系与数据坐标系存在比例关系，这个比例关系可以理解为数据坐标系中单位长度与窗口坐标系中长度的投影。如图 2-23 所示，如果窗口坐标系的原点是数据坐标系中 Q 点的投影，那么位于数据坐标系中的一个点 $p(x, y)$显示到窗口坐标系中就变为点 $p'(x', y')$，它们之间存在以下换算关系。

$$x' = (x - X_0) \times r$$

$$y' = (y - Y_0) \times r$$

其中，r 是窗口坐标系中的单位长度与数据坐标系中对应的实际长度之比，类似于地图比例尺。

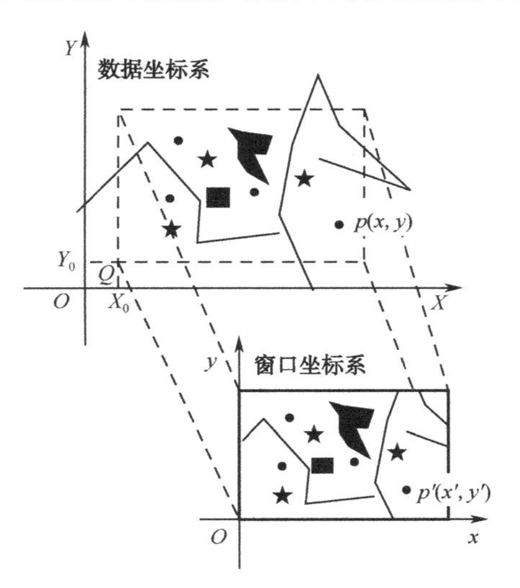

图 2-23 数据坐标系与窗口坐标系映射关系

例如，一个常见的矩形查询，需要用鼠标在地图上绘制一个矩形，查询矩形范围内的空间要素。在实现矩形查询功能时，首先要将鼠标操作状态设置为拉框绘制状态，然后添加一个地图事件监听，即添加鼠标在地图上完成矩形绘制弹起事件的监听，在事件监听的处理函数中获取绘制矩形的窗口坐标并将其转换为逻辑坐标，最后把得到的矩形逻辑坐标范围作为查询条件，查询矩形范围内的空间要素。

第3章 OpenLayers 开发基础

3.1 OpenLayers 简介

OpenLayers 是一个模块化、高性能并且功能丰富的 WebGIS 客户端的 JavaScript 包，用于显示地图及空间数据，并与之进行交互，具有灵活的扩展机制。OpenLayer 最初由 MetaCarta 公司开发，是一个完全免费、开源的 JavaScript 库，通过 BSD License 发行。目前，OpenLayers 已经成为一个拥有众多开发者和帮助社区的成熟、流行的框架。

OpenLayers 目前的最新版本为 5.x，在默认情况下，使用经过性能优化的 Canvas 渲染器，同时也支持 WebGL 渲染器，可在支持 HTML5 和 ECMAScript 5 的浏览器上运行，包括 Chrome、Firefox、Safari 和 Edge 等，而对于较旧的浏览器和平台，如 Internet Explorer（低至版本 9）和 Android 4.x，需要转换应用程序包（如使用 Babel）并与 polyfill 捆绑在一起。

在地图数据以服务方式提供的前提下，OpenLayers 实现访问空间数据的方法符合行业标准，支持各种公开的和私有的数据标准和资源。OpenLayers 支持 OGC 制定的 WMS、WFS 等服务规范，可以通过远程服务的方式，将以 OGC 服务规范发布的地图数据加载到基于浏览器的 OpenLayers 客户端中显示。目前，OpenLayers 所支持的数据格式有 XML、JSON、GeoJSON、MVT、GML、GPX、KML、WFS、MVT、WKT（Well-Known Text）等，在其 format 名称空间下的各个类里实现了具体读/写这些数据格式的解析器。因此，基于 OpenLayers 能够利用的地图资源非常丰富，提供给用户最多的选择，包括公共地图服务，如 OpenStreetMap、Google 地图、Bing 地图、Baidu 地图等，OGC 资源（如 WMS、WMTS、WFS），其他矢量数据以及简单的图片等。

在采用 JavaScript 纯客户端开发的 WebGIS 项目中，OpenLayers 是作为功能脚本库引用的，在 HTML 文档中调用 OpenLayers 提供的类，以及类的属性和方法，从而实现互联网地图发布与功能操作。目前，OpenLayers 官方发布了 OpenLayers 5.x 版本，相较于 OpenLayers3 版本，除个别方法的命名以及调用方式有改变，绝大部分 API 都没有发生变化，即表现层未发生实质变化，着重改造内部实现，总体来说可概括为以下两点。

（1）OpenLayers 5 的主旨是改进 OpenLayers 的开发人员或用户的使用体验，而 JavaScript 在使用和创建模块时的运行效果最佳。为此，OpenLayers 5 采用了可向下兼容的 ECMAScript6 标准提供的内置模块功能将其代码重新设计为一套 ES 模块，完全消除了对 Closure Compiler（闭包编译器）的依赖，并提高了与主流模块捆绑器的兼容性。

（2）OpenLayers 5 较 OpenLayers3 的早期版本（v3.19 之前版本），删除了落后的 DOM 渲染方式，目前提供 HTML5 标准的 Canvas 渲染和 WebGL 渲染两种模式的渲染器，显然只有那些支持 Canvas 的浏览器才能使用 Canvas 渲染器。同样，WebGL 渲染器只能用于支持 WebGL 的设备和浏览器。

本书主要对 OpenLayers 5 的应用进行详细解析，希望能够帮助读者了解 OpenLayers5，并掌握基于 OpenLayers 5 的 WebGIS 开发实践。图 3-1 为 OpenLayers 官网（http://www.openlayers.org/）提供的 OpenLayers 5 的系列资源，包括 OpenLayers 5 框架与 API 文档等。

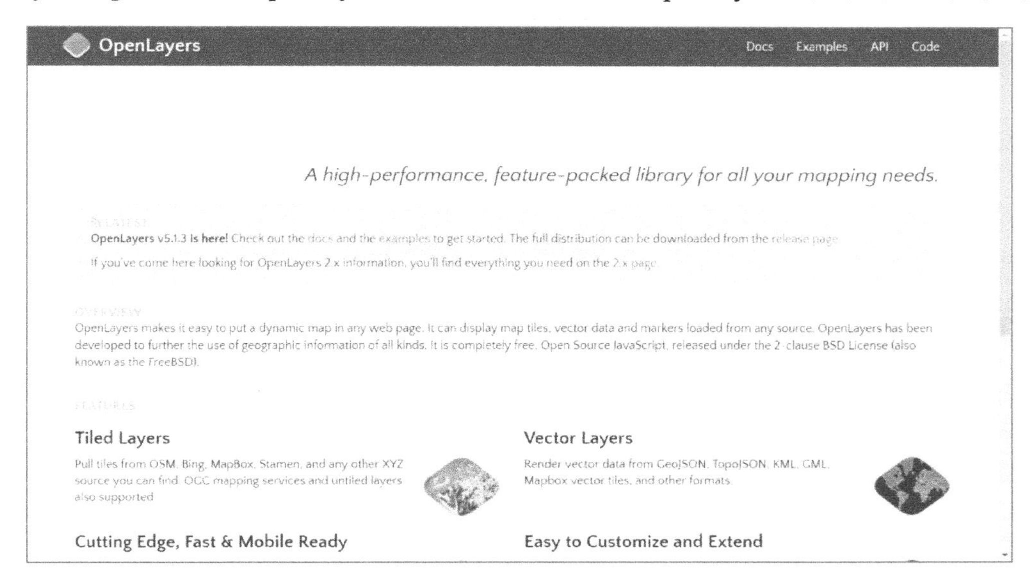

图 3-1 OpenLayers 官网

3.1.1 OpenLayers 5 的体系架构

本节先介绍 OpenLayers 是什么、能做什么、有什么意义，接下来通过 OpenLayers 5 的体系架构进一步了解和认识 OpenLayers 5。

MetaCarta 公司设计 OpenLayers 的目的，就是为了能够在客户端更好地展现和操作地图。OpenLayers 将抽象事物具体化为类，其核心类是 Map、Layer、Source、View，几乎所有的动作都围绕这个核心类展开，从而实现地图加载和相关操作。OpenLayers 5 的体系架构如图 3-2 所示。

由 OpenLayers 5 的体系架构可见，可把整个地图看成一个容器（Map），核心为地图图层（Layer）、对应图层的数据源（Source）与矢量图层样式（Style）、与地图表现相关的地图视图（View），除此之外，容器中还有一些特别的层和控件，如地图交互操作控件，以及绑定在 Map 和 Layer 上的一系列待请求的事件。底层是 OpenLayers 的数据源，即 Image、GML、KML、JSON 等 OGC 服务资源，均为 source 与 format 命名空间下的子类，这些数据经过 Renderer 渲染，显示在地图容器中的图层 Layer 上。其中，地图容器（Map）与图层（Layer）的渲染有 Canvas、WebGL 两种类型，分别由 ol.renderer.Map 与 ol.renderer.Layer 实现。

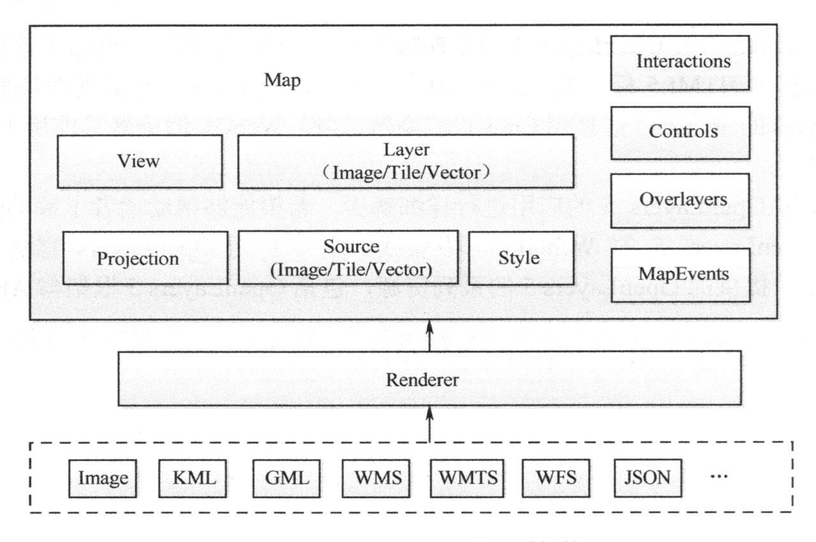

图 3-2　OpenLayers 5 的体系架构

3.1.2　OpenLayers 5 的工作原理

OpenLayers 是实现 WebGIS 客户端的开发库，它提供了一整套 JavaScript 的 API，具有良好的体系架构和实现机制。GIS 的核心是空间数据，关键是如果将空间数据应用到各行业的具体业务中或人们的日常生活中，充分挖掘空间数据的价值。针对复杂的空间数据，OpenLayers 5 如何将这些空间数据抽象为类？如何解析各种空间数据源？又是如何渲染并在客户端展示？地图加载后，OpenLayers 5 是如何控制地图，实现地图的相关操作？下面从五个方面做简要分析。

1．数据组织

首先，我们来了解 OpenLayers 5 的数据结构与组织。从表现形态来看，空间数据的矢量数据由点、线、面三类要素构成，将这些要素对应到 Web 客户端表现时，需要抽象为相应的类，包括要素之间的关系。在 OpenLayers 5 中，矢量数据的抽象主要由 ol.geom.Geometry 基类下的几何对象子类实现。图 3-3 给出了 Geometry 基类及其子类的继承关系。

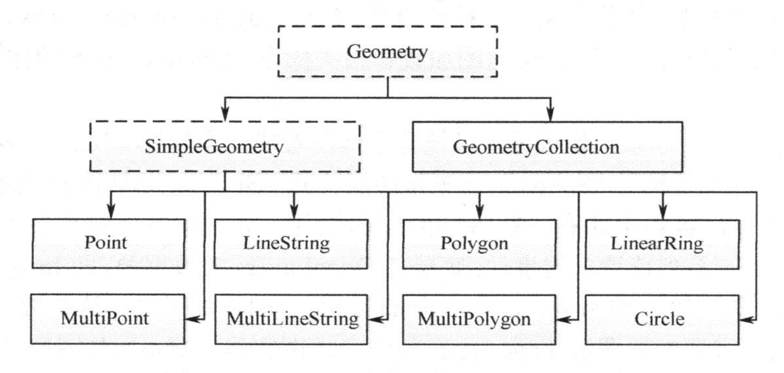

图 3-3　Geometry 基类及其子类的继承关系

从图 3-3 可见，OpenLayers 5 的 Geometry 基类与之前版本的 OpenLayers 基本上是一致的。

几何对象子类，即 Point 与 MultiPoint（点与多点）、LineString 与 MultiLineString（线与多线）、Polygon 与 MultiPolygon（区与多区）、LinearRing（线性环）、Circle（圆），均继承于 SimpleGeometry 子类，SimpleGeometry 子类与 GeometryCollection 子类则继承于 Geometry 基类。其中，LinearRing 子类只能作为区几何组成部分使用，GeometryCollection 子类则为 Geometry 对象集合。在组织矢量要素时，通过 Feature 子类（ol.Feature）组织为要素，或者通过 ol.Collection 子类（Feature 集合）组织为要素集合。但是在实现的细节方面，还是有许多的不同，比如在 OpenLayers 3 中，Polygon 子类提供了一个静态函数 circular，该函数是在椭球的表面生成一个近似的圆，而在 OpenLayers 5 中，则直接导出了生成圆的函数，同时把函数入口参数中的 ol.Sphere 去除了，而默认为采用 Clarke 1866 Authalic Sphere，当然也提供了相应的扩展参数，调用者可根据椭球的不同而设置不同的椭球半径。从这些细节可以看出，OpenLayers 5 在用户的体验上有不少的改进，更多的修改或者改进可以关注 OpenLayers 官网代码的更新日志。上述为矢量数据的基本结构与组织原理，这是 GIS 的基础。基于客户端的数据组织与渲染机制可将矢量数据渲染为矢量地图，并在客户端表现出来。

对于 Web 网页地图应用而言，除了矢量数据，还有瓦片数据，以及图片等各类数据，需要将这些数据统一在 Web 网页呈现。对于 Web 网页的各类数据展现，OpenLayers 5 是如何组织与设计的呢？接下来，我们来进一步了解 OpenLayers 5 的数据组织与实现原理。

OpenLayers 5 的地图数据通过图层（Layer）组织渲染，且通过数据源（Source）设置具体的地图数据来源。因此，Layer 与 Source 是密切相关的对应关系，缺一不可。Layer 可看成渲染地图的层容器，具体的数据需要通过 Source 设置。

地图数据根据数据源（Source）可分为 Image、Tile、Vector 三大类，对应设置到 Image、Tile、Vector 三大类图层（Layer）中。地图图层与数据源的关系如图 3-4 所示，其中，矢量图层 Vector 通过样式（Style）来设置矢量数据渲染的方式和外观。

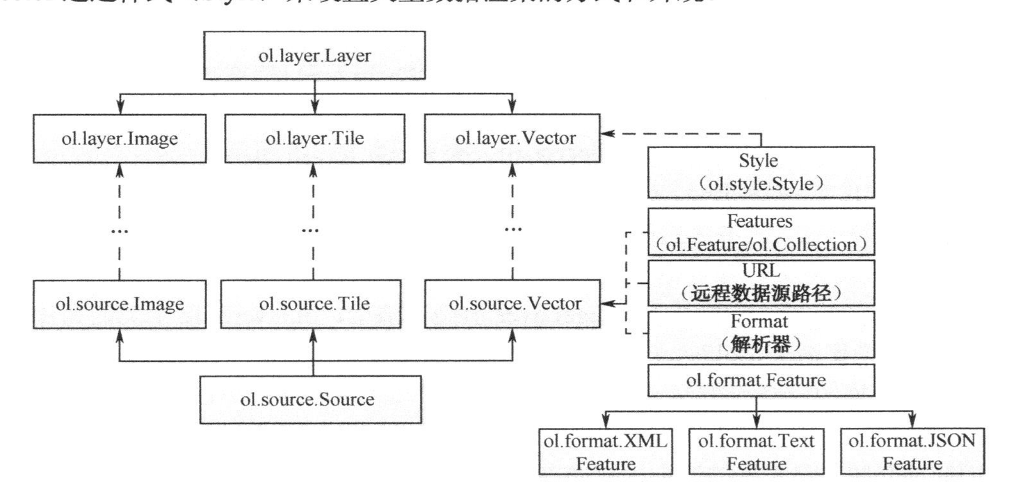

图 3-4　地图图层与数据源的关系

在数据源（Source）中，Image 类为单一图像基类，其子类作为画布（canvas）元素、服务器图片、单个静态图片、WMS 单一图像等的数据源；Tile 类为瓦片抽象基类，其子类作为各类瓦片数据的数据源；Vector 则为矢量基类，可直接实例化创建矢量数据的数据源（支持各种格式的矢量数据），其子类则为扩展的某类矢量数据的数据源。

ol.source.Vector 是矢量数据源基类，为矢量图层提供具体的数据来源，包括直接组织或读取的矢量数据（Featrues）、远程数据源的矢量数据（即通过 URL 设置数据源路径）等。若为 URL 设置的矢量数据源，则通过解析器 Format（即 ol.format.Feature 的子类）来解析 XML、Text、JSON 格式的各类矢量数据，如 GML、KML、GPS、WFS、WKT、GeoJSON 等地图数据。

2. 数据解析

从上述的 OpenLayers 5 空间数据组织可知，地图数据的数据源可分为 Image、Tile、Vector 三大类。其中，Image 为图片数据源，Tile 为瓦片数据源，两者本质基本相同，均为图片或图片集。Vector 为矢量基类，由其 Format 属性设置解析数据类型，即通过 ol.format.Feature 类的子类进行各种格式矢量数据的解析。

由 OpenLayers 5 的 API 可知，ol.format.Feature 类用于读/写各种格式的数据，并创建了多种格式的子类，即各类数据解析器，包括 XML、Text、JSON 类型的各种格式数据解析器。

以 GML 数据解析为例，其实现原理为：先通过接口调用得到 GML 格式的文本数据，然后通过 ol.format.GML 类的读/写方法来解析这个文本数据，从而读取矢量要素（Feature）及其几何对象（Geometry）等，最后结合样式（Style）并通过相应的渲染器在客户端渲染出来。不管是什么格式的数据，最后解析得到基本的 Point、LineString 子类的 Geometry 对象，进行客户端渲染后就是在地图上看到的那些内容。

3. 数据渲染

基于 OpenLayers 的地图整个表现过程为：先通过 URL（服务地址/文件路径）调用数据，然后用各种格式的数据解析器解析数据，再用相应的渲染器在图层中进行渲染，最后结合相应的控件表现出来，成为一幅“动态”地图。

在 OpenLayers 5 中，渲染功能由渲染器（即 Renderer 相关类）实现，通过 Map 的 Renderer 属性设置渲染方式，然后根据渲染方式（Canvas、WebGL）、与图层类型（Image、Tile、Vector）匹配渲染器将图层数据渲染出来。Renderver 相关类关系如图 3-5 所示。

在此主要讨论渲染器 Renderer 相关类，了解 OpenLayers 5 的渲染机制。该机制与 OpenLayers3 基本一致，主要区别是去除了 DOM 渲染。图层数据主要由 ol.renderer.Layer 子类与相关子类负责渲染，即分别通过 Canvas、WebGL 两大渲染类型的相关子类实现。ol.layer.Image 子类的图像数据基于 ImageLayer 渲染器渲染，ol.layer.Tile 子类的瓦片数据基于 TileLayer 渲染器渲染，ol.layer.Vector 子类的矢量数据则由 VectorLayer 渲染器渲染。其中，对于矢量数据的渲染，在 VectorLayer 渲染器中是通过 ol.render.VectorContext 的相关子类来实现的。

下面简要介绍矢量数据的渲染机制。矢量数据的最终渲染方法由 VectorContext 子类实现，支持 Canvas、WebGL 两种方式，其中 WebGL 渲染方式对矢量数据的支持有限且不支持矢量瓦片。对于矢量数据，在 VectorContext 子类中分别提供了各类数据的渲染方法，诸如基于 Canvas 的 drawCircle、drawFeature、drawGeometry 方法，以及基于 WebGl 的 drawFeature、drawGeometry 方法。矢量数据的渲染同时会结合样式（Style）进行，可通过 setStyle 方法设置样式（Style）。

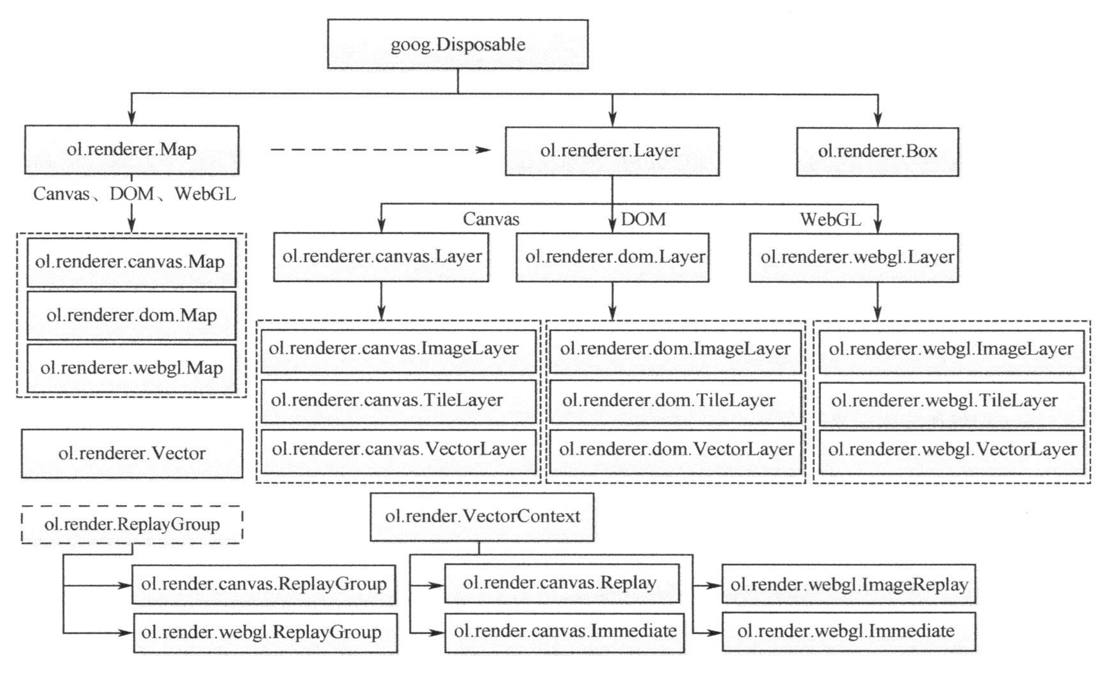

图 3-5 Renderer 相关类关系

另外，ol.FeatureOverlay 图层加载的矢量数据渲染也是基于上述的矢量数据渲染机制实现的。在 OpenLayers 5 中，地图交互控制主要通过 ol.interaction.Interaction 的相关子类实现，其中交互式图形绘制涉及客户端绘制图形的渲染，由 RenderBox 类实现，也采用上述的矢量数据渲染机制，即使用 drawAsync、drawPolygonGeometry 方法进行渲染。

图像或瓦片数据在 Web 客户端仅仅是图片，不包含其他的几何信息和属性信息，均通过 HTML 中的 canvas 标签显示，即通过数据源对应的渲染器处理渲染。瓦片数据是将矢量或影像裁剪得到的多级图片集，在进行渲染时需要根据级、行、列获取对应的图片，并在 Web 客户端以网格的方式组织各级瓦片地图。

4. 地图表现

数据在被渲染后是如何在 Web 网页显示的？即地图表示是怎么实现的？众所周知，Web 客户端通常使用 HTML 来表现网页内容，通过行为控制（如 JavaScript）实现动态交互效果。基于 OpenLayers 的地图应用也是一样的原理。

在前面提到，OpenLayers 5 的核心是 Map 类、Layer 类与 Source 类，结合地图视图类 View、矢量样式类 Style 等渲染地图。Map 类的实例就是内嵌于 Web 网页的交互式地图。因此，最关键的是 Map 类，首先要把这个类分析明白。地图表现，简单说就是向一个地图容器里面加载图层与控件。Map 类就是地图容器。顾名思义，它就像一个容器，可以分门别类、按空间层次来存放内容。那么，这个容器是如何实现的？具体有什么功能呢？

在 Web 网页中，地图容器通过 div 层来表现，通过 Map 类的 target 属性关联作为地图容器的 HTML 元素——div 层，即将此地图容器 div 层与 JavaScript 的 map 对象绑定，然后将 layers（含对应数据源 source）、controls 等内容加载到 Map 中，表现为地图。对地图的渲染，必须由一个或多个图层类（Layers）、一个地图视图类（View）及一个目标容器（div 层）实现，即在创建一个 Map 实例时必须设置其图层（layers）、视图（view）与目标容器（target），这也是地图显示必备的三要素。

Map 函数声明格式为 ol.Map(options)。例如，在 HTML 页面的 body 中创建一个 ID 为“map”的 DIV 层，并定义一个 map 对象的 JS 代码如下：

```
//实例化 map 对象加载地图
var map = new ol.Map({
    target: 'map', //地图容器 div 层的 ID
    //在地图容器中加载的图层
    layers: [
    //加载瓦片图层数据
    new ol.layer.Tile({
        title: "天地图矢量图层",
        source: new ol.source.XYZ({
            url: "http://t0.tianditu.com/DataServer?T=vec_w&x={x}&y={y}&l={z}&tk=您的天地图密钥",
            attributions: "天地图的属性描述",
            wrapX: false
        })
    }),
    new ol.layer.Tile({
        title: "天地图矢量注记图层",
        source: new ol.source.XYZ({
            url: "http://t0.tianditu.com/DataServer?T=cva_w&x={x}&y={y}&l={z}&tk=您的天地图密钥",
            attributions: "天地图的属性描述",
            wrapX: false
        })
    })],
    //地图视图设置
    view: new ol.View({
        center: [0, 0], //地图初始中心点
        zoom: 3   //地图初始显示级别
    })
});
```

上述代码实现加载一个瓦片地图（即天地图）功能，并可以对地图进行平移、缩放操作。在实例化 map 对象时，仅设置了地图显示必备的三要素：图层（layers）、视图（view）和目标容器（target）。如果没有设置图层与数据源，则在客户端渲染一个空白的地图容器。Layer 类（含数据源）提供地图数据支持，View 类主要控制用户与地图的最基本的交互，支持缩放、平移，设置中心点、地图显示级别等基本交互动作。地图应用非常丰富，我们肯定不会满足于仅仅显示并缩放地图，还想让地图完全“动”起来，即添加很多可交互的功能。例如，我们还想在单击相应的兴趣点时，地图能与我们进行交互，弹出想要的信息框显示兴趣点的详细信息等。这些丰富的地图交互功能，就得依靠地图控件（Control）、地图交互功能（Interaction）、叠加层（Overlay）等各个功能类，并结合 Map 类的属性、方法、事件来实现。

那么，地图容器是如何将设置的图层数据渲染呈现在 Web 页面的？从 Web 页面表现角度

出发，通过剖析其 HTML 结构就能明晰其设计原理。地图显示页面的 HTML 结构如图 3-6 所示，在调试模式下可清楚查看地图容器的页面元素及其内部的结构和内容。

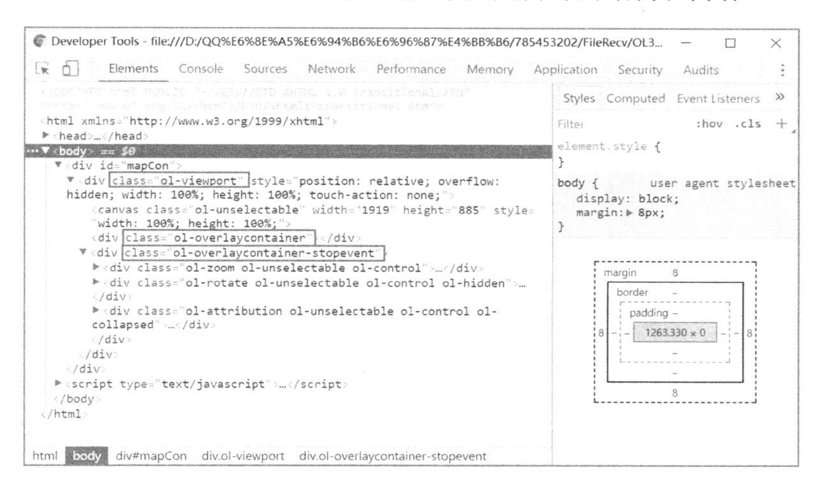

图 3-6 地图显示页面的 HTML 结构

在用户定义的地图容器（即 ID 为 map 的 div 层）中，OpenLayers 5 内部创建了一个 viewport 容器（类名为 ol-viewport 的 div 层），地图的所有内容均在 viewport 容器中呈现，可通过 Map 类的 getViewport()得到此容器。在 viewport 容器里，分别创建了如下三个关键的内容层，分别渲染呈现地图容器中的内容：

- 地图渲染层：根据地图渲染方式创建的 Canvas 元素，用于渲染地图。在默认情况下，地图基于 Canvas 方式渲染，需要注意的是 webgl 方式的渲染目前对矢量数据支持有限且不支持矢量瓦片。
- 内容叠加层：类名为 ol-overlaycontainer 的 div 层，装载叠加层（ol.Overlay）内容，如在地图上添加的图片、标注等。
- 地图控件层：类名为 ol-overlaycontainer-stopevent 的 div 层，装载显示地图控件或叠加内容。例如，上面代码在该层里创建默认加载的三个地图控件元素。

viewport 容器及其包含的所有元素的样式信息均在 OpenLayers 5 的默认样式文件中定义，用户可通过修改默认样式文件来自定义新样式，从而改变某些容器或控件的展现效果。

从上述对 Map 类的分析可见，Map 类作为地图容器，可以加载各种数据格式的图层。地图容器中加载的图层（Layers）以其加载的先后顺序表现，即按顺序分层叠加表现，如图 3-7 所示。这些 Layers 可以通过图层数组的方式存储，也可以通过 ol.Collection 以图层组（LayerGroup）方式来存储。

与 OpenLayers3 一样，OpenLayers 5 的地图不需要一个必备的基底图层，所有图层按加载顺序叠加表现。每个图层都是相对独立的，可以分别进行控制。叠加图层的顺序很重要，按照地图容器添加图层的先后顺序，从底往上排列，即每次给地图容器添加的图层都放到现有图层的上方。在应用时要根据具体应用需求，对图层加载顺序进行合理设置，避免覆盖有效的地图信息；或者通过图层的可见属性、透明度属性等，根据应用需求显示/隐藏图层，或设置图层半透明表现等。

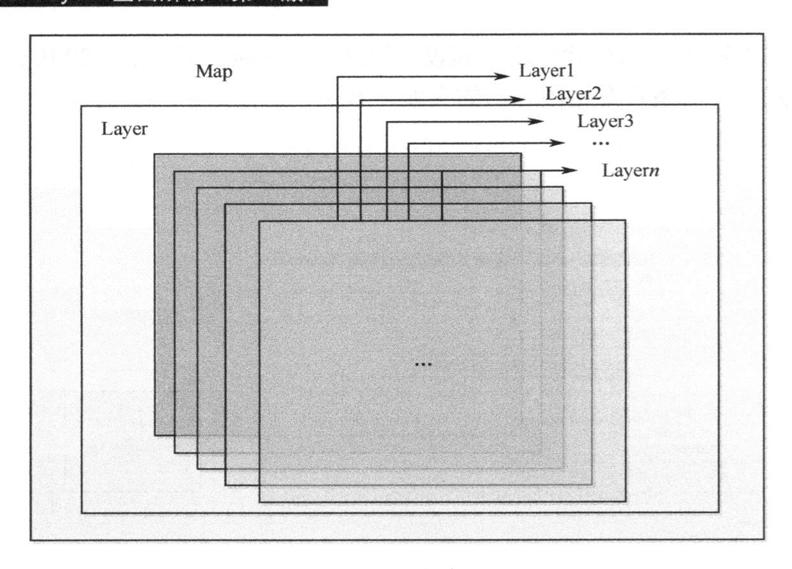

图 3-7　地图容器加载的图层表现示意图

其中，对于地图控件、叠加层内容的表现，可以通过设置对应页面元素（即 HTML 元素）的 z-index 值，在地图上以 z-index 值为序进行叠加。

5．事件机制

从感官角度我们知道，地图加载后在 Web 页面中表现，并能够通过功能按钮等操作地图，实现地图的缩放、拖动，以及对地图要素的查询、分析等功能。这些功能是怎么实现呢？这就要归功于 OpenLayers 5 中的事件机制，通过各种事件对地图进行控制。

OpenLayers 5 的事件封装和语法变化是公认的一大亮点。一方面，OpenLayers 5 的事件基于 NodeJS 的组件机制进行封装，根据不同的应用需求封装不同类型的事件；另一方面，OpenLayer5 的事件语法统一变更为最新的 ES6 标准规范。在 OpenLayers 5 中，ol.MapEvent 为地图事件的基类，提供了内部的事件类型，如地图移动结束事件（moveend）、地图框架渲染事件（postrender）。地图浏览器事件类（ol.MapBrowserEvent）继承于 ol.MapEvent 类，是控制整个地图交互的核心，提供外部设备（如鼠标、触摸屏）与地图交互的主要事件类型，如单击（singleclick、click）、双击（dbclick）、指针移动（pointermove）、指针拖曳（pointerdrag）等事件，这些事件由 Map 类的对象操作，与 Map 类相关联。除了地图浏览器事件，OpenLayers 5 中的对象均支持参数、属性变更事件，即 change、propertychange 事件，由对象事件类（ol.Object.Event）提供。Change 事件是针对一个对象的结构要素、状态等变更的事件，如地图容器 Map 中对象的地图视图变更事件（change:view）、交互控件类的激活状态变更事件（change:active）等。除此之外，还有交互功能类事件、集合事件类事件等，这些事件将网页元素或 DOM 对象与功能控制的实现形成一个逻辑整体，很好地实现了用户与地图的交互功能。

- 地图事件类（ol.MapEvent）：包含 moveend、postrender 事件。
- 地图浏览器事件类（ol.MapBrowserEvent）：包含 singleclick、click、dbclick、pointermove、pointerdrag 事件。

- 对象事件类（ol.Object.Event）：包含 change、propertychange 事件。
- 选择控件事件类（ol.interaction.Select.Event）：包含 select 事件。
- 绘制控件事件类（ol.interaction.Draw.Event）：包含 drawstart、drawend 事件。
- 修改控件事件类（ol.interaction.Modify.Event）：包含 modifystart、modifyend 事件。
- 集合事件类（ol.Collection.Event）：包含 add、remove 事件。

针对各类事件，OpenLayers 5 提供了统一的事件监听方法，即通过 on 与 once 方法添加事件监听，通过 un 与 unByKey 方法移除事件监听。在使用这些事件时，均由关联的对象添加事件监听，事件触发后再通过自定义的事件回调函数处理。

开发 Web 端应用程序，通常要基于鼠标事件进行交互，如 onmousedown、onmousemove onmouseout、onmouseover、onmouseup、onclick、ondbclick 等事件。OpenLayers 5 的事件机制与普通的 Web 端应用类似，只不过针对具体应用需求进行了事件封装，使得与地图的交互更为简便易用。目前，OpenLayers 5 提供的事件都是 Web 端地图应用中最常用的事件类，但并不局限于这些事件，还可以充分发挥其优良的扩展性，针对具体功能应用需求进行相应扩展。

3.2 OpenLayers 5 的 API 概要

首先，我们可以从 OpenLayers 官网的 API 来了解和分析它的结构，网址为 http://openlayers.org/en/latest/apidoc/index.html。OpenLayers 基于面向对象设计，由 JavaScript 实现，其命名空间的类较多，类与类之间的继承关系复杂，结构体系庞大。图 3-8 所示为 OpenLayers 官网的 API，下面将依次介绍各个类。

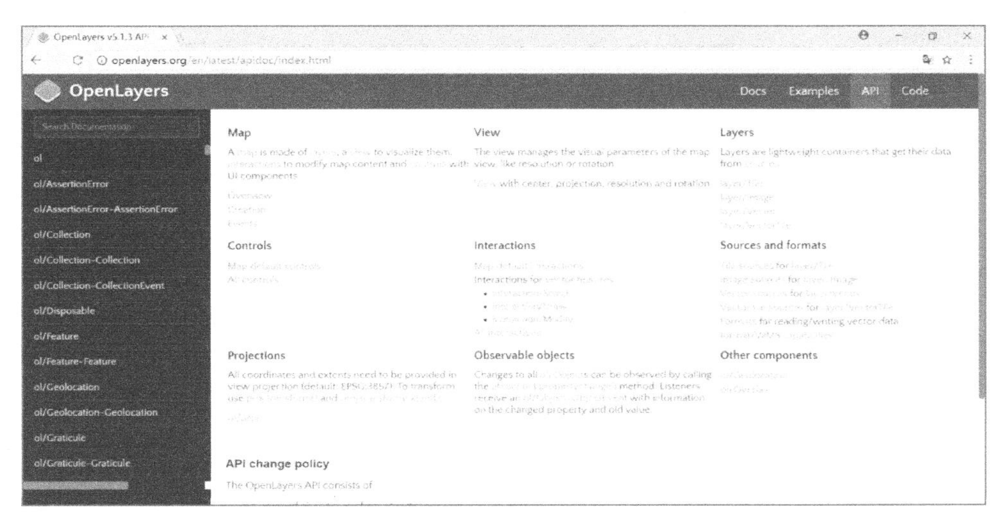

图 3-8 OpenLayers 官网的 API

OpenLayers 5 的 API 中类的总体结构如图 3-9 所示。

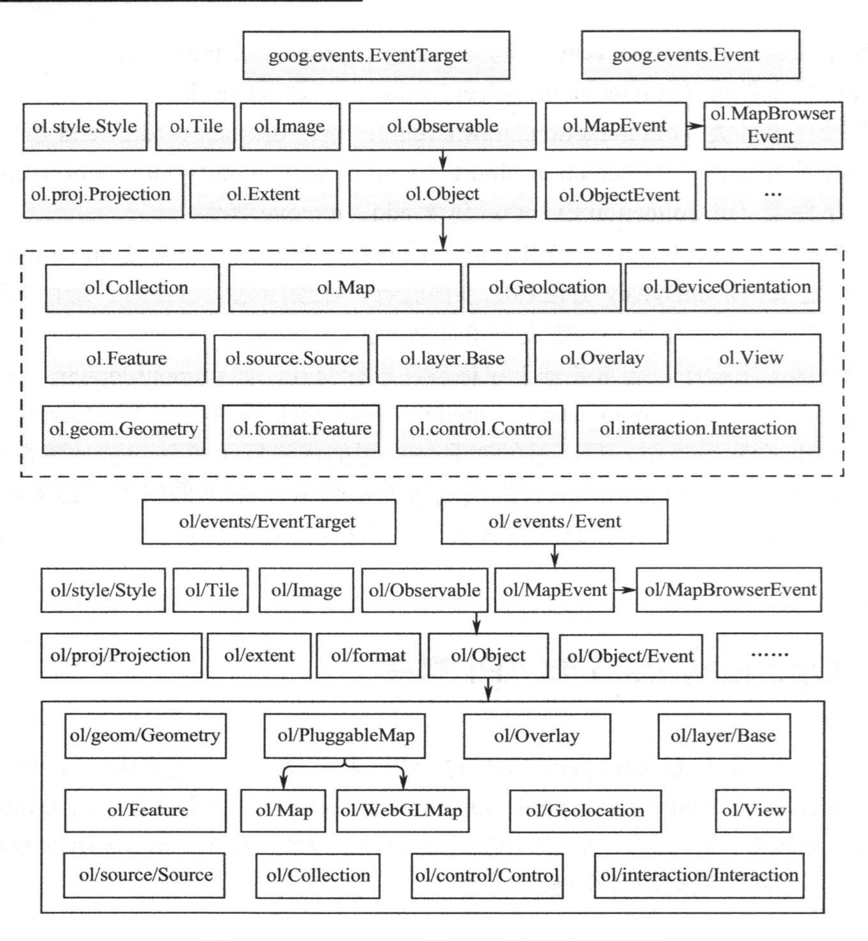

图 3-9 OpenLayers 5 的 API 中类的总体结构

1．核心的类

- Map（ol.Map）：地图容器，核心部分，可加载各类地图与功能控件，用于渲染、表现动态地图。
- WebGLMap（ol.WebGLMap）：使用 WebGL 进行渲染的地图容器，使用 WebGL 渲染地图图层，但是该容器对矢量数据的支持有限，目前不支持矢量瓦片数据。
- View（ol.View）：地图视图，控制地图缩放等基本交互，以及地图投影坐标系、地图中心点、分辨率、旋转角度等。
- Layers（ol.Layer.Base）：图层，包含多个调用数据的子类，由子类的实例加载地图数据，必须结合图层数据源匹配使用。
- Sources（ol.source.Source）：图层数据源，与图层子类对应，由图层数据源的实例来加载各种类型的地图数据。
- Format（ol.format.Feature）：数据解析类，此类用于读/写各种格式的数据，并创建了多种格式的子类，即数据解析器。目前支持多种数据格式，如 GeoJSON、GML、XML、WKT、WFS 等。

- Geometry（ol.geom. Geometry）：地理空间对象的几何实体，由其子类（如 Point、LineString、Polygon）的实例构成所看到的矢量地图。
- Feature（ol. Feature）：地图要素，可看成矢量地图的组成单元，是地图中的主要部分。例如，点、线、面等几何实体均为地图要素，可配合要素的样式渲染到客户端的地图上。
- Overlay(ol.Overlay)：叠加层，即叠加到地图上显示的要素，关联了一个自定义的HTML元素，由一个单一的地图坐标点确定叠加位置。与控件类似，但不同的是叠加元素不是在一个固定的屏幕位置上，而是通过关联一个地图逻辑坐标点跟随地图移动，如标注点、popup 等。
- Controls（ol.control.Control）：即通常所说的控件类，可提供各种各样的地图功能控件，如地图缩放控件（Zoom）、鼠标位置控件（MousePosition）、鹰眼（OverViewMap）、比例尺（ScaleLine）等。
- Interaction（ol.interaction.Interaction）：地图交互控件类。地图交互一般是通过鼠标与键盘进行的，因此 Interaction 的子类为基于鼠标与键盘操控的地图交互功能控件，如选择要素控件（Select）、键盘缩放地图控件（KeyboardZoom）、鼠标控件基类（Pointer）下的绘制控件（Draw）、修改控件（Modify）、拖放平移地图控件（DragPan）等。
- Style（ol.style.Style）：样式类，可通过其子类实例来渲染矢量要素的样式，包括填充样式（Fill）、边界样式（Stroke）、图标样式（Image 与 Icon）、文字样式（Text）等。
- Projections（ol.pro.Projection）：地图投影定义类，包括 EPSG:4326（ol.proj.EPSG4326）与 EPSG:3857（ol.proj.EPSG3857）的定义，用于在地图视图（View）中设置地图的投影坐标系，可通过 ol.proj 提供的方法进行投影变换。
- Renderer（ol.renderer.Renderer）：渲染器。在 OpenLayers 5 中，渲染功能是作为 Map 类的一个属性存在的，支持 Canvas 与 WebGL 两种渲染方式，可通过设置 Map 类的 renderer 属性设定渲染方式。

2. 类的事件

- ol.MapEvent：地图事件类，继承于 ol.events.Event，其子类为 ol.MapBrowserEvent，可查看 ol.Map 中有哪些事件触发了地图事件，如单击（click）、双击（dblclick）、鼠标拖曳（pointerdrag）、鼠标移动（pointermove）、单次单击（singleclick）等事件可触发地图浏览器事件（ol.MapBrowserEvent），而移动结束（moveend）事件等可触发地图事件。
- ol.Object.Event.：ol.Object 的事件，继承于 ol.events.Event，可以提供属性变更事件（Propertychange），当属性发生变更时触发此事件。

另外，还有地图交互绘制事件（ol.interaction.Draw.Event）、交互选择事件（ol.interaction.Select.Event）、集合事件（ol.Collection.Event）、地图渲染事件（ol.render.Event）等，具体说明可查看 OpenLayers 5 的 API。

3. 其他组件

- ol.Tile：瓦片基类，包括 ol.ImageTile 栅格瓦片子类和 ol.VectorTile 矢量瓦片子类，提

供的 getTileCoord 方法可获取瓦片的坐标信息，其中 ol.ImageTile 子类提供的 getImage 方法可获取瓦片的 HTML 图像元素（可能是一个 Canvas、Image、Video），ol.VectorTile 子类提供的 getFeatures 方法可获取瓦片的要素信息。

- ol.Image：图像类，继承于 ol.ImageBase，提供的 getImage 方法可获取 HTML 图像元素（可能是一个 Canvas、Image、Video）。
- ol.Collection：集合类，扩展的 JS 数组，提供针对集合操作的简便方法，如 add 方法与 remove 方法都将引发集合变更事件。
- ol.Geolocation：地理位置，提供 HTML5 地理定位功能的辅助类，提供的接口可实现导航定位功能。
- ol.Graticule：网格标线，用于在地图上绘制坐标系的网格。

其他类在此不再介绍，具体可以参考 OpenLayers 官网的 API。

3.3 OpenLayers 5 开发环境的配置

使用 OpenLayers 5 开发 WebGIS 应用，前提是要配置其开发环境，这也是进行开发的必备步骤。OpenLayers 5 提供了两种开发方式，一种是传统开发方式，即下载相应的 JS 库和 CSS 样式库，直接在页面中添加即可；另一种是 NodeJS 开发方式。

3.3.1 传统开发方式

首先，要获取 OpenLayers 5 的开发库。开发库是开源的，可通过 OpenLayers 官网上的资源链接 http://openlayers.org/download/获取最新的开发库资源包，如图 3-10 所示。

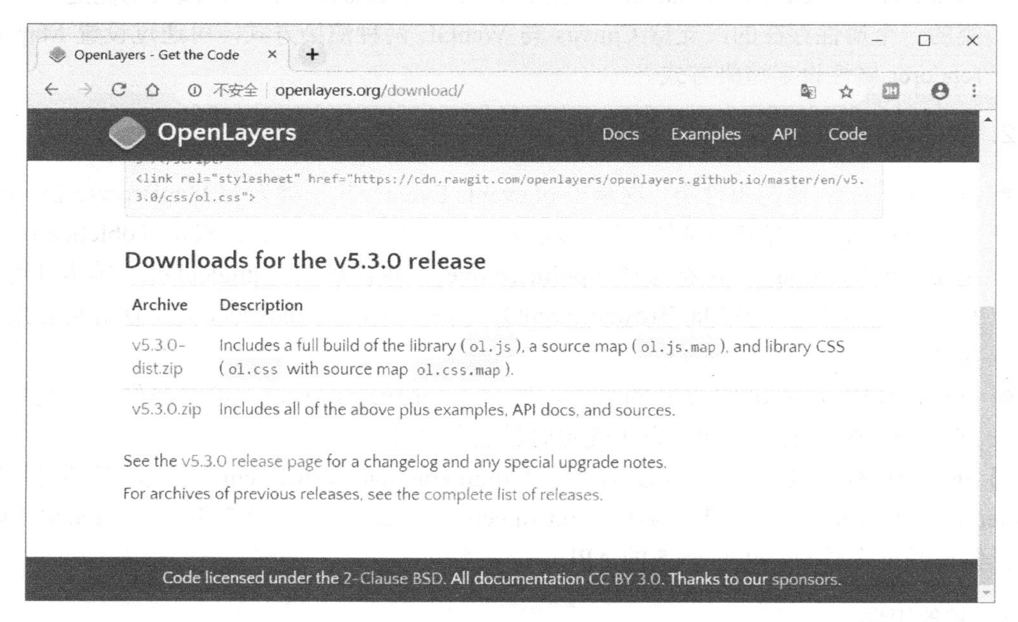

图 3-10 下载 OpenLayers 5 的开发库

OpenLayers 5 提供当前最新版本的两个开发库资源包，一个仅包括开发库（开发与调试的 js 库、css 样式），另外一个则包括开发库、开发库代码、示例、API 等所有的开发资源。如图 3-11 所示，完整的开发库资源包包括开发库（build、css 目录内容）、API（apidoc 目录内容）、示例（examples 目录内容）等。在进行具体开发时，引用 OpenLayers 5 开发库即可，其他为辅助资源，在开发的过程中供查看、参考。OpenLayers 5 开发库如下：

- ol.js（ol.js.map）：核心开发库，集成当前 OpenLayers 5 的所有功能，其中 ol.js.map 为 ol.js 的源映射文件，主要作为调试使用，在使用时需要和 ol.js 放置在同一目录下。
- ol.css（ol.css.map）：样式类，包含 OpenLayers 5 的所有默认样式信息。其中 ol.css.map 为 ol.css 的源映射文件，其主要作为调试使用，在使用时需要和 ol.css 放置在同一目录下。

注：本书所有的示例均使用 OpenLayers 的 v5.3.0 开发库，其官网会及时发布当前最新版本的开发库。

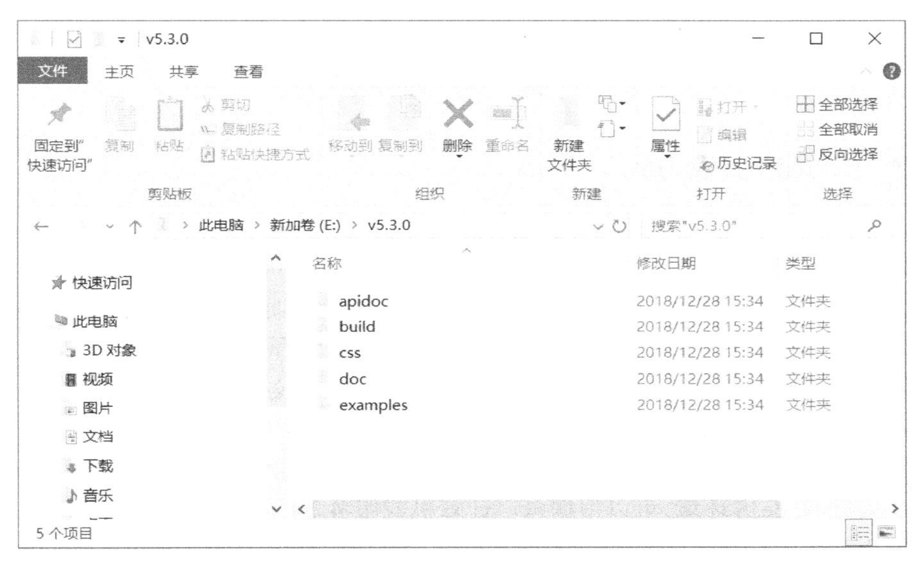

图 3-11 完整的开发库资源包

其次，要选定一个用于开发应用程序的工具。OpenLayers 5 是基于 JavaScript 的 WebGIS 客户端开发库，本质就是 HTML+JavaScript 脚本的 Web 客户端开发，可以使用 Dreamweaver 等工具开发网页，当然可以直接用文本编辑器编写网页。但在便捷工具时代，谁都不愿意浪费宝贵的时间，都会选择高效的开发工具开发应用程序。目前，除了 Dreamweaver 工具，开发 Web 应用有很多集成开发环境（Integrated Development Environment，IDE）可供选择。.NET 体系就是微软的 Visual Studio，包括 2010、2012、2015、2019 等多个版本；Java IDE 则包括 Eclipse、JBuilder、NetBeans 等，这些都是主流的 Web 应用开发 IDE。

由于 OpenLayers 5 是纯客户端的开发库，用户可以根据自己的喜好选择适合的开发工具。但如果涉及后台开发，则建议根据.NET 或 Java 体系类别选择相应的集成开发环境。本书使用 MS Visual Studio 2015（VS2015），部分功能示例涉及的后台开发采用.NET 实现。可从微软官方网站下载 VS2015 的安装程序，安装后打开此开发工具，其页面如图 3-12 所示。

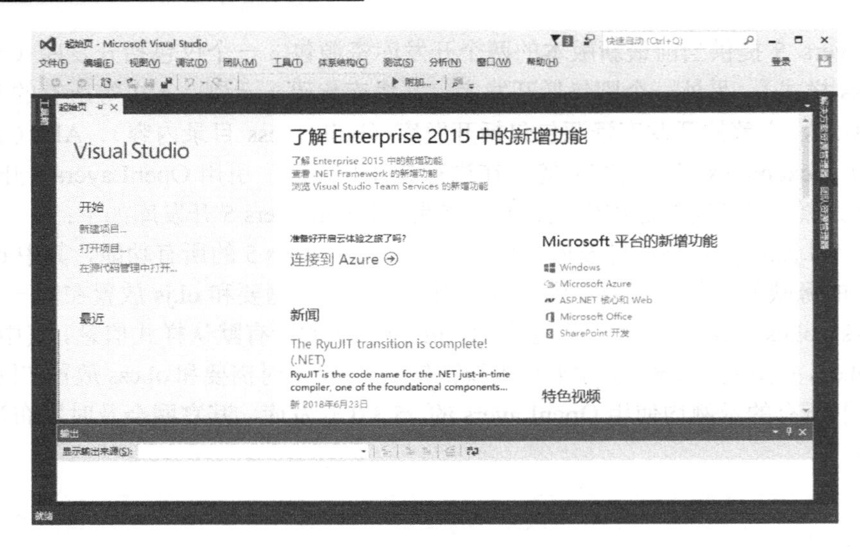

图 3-12　MS Visual Studio 2015 页面

3.3.2　NodeJS 开发方式

OpenLayers 从 5.x 版本开始，对于项目开发过程，官方建议将应用程序与其依赖项捆绑在一起，即使用 NodeJS 的开发方式。在开发过程中，开发者可以按照自己的开发需求，有针对性地导入自己使用到的模块，而不需要将整个库全部导入项目中，并且在完成应用开发之后可使用打包工具将自己的应用打包，形成一个静态的、轻量的工程，这样做不仅可保护自己的代码不被查看或修改，而且可减小应用程序包的大小。下文将设置一个简单的 OpenLayers 5 For NodeJS 开发环境，并且在应用程序编写完成之后，使用 Parcel 进行打包。

（1）安装 NodeJS 环境以及 NPM 插件。由于开发环境需要 NodeJS 环境才可以正常使用，因此要首先安装 NodeJS 环境。可以根据自己计算机或服务器的配置下载并安装对应的 NodeJS 环境，官网下载地址为 https://nodejs.org/en/download/。NodeJS 官网下载页面如图 3-13 所示。

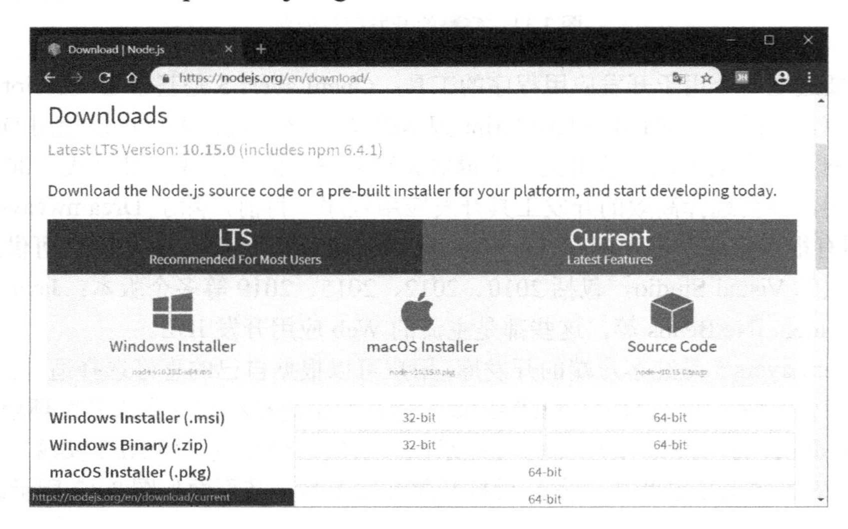

图 3-13　NodeJS 官网下载页面

新版的 NodeJS 已经集成了 NPM，故不需要另外安装 NPM。NodeJS 环境安装完成之后，启动命令行窗口，此处以 Windows 系统为例介绍，在命令行窗口中输入命令“npm -v”，如果命令行返回具体版本号，则说明 NodeJS 环境已经安装成功，如图 3-14 所示。

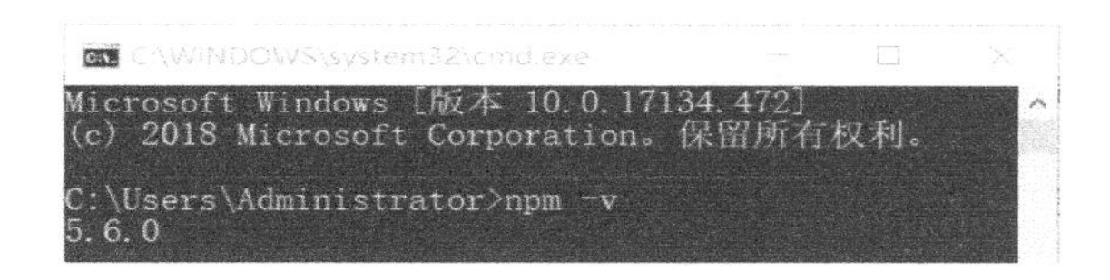

图 3-14　查看 NPM 版本号

（2）初始化项目目录。通过运行命令“mkdir e:\ol5Test && e: && cd e:\ol5Test”可创建一个新的空目录并进入该目录，执行命令“npm init -y”初始化项目目录。初始化项目目录页面如图 3-15 所示。

```
C:\WINDOWS\system32\cmd.exe
Microsoft Windows [版本 10.0.17134.472]
(c) 2018 Microsoft Corporation。保留所有权利。

C:\Users\Administrator>mkdir e:\ol5Test && e: && cd e:\ol5Test

e:\ol5Test>npm init -y
Wrote to e:\ol5Test\package.json:

{
  "name": "ol5Test",
  "version": "1.0.0",
  "description": "",
  "main": "index.js",
  "scripts": {
    "test": "echo \"Error: no test specified\" && exit 1"
  },
  "keywords": [],
  "author": "",
  "license": "ISC"
}
```

图 3-15　初始化项目目录页面

项目目录初始化完成之后，将会在项目目录下生成一个 package.json 配置文件，如图 3-16 所示。

图 3-16　项目目录初始化完成后生成的 package.json 配置文件

（3）安装 Parcel 插件（OpenLayers 官网推荐）。该插件用于应用程序打包，当然也可以使用其他的打包工具，如 WebPack 等。运行命令“npm install --save-dev parcel-bundler”可安装 Parcel 插件，如图 3-17 所示。安装完成之后会在项目目录下生成 node_modules 文件夹和 package-lock.json 文件，如图 3-18 所示。

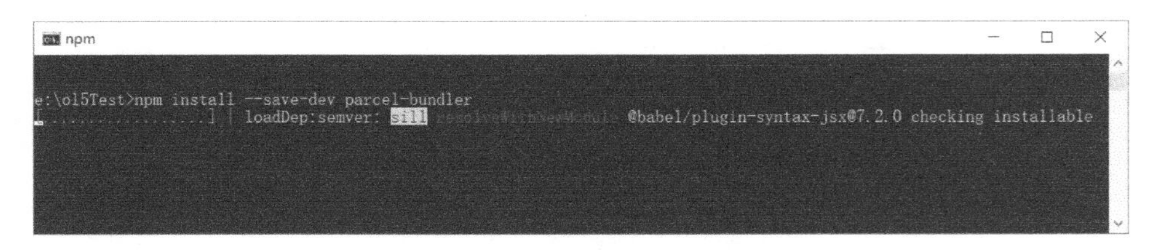

图 3-17　安装 Parcel 插件

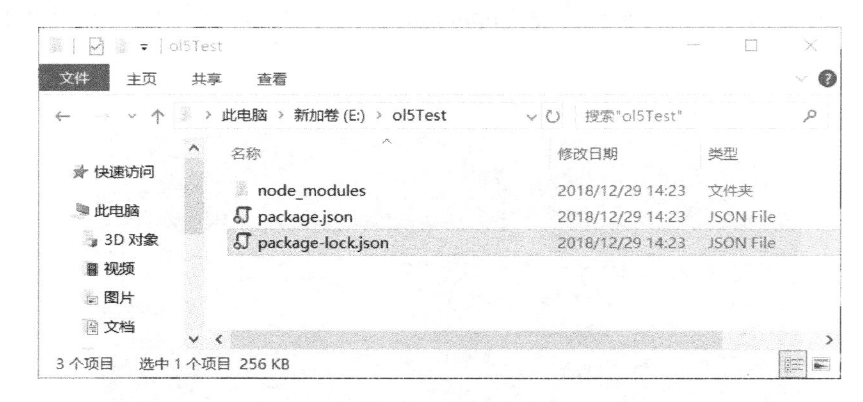

图 3-18　安装 Parcel 插件后生成的文件

（4）安装最新的 OpenLayers 5 开发环境。直接在命令行窗口中的项目目录下运行命令“npm install ol”即可。需要注意的是，在环境配置的过程中需要在线下载相应的插件，因此需要保持网络的连接状态。

（5）编写应用程序代码。首先在项目目录下新建 index.js 脚本文件，添加如下代码。

```
import 'ol/ol.css';
import {Map, View} from 'ol';
import TileLayer from 'ol/layer/Tile';
import XYZ from 'ol/source/XYZ';
var map = new Map({
    target: 'map',
    layers: [
    new TileLayer({
        source: new XYZ({
            url: "http://t0.tianditu.com/DataServer?T=vec_w&x={x}&y={y}&l={z}&tk=您的天地图密钥"
        })
    })
    ],
    view: new View({
        //地图初始中心点
        center: [114.2905, 30.5607],
```

```
            projection: "EPSG:4326",
            minZoom: 2,
            zoom: 12
        })
});
```

然后在项目目录下新建 index.html 文件，将 index.js 脚本文件引入，代码如下所示。

```
<!DOCTYPE html>
<html>
    <head>
        <meta charset="utf-8">
            <title>Using Parcel with OpenLayers</title>
                <style>
                #map {
                    width: 100%;
                    height: 100%;
                }
            </style>
        </head>
    <body>
        <div id="map"></div>
        <script src="./index.js"></script>
    </body>
</html>
```

最后修改 package.json 配置文件，将以下代码添加到 package.json 文件中。

```
"scripts": {
    "test": "echo \"Error: no test specified\" && exit 1",
    "start": "parcel index.html",
    "build": "parcel build --public-url . index.html"
}
```

（6）启动应用程序。在命令行窗口中的项目目录下运行命令“npm start”可启动应用程序，如图 3-19 所示。

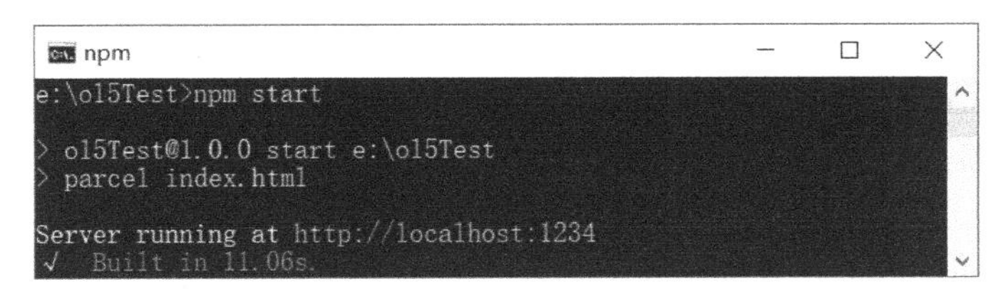

图 3-19　启动应用程序

在浏览器中打开“localhost:1234”，在应用程序中修改某些内容时，页面都会自动重新加载并显示修改后结果。

（7）应用程序打包。在命令行窗口中的项目目录下运行命令“npm run build”即可在目录 dist 生成应用程序打包文件，如图 3-20 所示。

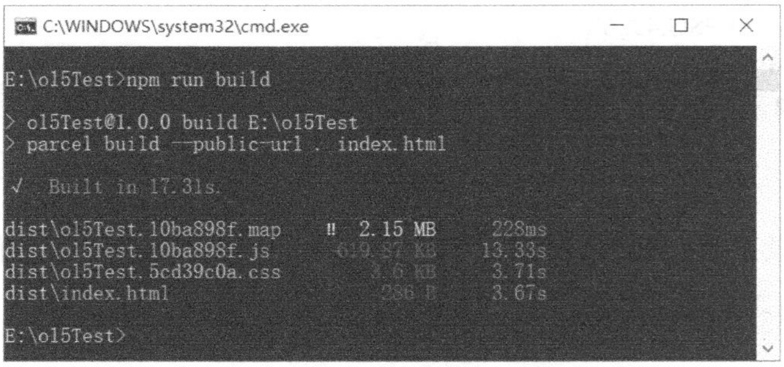

```
E:\ol5Test>npm run build

> ol5Test@1.0.0 build E:\ol5Test
> parcel build --public-url . index.html

√  Built in 17.31s.

dist\ol5Test.10ba898f.map     !!  2.15 MB     228ms
dist\ol5Test.10ba898f.js        619.87 KB    13.33s
dist\ol5Test.5cd39c0a.css          3.6 KB     3.71s
dist\index.html                     286 B     3.67s

E:\ol5Test>
```

图 3-20　应用程序打包

3.4　OpenLayers 5 的调试方法

在 Web 开发中，程序的调试方法与技巧是开发人员必须掌握的一个重要内容，非常关键。OpenLayers 的开发其实就是基于 HTML+JavaScript 的 Web 开发，其调试方法与一般的 Web 开发相同。

Web 开发调试涉及页面布局与样式、功能、性能等多个方面，目前有很多调试工具可供选用。在进行 Web 前端调试时，一般使用浏览器调试插件，如 IE Developer ToolBar、Firebug 等，通过浏览器调试插件可查看和调整网页的样式、调试脚本功能、监控网络请求等，这是 Web 前端开发必备的调试工具。基于浏览器调试插件的 Web 前端调试方法和技巧，也是一个 Web 开发者必须掌握的内容。除了浏览器调试插件，还有其他调试工具，如 Fiddler、Yslow、HttpWatch 等。另外，集成开发环境也内置了功能强大的调试工具，一般可直接使用集成开发环境内置的调试工具调试 Web 后台代码，也可以在此工具中通过添加进程的方式调试 JavaScript 代码。

常用的 Web 开发调试工具如下：

- 浏览器调试插件（IE Developer ToolBar、Firebug 等）：可调试浏览器的布局/样式、JavaScript 脚本，查看网络情况等。在浏览网页时按下 F12 键可打开该调试插件；
- 集成开发环境（MS Visual Studio、Eclipse 等）内置的调试工具：可调试 Web 后台代码，如 C#、Java 代码，也可以调试 JavaScript 脚本；
- Fiddler：可监控 HTTP 请求、获取 HTTP 包、修改 HTTP 头信息、映射本地文件等；
- Yslow：可监控页面性能、查找页面瓶颈、辅助调试页面（检查 js 语法、优化图片）；
- HttpWatch：可查看页面渲染关键时间点、查看 HTTP 请求顺序等。

说明： MS Visual Studio 内置调试工具的功能极其丰富，可赋予开发人员强大的调试能力，调试非常方便。Eclipse 是一个开源的、基于 Java 的可扩展开发平台，其调试功能也很强大，支持各类断点调试。

在 Web 前端开发中，通常在浏览网页时按 F12 键可打开浏览器调试插件，例如 IE11 与 Chrome 浏览器的调试页面分别如图 3-21 和图 3-22 所示，打开调试工具后可根据具体功能选择调试项与对应方法。一般调试方法如下：

- 对于 HTML、CSS 的样式布局等，可选择元素对象等方式查看、调整；

- 对于 JavaScript 或后台代码，可在程序中设置断点调试，JavaScript 代码还经常使用 alert 方法弹框方式进行调试；
- 对于 Ajax 请求可以使用网络监视功能捕获请求并分析问题。

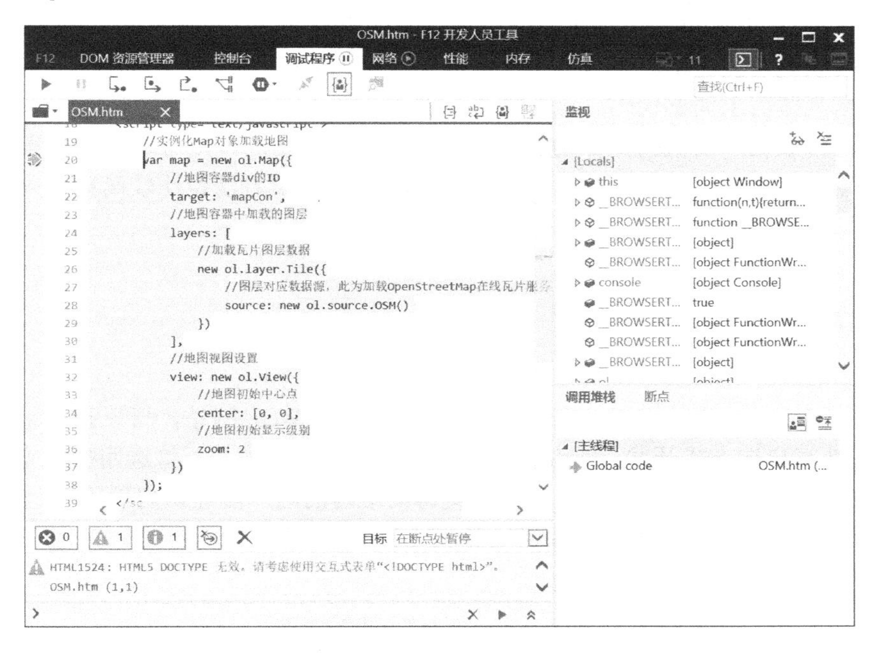

图 3-21　IE11 浏览器的调试页面

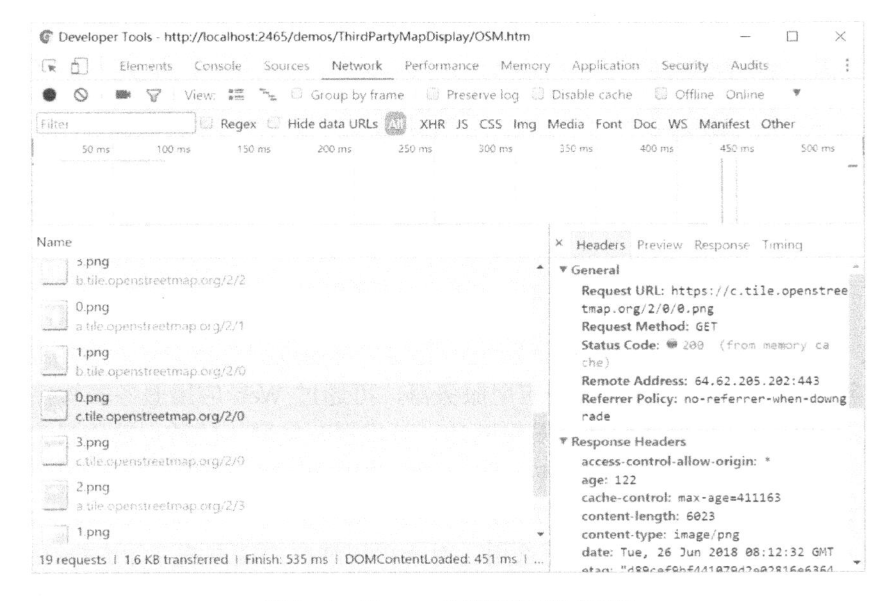

图 3-22　Chrome 浏览器的调试页面

建议在编程过程中逐步学习并掌握基本调试方法与常用技巧，例如，调试视图可查看对象值、悬停鼠标可查看表达式的实时值等。

OpenLayers 开发调试方法与 Web 开发调试方法相同，在引入 ol.js 的同时需要在其同级目录下引入对应的源映射文件（ol.js.map），便于调试 OpenLayers 的具体功能代码。调试 OpenLayers 的简要步骤如下：

（1）预览当前功能网页，打开浏览器调试插件。

（2）切换到 JavaScript 脚本调试项，在需要调试的位置设置断点。

（3）启动调试功能，刷新当前网页，即可进入 JavaScript 代码中的断点。

（4）根据具体需求调试代码，可选择单步调试或断点调试等来查看对象值。

若涉及后台数据库的数据操作功能，或者其他的业务功能，则可直接使用集成开发环境内置的调试工具来调试代码（一般为 C#或 Java 代码），调试方法也比较简单，采用断点调试即可。

3.5 网站开发与发布

基于 OpenLayers 开发 WebGIS 应用程序，即开发 Web 网站，可以直接采用 HTML+JavaScript 的纯客户端方式开发，或者结合.NET、Java 后台开发。不管选用哪种方式，最后都要将开发后的网站发布到局域网或互联网，使得网络内的用户能够访问使用。

与一般 Web 网站类似，Web 应用部署结构如图 3-23 所示，可通过 Web 服务器中的 Web 应用服务器软件来发布 Web 站点。

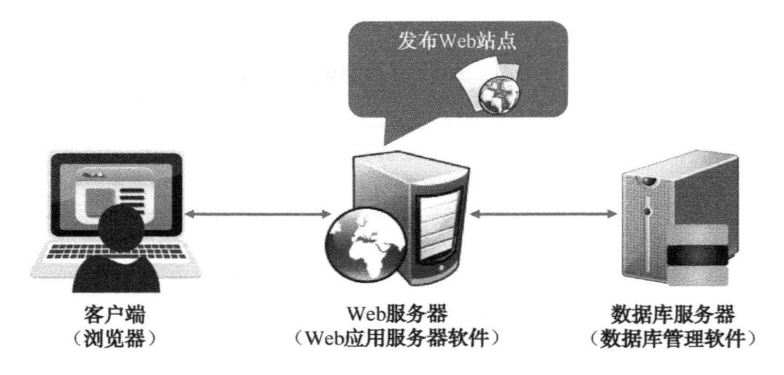

图 3-23　Web 应用部署结构

客户端：即 Web 网站的应用终端，网络内的用户可通过浏览器访问部署的 Web 站点。

Web 服务器：即部署 Web 网站的应用服务器，可通过 Web 应用服务器软件来发布 Web 站点。有很多 Web 应用服务器软件可发布网站，可根据开发网站的特点选用最为适合的平台进行发布。一般情况下，.NET 体系的 Web 应用系统使用微软的 IIS（Internet 信息服务管理器）部署，Java 体系的 Web 应用系统则有 Tomcat（开源 Apache）、WebSphere（IBM）、WebLogic（Oracle）、Jboss（开源）等大量平台可选用。对于采用纯客户端方式（如 HTML+JavaScript）开发的网站，可选择任意 Web 应用服务器软件发布，不受限制。

数据库服务器：即部署 Web 网站时所使用的关系数据库的服务器，安装部署对应的数据库管理系统，导入关系数据库。

说明：小型的 Web 应用系统，其 Web 服务器与数据服务器通常为同一台计算机。

Web 网站的具体部署步骤与方法，请参见本书第 9 章的内容。

第 4 章 OpenLayers 快速入门

本章将从零开始，通过 OpenLayers 5 的基础功能实例，带领读者快速入门并了解 OpenLayers 5 的基本原理与方法。

4.1 创建 Web 网站

OpenLayers 5 开发 Web 应用系统的第一步就是创建一个空的 Web 网站，然后在 Web 网站中复制 OpenLayers 5 的开发库。

1. 新建网站

打开集成开发工具（如 VS2015），创建一个空的 Web 网站，设置路径与名称等，分别如图 4-1、图 4-2 和图 4-3 所示。

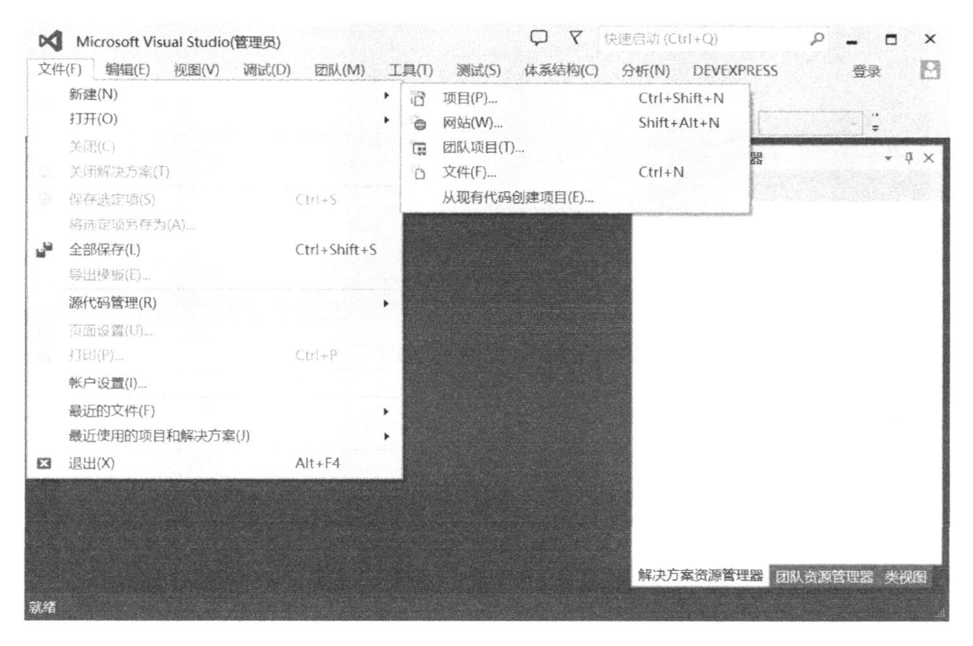

图 4-1　创建一个空的 Web 网站（一）

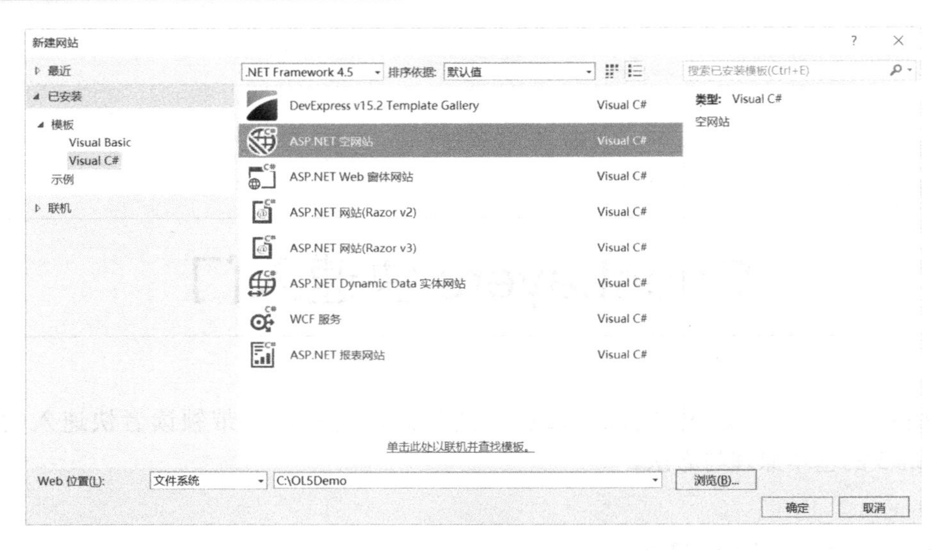

图 4-2　创建一个空的 Web 网站（二）

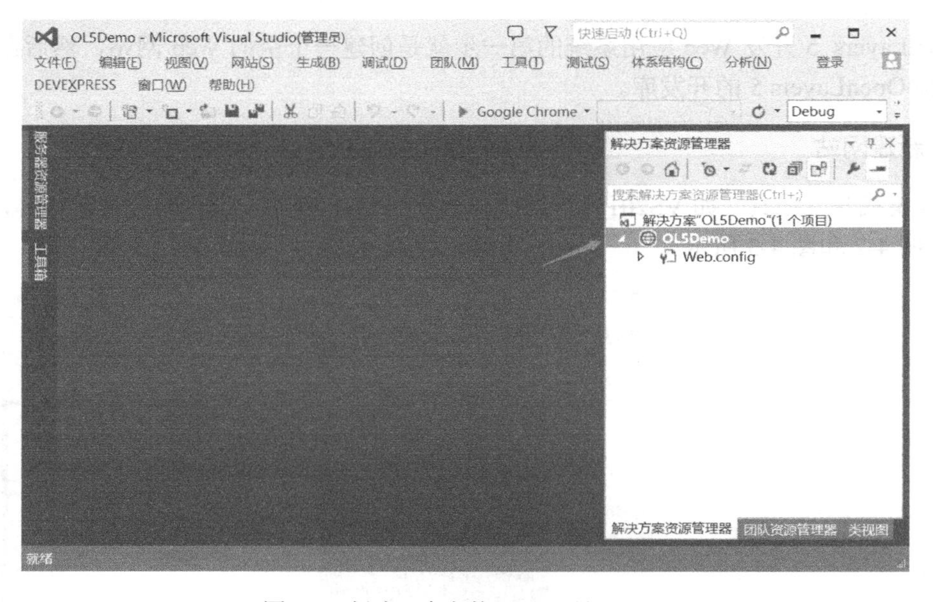

图 4-3　创建一个空的 Web 网站（三）

2. 复制开发库

在已创建的网站中，复制 OpenLayers 5 的开发库（ol.js、ol.js.map、ol.css、ol.css.map），如图 4-4 所示。

为了方便整个网站的代码管理，一般将脚本库文件与样式文件分类存放，如创建 libs 文件夹来存放 OpenLayers 5 的开发库，以及系统中涉及的第三方脚本库等；创建 css 文件夹来存放系统中所使用的样式文件，OpenLayers 5 的默认样式文件存放在该文件夹下。

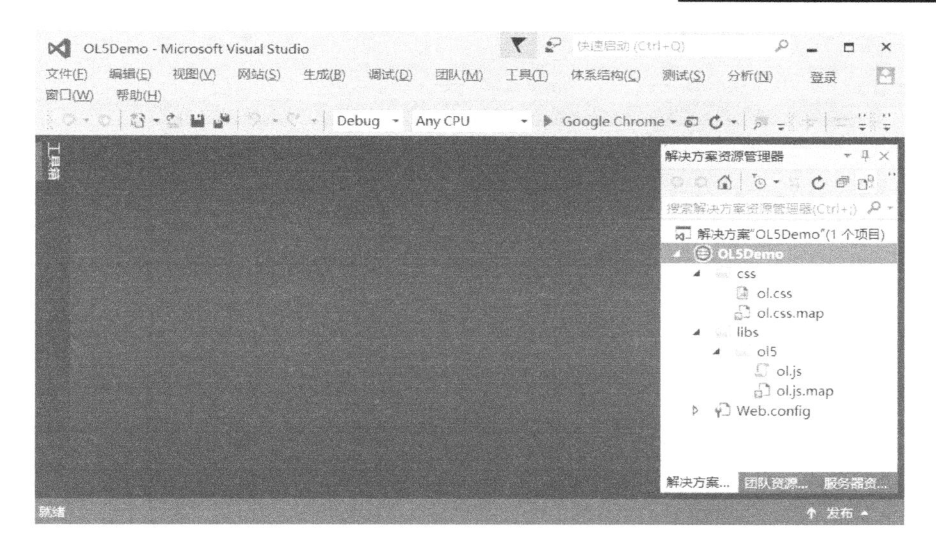

图 4-4 复制 OpenLayers 5 的开发库

说明：在开发调试时，需要将源映射文件（ol.js.map）与 ol.js 存放在同一文件夹下，开发后期或部署时删掉源映射文件即可。

4.2 搭建应用系统框架

通常情况下，搭建应用系统框架是进行 Web 应用系统开发的第二步。时至今日，Web 开发的用户体验的重要性越来越突出，需求也越来越强烈，页面美观、交互友好等用户体验非常关键。因此，一般在创建网站后，需要根据项目应用需求，搭建一个符合功能要求的应用系统框架。

在开始学习 OpenLayers 5 时，往往都是针对功能点来逐步进行的，并创建一个单独的功能网页。因此，建议初学者略过本节的内容，直接学习 4.3 节的内容，通过本书第 4～8 章的功能点学习后，再学习应用系统框架搭建内容，可进一步掌握和巩固 Web 开发知识点。

在此，为了便于使用与管理本书中的所有功能示例，本节搭建了一个示例集锦应用框架，如图 4-5 所示。

应用系统框架结构说明如下（具体实现请参见项目代码）：

- 主页面（index.htm）：主要在此页面中实现框架功能，网页布局结构为左右结构，右侧为功能目录树，左侧为功能页面的效果视图，其中，各个独立的功能页面均放置在 demos 目录下。
- 样式文件（base.css）：框架布局等页面样式文件，负责主页面的所有样式的设置。
- 功能文件（init.js）：负责实现主页面框架的所有功能，即通过右侧的功能目录树切换到对应功能页面。
- 第三方资源库：此框架使用的一些第三方脚本库，如 jQuery，均放置在 libs 目录下。
- 图片资源：主页面使用的所有图片均放置在 images 目录下。

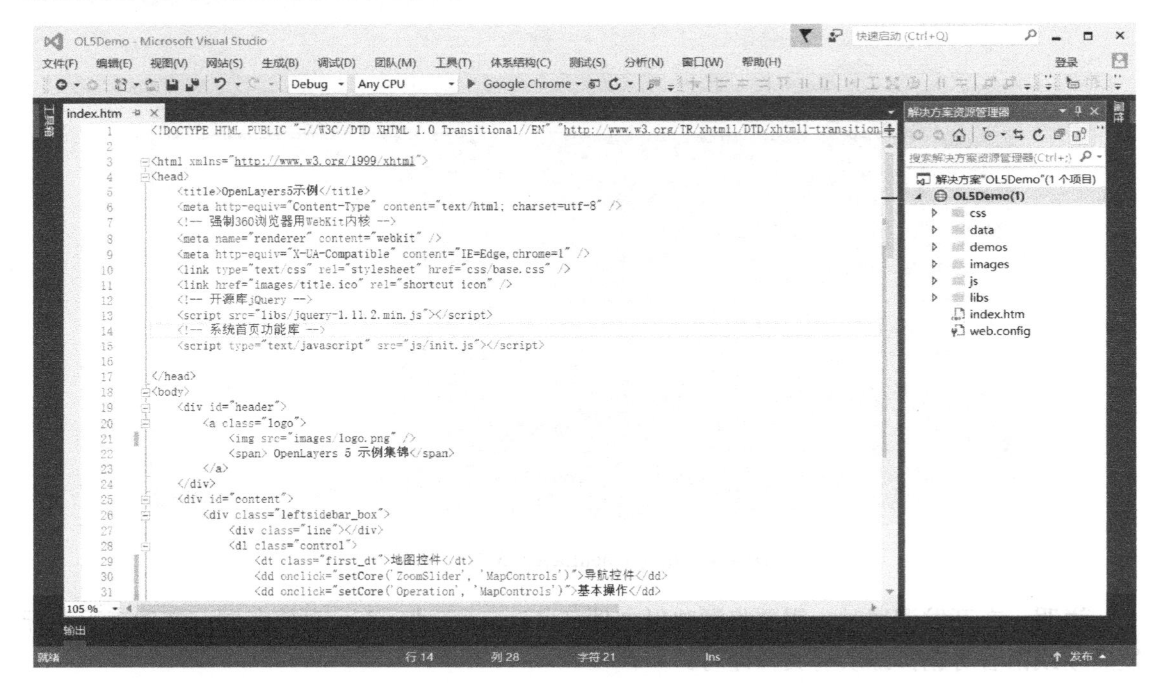

图 4-5 示例集锦框架结构

4.3 实现地图显示功能

本节主要介绍如何基于 OpenLayers 5 的 API 显示一个瓦片地图（如天地图的瓦片地图），这是 OpenLayers 5 最基础的功能点，也是初学者入门必须掌握的知识点之一。

基于 4.1 节创建的 Web 网站，已复制了 OpenLayers 5 开发库，可直接创建一个简单的 HTML 网页来实现最基本的地图显示功能。

在进行瓦片地图显示时，需要创建一个地图容器对象（ol.Map 类）来加载瓦片图层（即绑定对应的瓦片数据源），具体步骤如下：

（1）新建一个空的 Web 网站并将 OpenLayers 5 的开发库和样式文件（ol.js、ol.css）复制到 Web 网站的某一目录下，在此基于 4.1 节创建的 Web 网站实现。

（2）在新建的 Web 网站中创建一个 HTML 网页，在网页的<head>标签中引入 ol.js 与 ol.css。

（3）在 HTML 网页的<body>中新建一个 div 层作为地图容器，设置其 ID 为 map，并通过 CSS 设置地图容器的样式。

（4）在脚本区域编写代码，实现加载天地图的功能，即创建一个地图容器对象（ol.Map），通过 target 参数关联到地图容器（ID 为 map 的 div 层），通过 layers 参数设置加载瓦片图层（ol.layer.Tile）、绑定数据源（ol.source.XYZ），以及通过 view 参数设置地图视图（ol.View）。

程序代码 4-1 加载显示天地图（方式一）

```
<!DOCTYPE HTML PUBLIC "-//W3C//DTD XHTML 1.0 Transitional//EN"
                    "http://www.w3.org/TR/xhtml1/DTD/xhtml1-transitional.dtd">
```

```
<html xmlns="http://www.w3.org/1999/xhtml">
<head>
    <title>加载显示天地图</title>
    <link href="../../css/ol.css" rel="stylesheet" type="text/css" />
    <script src="../../libs/ol5/ol.js" type="text/javascript"></script>
    <style type="text/css">
        #map{
            width: 100%;
            height: 100%;
            position: absolute;
        }
    </style>
</head>
<body>
    <div id="map"></div>
    <script type="text/javascript">
        "use strict";
        //实例化 map 对象并加载地图
        var map = new ol.Map({
            target: 'map', //地图容器 div 层的 ID
            loadTilesWhileInteracting: true,
            //在地图容器中加载的图层
            layers: [
            //加载瓦片图层数据
                new ol.layer.Tile({
                    title: "天地图矢量图层",
                    source: new ol.source.XYZ({
                        url: "http://t0.tianditu.com/DataServer?T=vec_w&x={x}&y={y}&l={z}&tk=您
的天地图密钥",
    crossOrigin: "anonymous",
                        wrapX: false
                    })
                }),
    new ol.layer.Tile({
                    title: "天地图矢量注记图层",
                    source: new ol.source.XYZ({
                        url: "http://t0.tianditu.com/DataServer?T=cva_w&x={x}&y={y}&l={z}&tk=您
的天地图密钥",
                        attributions: "天地图的属性描述",
    crossOrigin: "anonymous",
                        wrapX: false
                    })
                })
            ],
            //地图视图设置
            view: new ol.View({
                center: [0, 0], //地图初始中心点
```

```
                zoom: 3 //地图初始显示级别
            })
        });
    </script>
</body>
</html>
```

代码说明：通过 OpenLayers 5 加载显示一幅地图（如天地图）时，至少需要一个可视区域、一个或多个图层和一个地图加载的目标 HTML 元素。因此，上述脚本代码分别通过 target、layers、view 参数设置加载地图必需的瓦片图层、地图视图和地图加载的目标 HTML 元素。这是一种最简单的地图加载方式。

（1）ol.Map：地图容器类，是 OpenLayers 5 的核心部件，用于显示地图，可以加载各种类型的图层，地图控件（如缩放、比例尺、鹰眼等），以及与地图交互的功能控件等。通过实例化地图容器对象加载显示地图，主要是 target、layers、view 参数的设置，这也是加载显示地图必备的三要素。

（2）ol.layer.Tile：瓦片图层类，主要用于加载瓦片图层（根据显示级别对各级地图进行切片后的地图），实例化瓦片图层对象，绑定其数据源（source）以加载瓦片图层。

（3）ol.source.XYZ：使用了定义在 url 模板中的一套 XYZ 格式的 url 地址的瓦片地图数据源类，默认情况下，遵循我们广泛使用的 Google 网格。如果是自定义网格，则在 url 模板中使用{x}、{y}、{z}占位符即可。

（4）ol.View：地图视图类，主要是控制地图与人的交互，如进行缩放、调节分辨率、控制地图的旋转等。通过实例化地图视图对象，可设置地图的中心点（center）、初始显示级数（zoom）等参数。

注意：这些类是 OpenLayers 5 开发库中的核心类，具体说明请参见 OpenLayers 5 的 API 来了解各个类的参数、方法与事件。

除了上述通过 Map 类的 layers 参数设置图层对象，Map 类还提供了 addLayer 方法来动态加载图层对象，使得地图数据的加载显示更为灵活。例如，通过调用 addLayer 方法可加载天地图瓦片图层，其关键代码如程序代码 4-2 所示。

程序代码 4-2　加载天地图（addLayer 方法）

```
//实例化 map 对象并加载地图
var map = new ol.Map({
    target: 'map',//地图容器 div 层的 ID
    layers: [ ],  //在地图容器中加载的图层，此处设置为空
    view: new ol.View({ //地图视图的设置
        center: [0, 0], //地图初始中心点
        zoom: 2 //地图初始显示级别
    })
});
//实例化天地图瓦片图层
var tileLayer1= new ol.layer.Tile({
    title: "天地图矢量图层",
    source: new ol.source.XYZ({
```

```
            url: "http://t0.tianditu.com/DataServer?T=vec_w&x={x}&y={y}&l={z}&tk=您的天地图密钥",
            wrapX: false
        })
    });
    var tileLayer2= new ol.layer.Tile({
        title: "天地图矢量注记图层",
        source: new ol.source.XYZ({
            url: "http://t0.tianditu.com/DataServer?T= cva_w&x={x}&y={y}&l={z}&tk=您的天地图密钥",
            wrapX: false
        })
    });
    //加载瓦片图层到地图容器中
    map. addLayer(tileLayer1);
    map. addLayer(tileLayer2);
```

上面加载地图的脚本代码是直接在 HTML 页面<body>中编写的，这种方式在浏览器解析时是按顺序加载执行的，即在 HTML 页面加载时运行脚本。我们也可以在 HTML 页面的<head>中编写脚本，即编写一个加载天地图的函数 init，在此函数中编写加载地图的相关代码，然后在 HTML 网页的<body>中由 onload 方法调用加载地图的 init 函数，如程序代码 4-3 所示。这种将脚本代码放置在<head>标签域的方式，在浏览器解析时先加载脚本代码，当加载页面内容时再响应脚本代码。因此，在<body>中由 onload 方法调用 init 函数时，也就实现了在页面加载时执行 init 函数加载地图数据的功能。

程序代码 4-3　加载天地图（方式二）

```
<html xmlns="http://www.w3.org/1999/xhtml">
<head>
    <title>加载天地图</title>
    <link href="../../css/ol.css" rel="stylesheet" type="text/css" />
    <script src="../../libs/ol5/ol.js" type="text/javascript"></script>
    <style type="text/css">
        #map{
            width:100%;
            height:100%;
            position:absolute;
        }
    </style>
    <script type="text/javascript">
        function init(){
            //实例化 map 对象并加载地图
            var map = new ol.Map({
                target: 'map',//地图容器 div 层的 ID
                //在地图容器中加载的图层
                layers: [
                //加载瓦片图层
                new ol.layer.Tile({
                    title: "天地图矢量图层",
```

```
                    source: new ol.source.XYZ({
                        url: "http://t0.tianditu.com/DataServer?T=vec_w&x={x}&y={y}&l=
                                                                    {z}&tk=您的天地图密钥",
                        attributions: "天地图的属性描述",
                        wrapX: false
                    }),
                    preload: Infinity
                }),
                new ol.layer.Tile({
                    title: "天地图矢量注记图层",
                    source: new ol.source.XYZ({
                        url: "http://t0.tianditu.com/DataServer?T=cva_w&x={x}&y={y}&l=
                                                                    {z}&tk=您的天地图密钥",
                        attributions: "天地图的属性描述",
                        wrapX: false
                    }),
                    preload: Infinity
                })
            ],
            //地图视图的设置
            view: new ol.View({
                center: [0, 0], //地图初始中心点
                zoom: 2 //地图初始显示级别
            })
        });
    }
    </script>
</head>
<body onload="init();">
    <div id="map"></div>
</body>
</html>
```

除此之外，还可以将地图加载的脚本代码放在一个独立的外部文件中，即保存在后缀名为.js 的文件中，然后在 HTML 页面的<head>中引用该外部脚本文件即可。与方式二类似，地图加载的脚本代码在被调用时或事件触发时执行。

JavaScript 知识点：

- 放在 HTML 网页<body>中的脚本代码会在页面加载的时候被执行，一般将在页面被加载时执行的脚本代码放在<body>中。
- 放在 HTML 网页<head>中的脚本代码会预先加载，但在被调用时才执行，一般将需调用才执行的脚本代码或事件触发执行的脚本代码放在<head>中。外部脚本文件一般都在<head>中引用，确保在页面加载时已加载了外部脚本文件，在执行时可提高效率，这对于很大、很复杂的程序尤为重要。

在地图容器中，可以针对应用需求设置地图容器背景，即用一张背景图片重复填充，当地图缩放到范围较大时，可避免出现空白，同时还可起到美化作用。通常情况下，会使用带

Logo 的图片作为背景填充。例如，在上述示例中通过 CSS 设置地图容器背景（即 ID 为 map 的 div 层样式），以 OpenLayers 的 Logo 图标填充地图容器背景。地图容器背景设置效果如图 4-6 所示。

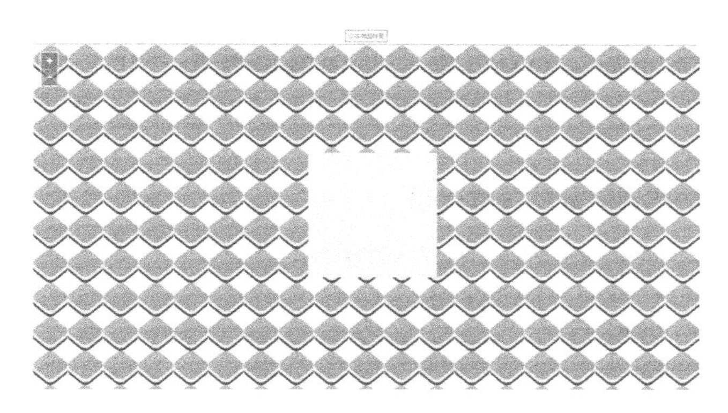

图 4-6 地图容器背景设置效果

4.4 加载常用控件

每一个地图应用系统中都应该有一些工具来方便用户控制地图的操作，如缩放、全屏显示、坐标显示等工具，这些工具就是地图控件。OpenLayers 5 封装了很多常用的地图控件，如地图导航、鹰眼、比例尺、鼠标位置等。这些控件是基于 ol.control.Control 基类进行封装的，即 ol.control.Control 的子类为各类常用的地图功能控件，可以通过 map 对象的 controls 参数设置，或者调用 addControl 方法添加到地图窗口中，使用比较简便。

地图控件是基于 HTML 元素实现的，每个控件都可作为一个 DOM 元素显示在屏幕中的某个位置，可通过 CSS 自定义控件的样式。

OpenLayers 5 的地图容器通过 ol.control.defaults 默认加载了 3 个常用控件：缩放控件（ol.control.Zoom）、旋转控件（ol.control.Rotate）、图层数据源属性控件（ol.control.Attribution）。因此在默认情况下，可通过左上角的缩放按钮控制地图的缩放，也可通过右下角的图层数据源属性按钮来展开或折叠具体的数据源信息。

4.4.1 导航控件

导航条的主要功能是实现地图按级缩放，拖动导航条上的滑块可实现缩放操作，向上拖动可放大地图，向下拖动可缩小地图。OpenLayers 5 提供的地图导航控件包括：地图缩放控件（ol.control.Zoom）、缩放滑块（ol.control.ZoomSlider）、按钮式缩放到特定范围的控件（ol.control.ZoomToExtent）。这些控件的样式可以自定义，使用非常灵活。因此，可以将地图缩放控件（ol.control.Zoom）与缩放滑块（ol.control.ZoomSlider）结合应用，实现地图中最为常见的导航条功能。

在此，在地图容器中加载上述三个控制地图缩放的控件，并修改其默认样式，实现具有实用价值的导航条功能。

主要实现步骤如下：

（1）在 OL5Demo 网站的 MapControls 目录下新建一个 ZoomSlider.htm 页面，并参照 4.3 节中加载瓦片地图的方法加载天地图。

（2）在加载地图的脚本代码后，分别初始化 ol.control.ZoomSlider、ol.control.ZoomToExtent 控件，并通过 Map 类的 addControl 方法将其加载到地图容器中。其中，ol.control.ZoomToExtent 控件设置的地图范围为北京市，单击此控件按钮后将当前地图缩放到设置的地图范围。关键代码如程序代码 4-4 所示。

程序代码 4-4　加载地图导航条的关键代码

```
//实例化 ol.control.ZoomSlider 控件并加载到地图容器中
var zoomslider = new ol.control.ZoomSlider();
map.addControl(zoomslider);
//实例化 ol.control.zoomToExtent 控件并加载到地图容器中
var zoomToExtent = new ol.control.ZoomToExtent({
    extent: [13100000, 4290000, 13200000, 5210000]
});
map.addControl(zoomToExtent);
```

代码说明：地图控件的加载非常简单，即实例化控件对象，调用 Map 类的 addControl 方法将控件加载到地图容器中即可。上述 ol.control.ZoomToExtent 控件设置了 extent 参数，此参数为地图缩放的范围，即将当前地图缩放到此范围，视图域将显示此范围内的地图。

（3）修改控制地图缩放的控件样式，在 ZoomSlider.htm 页面的 CSS 样式编写域中设置 ol.control.Zoom、ol.control.ZoomSlider、ol.control.zoomToExtent 的样式信息，主要调整其图标到合适位置，如程序代码 4-5 所示。

程序代码 4-5　修改地图导航条关联控件的样式

```
/*缩放控件（ol.control.Zoom）与缩放滑块控件（ol.control.ZoomSlider）的样式，放置到缩放按钮之间实现导航条功能*/
#map .ol-zoom .ol-zoom-out { margin-top: 204px; }
#map .ol-zoomslider { background-color : transparent;    top: 2.3em; }
#map .ol-touch .ol-zoom .ol-zoom-out { margin-top: 212px; }
#map .ol-touch .ol-zoomslider { top: 2.75em; }
#map .ol-zoom-in.ol-has-tooltip:hover [role=tooltip],
#map .ol-zoom-in.ol-has-tooltip:focus [role=tooltip] { top: 3px; }
#map .ol-zoom-out.ol-has-tooltip:hover [role=tooltip],
#map .ol-zoom-out.ol-has-tooltip:focus [role=tooltip] { top: 232px; }
/* ol.control.zoomToExtent 控件样式的设置，将其放到导航条下方*/
#map .ol-zoom-extent { top: 280px; }
```

代码说明：缩放控件（ol.control.Zoom）的默认样式类为.ol-zoom，ol-zoom-out 与 ol-zoom-in 分别为两个按钮的样式类名；缩放滑块控件（ol.control.ZoomSlider）的默认样式 class 为 ol-zoomslider；ol.control.ZoomToExtent 控件的默认样式 class 则为 ol-zoom-extent。

注：这些控制地图缩放的控件详细说明请参见 OpenLayers 5 的 API。

4.4.2 基本操作控件

地图基本操作是指用户与地图的简单交互，主要包括地图放大、缩小、移动、复位和更新等。在具体的地图操作应用中，其交互操作的方式是多样化的。例如，地图缩放有单击缩放、在地图上拉框缩放、导航条按钮缩放、通过键盘按键控制地图缩放等。地图基本操作的方式虽多，其实现的核心方法都相同，都是使用 OpenLayers 5 中地图视图（View）类的方法。

本示例在加载天地图的基础上，实现了地图的基本操作，包括地图单击缩放、移动和复位。

主要实现步骤如下：

（1）在 OL5Demo 网站的 MapControls 目录下新建一个 Operation.htm 页面，并参照 4.3 节中加载瓦片地图的方法加载天地图，其中，通过地图视图设置了地图最小与最大缩放级别，以及初始旋转角度。

（2）在地图容器的 div 层中分别新建四个按钮（button），设置按钮的 ID 值，并通过 CSS 设置这些功能按钮的样式。

（3）为这些按钮添加相应的单击函数，在函数中调用 OpenLayers 5 中地图视图 View 类的相应方法，分别实现单击放大、单击缩小、移动到某一位置和及复位功能。

程序代码 4-6 地图基本操作的页面代码

```
<head>
    <title>地图基本操作功能</title>
    <link href="../../css/ol.css" rel="stylesheet" type="text/css" />
    <script src="../../libs/ol5/ol.js" type="text/javascript"></script>
    <!--导入本页面外部样式表-->
    <link href="../../css/style.css" rel="stylesheet" type="text/css" />
    <!--  引入第三方插件库  -->
    <script src="../../libs/jquery-1.11.2.min.js" type="text/javascript"></script>
    <style type="text/css">
        #map{
            width: 100%;
            height: 90%;
            position: absolute;
        }
        #menu {
            float: left;
            position: absolute;
            bottom: 10px;
            z-index: 2000;
        }
        .tooltip-inner {
            white-space: nowrap;
        }
    </style>
</head>
<body>
```

```
    <div class="ToolLib">
        <input type="button" class="ButtonLib" id="zoom-out" value="单击缩小" />
        <input type="button" class="ButtonLib" id="zoom-in" value="单击放大" />
        <input type="button" class="ButtonLib" id="panto" value="平移到【中国】" />
        <input type="button" class="ButtonLib" id="restore" value="复位" />
    </div>
    <div id="map" title="地图显示" style="padding: 5px">
    </div>
</body>
```

程序代码 4-7　实现地图基本操作的脚本代码

```
<script type="text/javascript">
    //实例化 map 对象并加载地图
    var map = new ol.Map({
        target: 'map',//地图容器 div 层的 ID
        //在地图容器中加载的图层
        layers: [
        //加载瓦片图层数据
        new ol.layer.Tile({
            title: "天地图矢量图层",
            source: new ol.source.XYZ({
                url: "http://t0.tianditu.com/DataServer?T=vec_w&x={x}&y={y}&l={z}&tk=您的天地图
密钥",
                wrapX: false
            })
        }),
        new ol.layer.Tile({
            title: "天地图矢量注记图层",
            source: new ol.source.XYZ({
                url: "http://t0.tianditu.com/DataServer?T=cva_w&x={x}&y={y}&l={z}&tk=您的天地图
密钥",
                attributions: "天地图的属性描述",
                wrapX: false
            })
        })
        ],
        //地图视图设置
        view: new ol.View({
            center: [0, 0],//地图初始中心点
            zoom: 2,//地图初始显示级别
            minZoom: 1,//缩放最小级别
            maxZoom: 12,//缩放最大级别
            rotation: Math.PI / 6//设置旋转角度
        })
    });
    //地图视图的初始参数
```

```
        var view = map.getView();
        var zoom = view.getZoom();
        var center = view.getCenter();
        var rotation = view.getRotation();
        /*单击缩小按钮功能*/
        document.getElementById('zoom-out').onclick = function () {
            var view = map.getView();//获取地图视图
            var zoom = view.getZoom();//获得当前缩放级数
            view.setZoom(zoom - 1);//地图缩小一级
        };
        /*单击放大按钮功能*/
        document.getElementById('zoom-in').onclick = function () {
            var view = map.getView();//获取地图视图
            var zoom = view.getZoom();//获得当前缩放级数
            view.setZoom(zoom + 1);//地图放大一级
        };
        /*平移功能（平移到中国）*/
        document.getElementById('panto').onclick = function () {
            var view = map.getView();//获取地图视图
            var wh = ol.proj.fromLonLat([105, 35]);//平移地图
            view.setCenter(wh);
            view.setZoom(5);
        };
        /*复位功能（复位到初始状态）*/
        document.getElementById('restore').onclick = function () {
            view.setCenter(center);//初始中心点
            view.setRotation(rotation);//初始旋转角度
            view.setZoom(zoom);//初始缩放级数
        };
        /*为内置的缩放控件与旋转控件添加 tooltip 提示信息*/
        $('.ol-zoom-in, .ol-zoom-out').tooltip({
            placement: 'right'//tooltip 在右侧显示
        });
        $('.ol-rotate-reset, .ol-attribution button[title]').tooltip({
            placement: 'left'//tooltip 在左侧显示
        });
    </script>
```

代码说明：在 OpenLayers 5 中，地图缩放、平移、旋转等基本操作都是通过地图视图 View 类进行控制的，可调用 View 类的 set 方法实现。在具体实现时，需要先通过 Map 类的 getView() 获取当前地图的视图对象，再使用此视图对象调用 get 方法来获取当前的缩放级数（zoom）、中心点（center）、旋转角度（rotation）等参数。

注：上述操作涉及的参数或方法的详细说明请参见 OpenLayers 5 的 API。

（1）缩放。地图缩放都是由 View 类的 setZoom 方法实现的，缩放的级数由 setZoom 方法的参数设置。首先通过 view.getZoom()获得当前地图的级数，然后调用 setZoom 方法进行缩放，通过 view.setZoom(zoom - 1)可将地图缩小一级，通过 view.setZoom(zoom + 1)可将地图

放大一级。

（2）移动。将地图移动到某一位置，其本质就是改变当前地图的中心点，可通过 View 类的 setCenter 方法实现。首先通过 map 对象获得当前地图的视图对象，然后调用 setCenter 方法即可实现，此方法的参数就是新的地图中心坐标点（ol.Coordinate）。

（3）旋转。地图旋转是通过旋转控件（ol.control.Rotate）实现的，此控件已默认加载在地图中。ol.control.Rotate 控件的 autoHide 参数默认设置为 true，在旋转角度为 0° 时将自动隐藏旋转功能按钮。

本示例在创建地图时设置地图的初始旋转角度为顺时针 30°（其值为 Math.PI / 6），因此地图初始化加载后默认在其右上角显示旋转按钮。当单击此按钮时，旋转角度变为 0°，隐藏旋转功能按钮。

（4）复位。顾名思义，地图复位功能就是将地图复位到初始化加载的状态，该功能涉及地图视图 View 类的设置，包括缩放级数、中心点、旋转角度。

实现思路：首先获取地图初始的缩放级数、中心点、旋转角度等参数，这些参数可以从配置文件读取，或者在地图初始化加载后通过 View 类的 get 方法获取，然后分别调用 setZoom、setCenter、setRotation 等方法进行设置，实现地图的复位功能。

4.4.3 图层控件

在实际应用中，通常需要将地图容器中加载的图层以列表的形式显示，便于用户查看与操作。目前，OpenLayers 5 封装的控件中并没有提供类似的图层控件，但其 API 提供了实现此功能的相关接口，因此可以自定义开发实现图层列表功能。

本示例实现一个简单的图层列表功能。加载图层控件后的地图如图 4-7 所示，直接使用列表（ul 和 li）显示图层名称，并采用复选框（checkbox）控制图层显示。其中，通过调用图层对象（Layer 对象）的 get 方法获取初始化设置的图层名属性，调用 getVisible 和 setVisible 方法控制图层显示。

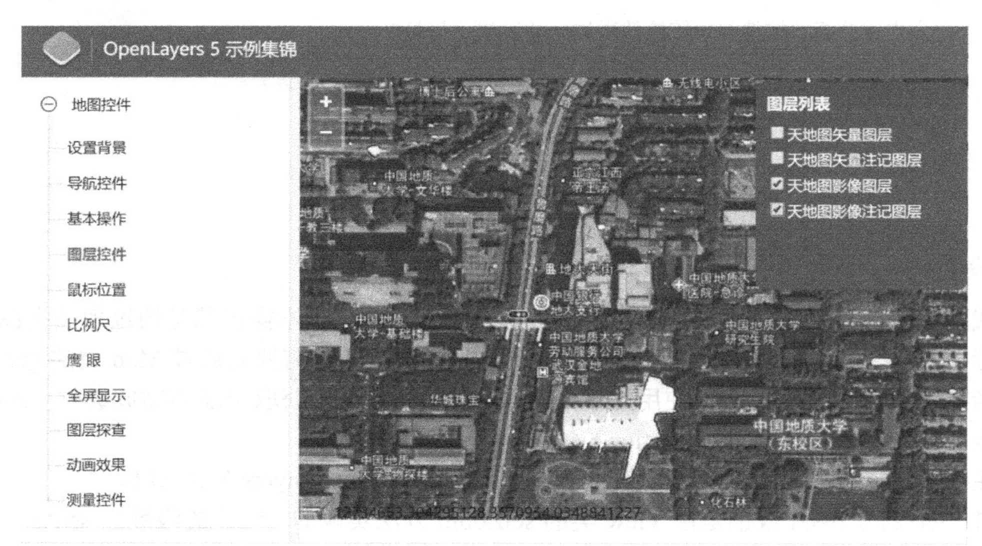

图 4-7　加载图层控件后的地图

主要实现步骤如下：

（1）在 OL5Demo 网站的 MapControls 目录下新建一个 LayerControl.htm 页面，并参照 4.3 节中加载瓦片地图的方法分别加载天地图矢量图层、天地图矢量注记图层、天地图影像图层、天地图影像注记图层。

（2）在地图容器的 div 层中新建一个作为图层列表容器的 div 层（ID 为 layerControl），然后在图层列表容器中分别新增列表头部 div 层（类为 title）、图层列表 ul（ID 为 layerTree），并通过 CSS 设置这些容器与列表的样式。

（3）编写一个加载图层列表的函数（loadLayersControl），在创建地图后调用此函数加载图层列表，实现相应功能。

程序代码 4-8　图层列表功能页面代码

```
<head>
    <title>加载图层控件（自定义）</title>
    <link href="../../css/ol.css" rel="stylesheet" type="text/css" />
    <script src="../../libs/ol5/ol.js" type="text/javascript"></script>
    <style type="text/css">
          body,html,div,ul,li,iframe,p,img{border:none;padding:0;margin:0;
              font-size:14px; font-family:"微软雅黑";}
        #map{ width:100%; height:100%; position:absolute;}
        /* 图层控件的样式设置 */
        .layerControl{ position:absolute; bottom:5px; min-width:200px;
              max-height:200px; right:0px; top:5px;
              z-index:2001;//地图容器中的 div 层，设置 z-index 让其显示在地图上层
              color:#ffffff; background-color:#4c4e5a;
              border-width: 10px; //边缘的宽度
              border-radius: 10px;//圆角的大小
              border-color: #000 #000 #000 #000;//边框颜色
        }
        .layerControl .title { font-weight:bold; font-size:15px; margin:10px; }
        .layerTree li { list-style:none; margin:5px 10px; }
    </style>
</head>
<body>
    <div id="map" >
        <div id="layerControl" class="layerControl">
              <div class="title"><label>图层列表</label></div>
              <ul id="layerTree" class="layerTree"></ul>
        </div>
    </div>
</body>
```

代码说明：创建一个 ID 为 layerControl 的 div 层作为图层列表容器，其中通过 z-index 设置让其显示到地图上层；同时在该图层列表容器中新建一个列表（ID 为 layerTree 的 ul）来保存从地图容器中读取的图层。图层列表中的列表项 li 由脚本程序动态创建，此处仅创建列表 ul。

程序代码 4-9　加载图层列表的脚本代码

```
<script type="text/javascript">
//map 中的图层数组
var layer = new Array();
//图层名称数组
var layerName = new Array();
//图层可见属性数组
var layerVisibility = new Array();
/*加载图层列表的数据
* @param {ol.Map} Map 地图对象
* @param {string} id 图层列表容器 ID*/
function loadLayersControl(map, id) {
    //图层列表容器
    var treeContent = document.getElementById(id);
    //获取地图中所有图层
    var layers = map.getLayers();
    for (var i = 0; i < layers.getLength() ; i++) {
        //获取每个图层的名称、是否可见属性
        layer[i] = layers.item(i);
        layerName[i] = layer[i].get('name');
        layerVisibility[i] = layer[i].getVisible();
        //新增 li 元素，用来保存图层项
        var elementLi = document.createElement('li');
        //添加子节点
        treeContent.appendChild(elementLi);
        //创建复选框元素
        var elementInput = document.createElement('input');
        elementInput.type = "checkbox";
        elementInput.name = "layers";
        elementLi.appendChild(elementInput);
        //创建 label 元素
        var elementLable = document.createElement('label');
        elementLable.className = "layer";
        //设置图层名称
        setInnerText(elementLable, layerName[i]);
        elementLi.appendChild(elementLable);
        //设置图层默认显示状态
        if (layerVisibility[i]) {
            elementInput.checked = true;
        }
        //为 checkbox 添加变更事件
        addChangeEvent(elementInput, layer[i]);
    }
}
/* 为 checkbox 元素绑定变更事件
* @param {input} element checkbox 元素
```

```
 * @param {ol.layer.Layer} layer  图层对象
 */
function addChangeEvent(element, layer) {
    element.onclick = function () {
        if (element.checked) {
            //显示图层
            layer.setVisible(true);
        }
        else {
            //不显示图层
            layer.setVisible(false);
        }
    };
}
/* 动态设置元素文本内容（兼容）*/
function setInnerText(element, text) {
    if (typeof element.textContent == "string") {
        element.textContent = text;
    } else {
        element.innerText = text;
    }
}
var TiandiMap_vec = new ol.layer.Tile({
    name: "天地图矢量图层",
    source: new ol.source.XYZ({
        url: "http://t0.tianditu.com/DataServer?T=vec_w&x={x}&y={y}&l={z}&tk=您的天地图密钥",
        wrapX: false
    })
});
var TiandiMap_cva = new ol.layer.Tile({
    name: "天地图矢量注记图层",
    source: new ol.source.XYZ({
        url: "http://t0.tianditu.com/DataServer?T=cva_w&x={x}&y={y}&l={z}&tk=您的天地图密钥",
        wrapX: false
    })
});
var TiandiMap_img = new ol.layer.Tile({
    name: "天地图影像图层",
    source: new ol.source.XYZ({
        url: "http://t0.tianditu.com/DataServer?T=img_w&x={x}&y={y}&l={z}&tk=您的天地图密钥",
        wrapX: false
    })
});
var TiandiMap_cia = new ol.layer.Tile({
    name: "天地图影像注记图层",
    source: new ol.source.XYZ({
        url: "http://t0.tianditu.com/DataServer?T=cia_w&x={x}&y={y}&l={z}&tk=您的天地图密钥",
```

```
            wrapX: false
        })
    });
    //实例化 map 对象加载地图
    var map = new ol.Map({
        //地图容器 div 层的 ID
        target: 'map',
        //在地图容器中加载的图层
        layers: [TiandiMap_vec, TiandiMap_cva, TiandiMap_img, TiandiMap_cia],
        //地图视图设置
        view: new ol.View({
            //地图初始中心点
            center: [0, 0],
            //地图初始显示级别
            zoom: 2
        }),
        controls: ol.control.defaults().extend([
        new ol.control.MousePosition({
            target: document.getElementById('mouse-position')
        })
        ])
    });
    //加载图层列表的数据
    loadLayersControl(map, "layerTree");
    </script>
```

代码说明：

（1）创建地图容器对象 map，分别加载四个图层：天地图矢量图层、天地图矢量注记图层、天地图影像图层与天地图影像注记图层。在初始化这些瓦片图层时，新增了一个 name 属性，用于标识当前图层的数据内容，即图层名称。

（2）封装了一个加载图层列表的函数 loadLayersControl，其两个参数 map 与 id 分别为地图容器对象和图层列表容器的 ID。此函数主要包括如下三个部分：

① 调用 Map 类的 getLayers 方法获取当前地图容器中加载的所有图层（存入图层数组 layer 中）。

② 遍历这些图层，通过图层对象调用 get('name')得到图层名（存入图层名称数组 layerName），调用 getVisible()得到图层的可见属性（存入图层可见属性数组 layerVisibility）。

③ 分别新增 li 元素，用来承载图层项，在 li 中创建复选框元素（checkbox）控制图层显示、创建 label 元素显示图层名称。其中，通过 addChangeEvent 方法为 checkbox 元素绑定变更事件，在事件实现中通过 Layer 类的 setVisible 方法控制图层显示，即选中复选框时显示对应的图层，否则隐藏对应的图层。

（3）在初始化显示地图后，调用封装的 loadLayersControl 函数来动态加载图层列表。

注：上述功能涉及的接口详细说明请参见 OpenLayers 5 的 API。

4.4.4 鼠标位置控件

鼠标位置控件用于显示当前地图容器中鼠标焦点处的空间坐标点的坐标值。显示当前鼠标焦点的坐标，可以更好地辅助用户操作或分析其他应用功能。OpenLayers 5 提供了封装好的鼠标位置控件（ol.control.MousePosition），默认显示在地图右上角的位置，其样式可以自定义。

本示例在加载天地图的基础上，加载鼠标位置控件，在地图左下角显示坐标点信息。

主要实现步骤如下：

（1）在 OL5Demo 网站的 MapControls 目录下新建一个 MousePosition.htm 页面，并参照 4.3 节中加载瓦片地图的方法加载天地图瓦片图层。

（2）在地图容器对应的 div 层中新建一个显示鼠标位置控件的 div 层，即 ID 为 mouse-position 的 div 层，并设置其样式，并将 z-index 值显示到地图上。

（3）实例化一个鼠标位置控件（ol.control.MousePosition），可以根据应用需求设置其参数，如投影坐标系（projection）、坐标值的显示格式（coordinateFormat）、关联显示鼠标位置坐标点的目标容器（target）等。

（4）将实例化的鼠标位置控件加载到地图容器中，可以在实例化地图容器的代码中，通过 controls 参数设置加载鼠标位置控件；也可以调用 map 对象的 addControl 方法加载此控件。本示例采用的是第一种方式。

程序代码 4-10 加载鼠标位置控件的代码

```
<head>
    <title>加载鼠标位置控件</title>
    <link href="../../css/ol.css" rel="stylesheet" type="text/css" />
    <script src="../../libs/ol5/ol.js" type="text/javascript"></script>
    <style type="text/css">
        #map{ width:100%; height:100%; position:absolute; }
        /* 鼠标位置控件的样式设置 */
        #mouse-position{float:left;position:absolute;bottom:5px;width:200px;height:20px;
        z-index:2000;  /*在地图容器中的 div 层中，设置 z-index 让其显示在地图上层*/}
        /* 自定义鼠标位置信息的样式 */
        .custom-mouse-position{ color:rgb(0,0,0); font-size:16px; font-family:"微软雅黑"; }
    </style>
</head>
<body>
    <div id="map" >
        <div id="mouse-position" > </div>
    </div>
</body>
```

代码说明：在地图容器中创建一个承载鼠标位置控件的 div 层（其 ID 为 mouse-position），并设置其样式。此 div 层是鼠标位置控件的最外层容器，它所包含的内层为鼠标信息文本标签，默认类名为 ol-mouse-position（可自行定义）。例如，在本示例中定义鼠标信息文本标签的样式类名为 custom-mouse-position，修改其文本为微软雅黑字体、16 号字、文字为黑色。

程序代码 4-11　加载鼠标位置控件的脚本程序代码

```
//实例化鼠标位置控件（MousePosition）
var mousePositionControl = new ol.control.MousePosition({
    coordinateFormat: ol.coordinate.createStringXY(4), //坐标格式
    projection: 'EPSG:4326',//地图投影坐标系（若未设置则输出默认投影坐标系的坐标）
    className: 'custom-mouse-position', //坐标信息显示样式，默认为 ol-mouse-position
    target: document.getElementById('mouse-position'), //显示鼠标位置信息的目标容器
    undefinedHTML: ' '//未定义坐标的标记
});
//实例化 map 对象并加载地图
var map = new ol.Map({
    target: 'map',    //地图容器 div 层的 ID
    layers: [
        //加载瓦片图层数据
        new ol.layer.Tile({
            title: "天地图矢量图层",
            source: new ol.source.XYZ({
                url: "http://t0.tianditu.com/DataServer?T=vec_w&x={x}&y={y}&l={z}&tk=您的天地图密钥",
                wrapX: false
            })
        }),
        new ol.layer.Tile({
            title: "天地图矢量注记图层",
            source: new ol.source.XYZ({
                url: "http://t0.tianditu.com/DataServer?T=cva_w&x={x}&y={y}&l={z}&tk=您的天地图密钥",
                wrapX: false
            })
        })
    ],
    view: new ol.View({   //地图视图设置
        center: [0, 0], //地图初始中心点
        zoom: 2 //地图初始显示级别
    }),
    //加载控件到地图容器中
    controls: ol.control.defaults().extend([mousePositionControl]) //加载鼠标位置控件
});
```

代码说明：在实例化鼠标位置控件（ol.control.MousePosition）时，可以使用默认设置，也可以根据应用需求设置此控件的相关参数。本示例设置的主要参数如下：

- coordinateFormat：坐标值的显示格式。
- projection：投影坐标系，将当前鼠标位置的坐标点设置为当前坐标系下的相应值来显示。
- target：关联显示其坐标点信息的目标容器，即最外层容器，此示例中为新创建的 ID 为 mouse-position 的 div 层。
- className：坐标信息显示样式的类名，即坐标值文本的样式类名，此示例中新定义的

样式类名为 custom-mouse-position。

注：ol.control.MousePosition 的详细说明请参见 OpenLayers 5 的 API。

4.4.5 比例尺控件

地图比例尺用于表示图上距离比实际距离缩小（或放大）的程度，表示地图图形的缩小程度，又称为缩尺。OpenLayers 5 封装的比例尺控件为 ol.control.ScaleLine。

本示例在加载天地图的基础上，加载比例尺控件，默认显示在地图的左下角。

主要实现步骤如下：

（1）在 OL5Demo 网站的 MapControls 目录下新建一个 ScaleLine.htm 页面，并参照 4.3 节中加载瓦片地图的方法加载天地图瓦片图层。

（2）实例化一个比例尺控件（ol.control.ScaleLine），可以根据应用需求设置其参数，如本示例中设置比例尺单位（units）。

（3）将实例化的比例尺控件加载到地图容器中，可以在实例化地图容器的代码中通过 controls 参数设置加载比例尺控件，也可以调用 map 对象的 addControl 方法加载此控件。本示例采用的是第一种方式。

程序代码 4-12　加载比例尺控件的脚本程序代码

```
//实例化比例尺控件（ScaleLine）
var scaleLineControl = new ol.control.ScaleLine({
    units: "metric" //设置比例尺单位，degrees、imperial、us、nautical、metric（度量单位）
});
//实例化 map 对象并加载地图
var map = new ol.Map({
    target: 'map', //地图容器 div 层的 ID
    //在地图容器中加载的图层
    layers: [
        //加载瓦片图层数据
        new ol.layer.Tile({
            title: "天地图矢量图层",
            source: new ol.source.XYZ({
                url: "http://t0.tianditu.com/DataServer?T=vec_w&x={x}&y={y}&l={z}&tk=您的天地图
                                                                                  密钥",
                wrapX: false
            })
        }),
        new ol.layer.Tile({
            title: "天地图矢量注记图层",
            source: new ol.source.XYZ({
                url: "http://t0.tianditu.com/DataServer?T=cva_w&x={x}&y={y}&l={z}&tk=您的天地图密钥",
                wrapX: false
            })
        })
    ],
    //地图视图的设置
```

```
    view: new ol.View({
        center: [0, 0], //地图初始中心点
        zoom: 2   //地图初始显示级别
    }),
    //加载控件到地图容器中
    controls: ol.control.defaults().extend([scaleLineControl])//加载比例尺控件
});
```

代码说明：在实例化比例尺控件（ol.control.ScaleLine）时，可以使用默认设置，也可以根据应用需求设置此控件的相关参数。例如，本示例中设置比例尺单位 units 为 metric，即米制度量单位。

注：ol.control.ScaleLine 的详细说明请参见 OpenLayers 5 的 API。

4.4.6　鹰眼控件

地图鹰眼俗称地图的鸟瞰图或缩略图。在地图中，鹰眼的功能非常强大，通过鹰眼可以知道地图的当前位置；也可以在鹰眼上单击、拖动或移动到想要查看的位置。鹰眼的可视范围比主图的可视范围大，鹰眼中心框的可视范围就是主图的可视范围，主图的地理信息要比鹰眼地图详细，鹰眼地图的可视范围广阔，可以看到当前主图周边概况。OpenLayers 5 封装的鹰眼控件为 ol.control.OverviewMap，可以自定义其显示样式。

本示例在加载天地图的基础上，加载鹰眼控件，在鹰眼中加载显示天地图的影像图层，其控件显示在地图的右上角。

主要实现步骤如下：

（1）在 OL5Demo 网站的 MapControls 目录下新建一个 OverviewMap.htm 页面，并参照 4.3 节中加载瓦片地图的方法加载天地图瓦片图层。

（2）实例化一个鹰眼控件（ol.control.OverviewMap），可以采用默认的参数，也可以根据应用需求设置其参数。例如，本示例自定义鹰眼样式（类名为 ol-custom-overviewmap），在鹰眼中加载不同于主图的图层数据（天地图影像图层），并设置鹰眼控件图标的相关样式。

（3）将实例化的鹰眼控件加载到地图容器中，可以在实例化地图容器的代码中，通过 controls 参数设置加载鹰眼控件；也可以调用 map 对象的 addControl 方法加载此控件。本示例采用的是第一种方式。

程序代码 4-13　加载鹰眼控件的页面代码

```
<head>
    <title>加载鹰眼控件</title>
    <link href="../../css/ol.css" rel="stylesheet" type="text/css" />
    <script src="../../libs/ol5/ol.js" type="text/javascript"></script>
    <style type="text/css">
        #map{ width:100%; height:580px; }
        /*=S 自定义鹰眼样式 */
        .ol-custom-overviewmap,.ol-custom-overviewmap.ol-uncollapsible {
            bottom: auto; left: auto;
            right: 0; /* 右侧显示 */
            top: 0;   /* 顶部显示 */
        }
```

```
        /* 在鹰眼控件展开时控件外框的样式 */
        .ol-custom-overviewmap:not(.ol-collapsed){ border: 1px solid black; }
         /* 在鹰眼控件中地图容器样式 */
        .ol-custom-overviewmap .ol-overviewmap-map{border: none;width: 300px; }
        /* 在鹰眼控件中显示当前窗口中主图区域的边框 */
        .ol-custom-overviewmap .ol-overviewmap-box { border: 2px solid red; }
        /* 在鹰眼控件展开时其按钮图标的样式 */
        .ol-custom-overviewmap:not(.ol-collapsed) button{
            bottom: auto; left: auto; right: 1px; top: 1px;
        }
        /*=E，表示自定义鹰眼样式 */
    </style>
</head>
<body>
    <div id="map" >   </div>
</body>
```

代码说明：上述代码主要用于定义鹰眼的样式信息，即通过 ol-custom-overviewmap 将鹰眼控件设置为右侧顶部显示，并设置鹰眼控件的外框、鹰眼控件内的地图容器，以及鹰眼控件按钮展开与折叠的样式。

程序代码 4-14 加载鹰眼控件的脚本程序代码

```
//实例化鹰眼控件（ol.control.OverviewMap），自定义样式的鹰眼控件
var overviewMapControl = new ol.control.OverviewMap({
    className: 'ol-overviewmap ol-custom-overviewmap', //鹰眼控件的样式
    //在鹰眼中加载同坐标系下不同数据源的图层
    layers: [
        new ol.layer.Tile({
            title: "天地图矢量图层",
            source: new ol.source.XYZ({
                url: "http://t0.tianditu.com/DataServer?T=img_w&x={x}&y={y}&l={z}&tk=您的天地图
                                                                        密钥",
                wrapX: false
            })
        }),
        new ol.layer.Tile({
            title: "天地图矢量注记图层",
            source: new ol.source.XYZ({
                url: "http://t0.tianditu.com/DataServer?T=cva_w&x={x}&y={y}&l={z}&tk=您的天地图
                                                                        密钥",
                wrapX: false
            })
        })
    ],
    collapseLabel: '\u00BB', //鹰眼控件展开时功能按钮上的标识（网页的 JS 的字符编码）
    label: '\u00AB', //鹰眼控件折叠时功能按钮上的标识（网页的 JS 的字符编码）
    collapsed: false //初始为展开显示方式
```

```
});
//实例化 map 对象并加载地图
var map = new ol.Map({
    target: 'map', //地图容器 div 层的 ID
    //在地图容器中加载的图层
    layers: [
        new ol.layer.Tile({   //加载瓦片图层数据
            title: "天地图矢量图层",
            source: new ol.source.XYZ({
                url: "http://t0.tianditu.com/DataServer?T=vec_w&x={x}&y={y}&l={z}&tk=您的天地图
                                                                    密钥",
                wrapX: false
            })
        }),
        new ol.layer.Tile({
            title: "天地图矢量注记图层",
            source: new ol.source.XYZ({
                url: "http://t0.tianditu.com/DataServer?T=cva_w&x={x}&y={y}&l={z}&tk=您的天地图
                                                                    密钥",
                wrapX: false
            })
        })
    ],
    //地图视图的设置
    view: new ol.View({
        center: [0, 0], //地图初始中心点
        zoom: 6   //地图初始显示级别
    }),
    //加载控件到地图容器中
    controls: ol.control.defaults().extend([overviewMapControl])//加载鹰眼控件
});
```

代码说明：在实例化鹰眼控件（ol.control.OverviewMap）时，可以使用默认设置，也可以根据应用需求设置此控件的相关参数。本示例设置的主要参数如下：

- layers：在鹰眼容器内加载图层与地图容器类似，可以根据需要加载不同于主图的图层数据，但要确保主图与鹰眼略缩图在同一投影坐标系下。
- collapseLabel：在鹰眼控件展开时功能按钮上的标识可设置为网页 JS 的字符编码。
- label：在鹰眼控件折叠时功能按钮上的标识与 collapseLabel 对应的功能相反。
- collapsed：在鹰眼控件初始化加载时是否展开显示，本示例设置为展开显示。
- className：鹰眼控件的类名，可根据类名来定义整个鹰眼控件的样式，此示例中新定义的样式类名为 ol-overviewmap 和 ol-custom-overviewmap。

注：ol.control.OverviewMap 的详细说明请参见 OpenLayers 5 的 API。

4.4.7 全屏显示控件

全屏显示控件用于将视图内容放大到全屏显示，可扩大视野范围，便于更好地进行操作。

目前，OpenLayers 5 封装的全屏显示控件为 ol.control.FullScreen，仅支持非 IE 内核的浏览器。

本示例在加载天地图的基础上，加载全屏显示控件，其控件按钮显示在地图容器的右上角。

主要实现步骤如下：

（1）在 OL5Demo 网站的 MapControls 目录下新建一个 FullScreen.htm 页面，并参照 4.3 节中加载瓦片地图的方法加载天地图瓦片图层。

（2）实例化一个全屏显示控件并将其加载到地图容器中，可以在实例化地图容器的代码中直接通过 controls 参数设置加载控件；也可以调用 map 对象的 addControl 方法加载控件。本示例采用的是第一种方式。

程序代码 4-15　加载全屏显示控件脚本程序代码

```
//实例化 map 对象并加载地图
var map = new ol.Map({
    target: 'map', //地图容器 div 层的 ID
    layers: [
        new ol.layer.Tile({
            source: new ol.source.XYZ({
                url: "http://t0.tianditu.com/DataServer?T=vec_w&x={x}&y={y}&l={z}&tk=您的天地图密钥",
                wrapX: false
            })
        }),
        new ol.layer.Tile({
            source: new ol.source.XYZ({
                url: "http://t0.tianditu.com/DataServer?T=cva_w&x={x}&y={y}&l={z}&tk=您的天地图密钥",
                wrapX: false
            })
        })
    ],
    view: new ol.View({
        center: [0,0], //地图初始中心点
        zoom: 3 //地图初始显示级别
    }),
    controls: ol.control.defaults().extend([
        new ol.control.FullScreen()  //加载全屏显示控件
    ])
});
```

4.4.8 图层探查控件

当有多个图层叠加显示时，上层图层会遮盖下层图层。图层探查控件可方便地查看下层图层数据，可用于辅助功能操作或分析，是一个非常实用的工具。图层探查的原理是在客户端上裁剪上层图层，将上层图层裁剪一部分，让下层图层数据变得可见。

本示例分别加载天地图矢量图层与影像图层，结合鼠标事件，以当前鼠标焦点为中心，

使用指定半径大小的圆裁剪上层图层（影像图层）。加载图层探查控件后的地图如图 4-8 所示，其中，裁剪的缓冲区域大小可通过键盘事件调整。

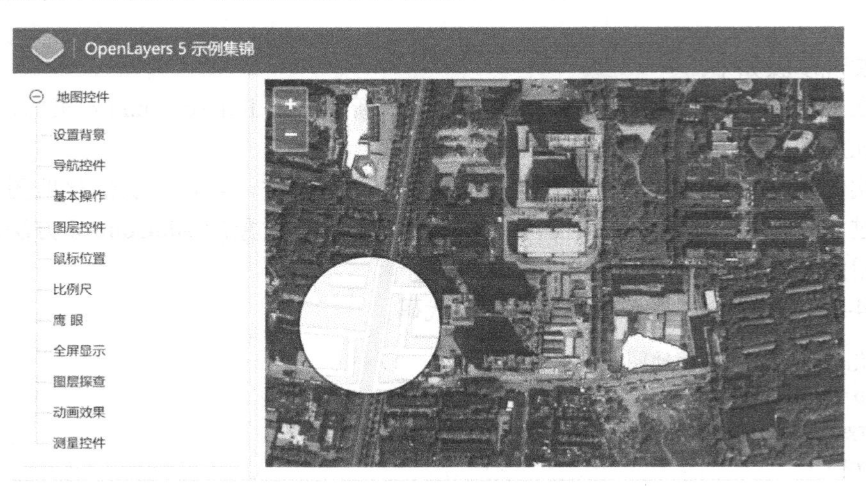

图 4-8　加载图层探查控件后的地图

主要实现步骤如下：

（1）在 OL5Demo 网站的 MapControls 目录下新建一个 LayerSearch.htm 页面，并参照 4.3 节中加载瓦片地图的方法加载天地图矢量图层和影像图层。

（2）使用 Map 类的渲染事件（即 precompose 与 postcompose 事件），以及图层画布的相关方法实现图层的裁剪。

程序代码 4-16　图层探查功能的脚本程序代码

```
var TiandiMap_vec = new ol.layer.Tile({
    name: "天地图矢量图层",
    source: new ol.source.XYZ({
        url: "http://t0.tianditu.com/DataServer?T=vec_w&x={x}&y={y}&l={z}&tk=您的天地图密钥",
        wrapX: false
    })
});
var TiandiMap_img = new ol.layer.Tile({
    name: "天地图影像图层",
    source: new ol.source.XYZ({
        url: "http://t0.tianditu.com/DataServer?T=img_w&x={x}&y={y}&l={z}&tk=您的天地图密钥",
        wrapX: false
    })
});
//实例化 map 对象并加载地图
var map = new ol.Map({
    layers: [TiandiMap_img, TiandiMap_vec],
    target: 'map',
    view: new ol.View({
        center: ol.proj.fromLonLat([-109, 46.5]),
```

```
        zoom: 6
    })
});
//探查半径
var radius = 75;
//添加键盘按下事件监听，用来控制探查范围的大小
document.addEventListener('keydown', function (evt) {
    if (evt.which == 38) {
        radius = Math.min(radius + 5, 150);
        //map.render();
        evt.preventDefault();
    } else if (evt.which ==   40) {
        radius = Math.max(radius - 5, 25);
        map.render();
        evt.preventDefault();
    }
});
//实时得到鼠标焦点位置
var mousePosition = null;
container.addEventListener('mousemove', function (event) {
    mousePosition = map.getEventPixel(event);
    map.render();//重新渲染
});
container.addEventListener('mouseout', function () {
    mousePosition = null;
    map.render();
});
//在渲染之前进行剪裁
TiandiMap_vec.on('precompose', function (event) {
    var ctx = event.context; //影像图层画布
    var pixelRatio = event.frameState.pixelRatio;
    ctx.save();
    ctx.beginPath();
    if (mousePosition) {
        //只显示一个以鼠标焦点为中心（圆心）的圆圈
        ctx.arc(mousePosition[0] * pixelRatio, mousePosition[1] * pixelRatio, radius * pixelRatio, 0, 2 *
                                                    Math.PI);
        ctx.lineWidth = 5 * pixelRatio;//圆边框的宽，设置为 5 个像素单位
        ctx.strokeStyle = 'rgba(0,0,0,0.5)'; //圆边框样式（颜色）
        ctx.stroke();
    }
    ctx.clip();//裁剪画布
});
//呈现下层图层后，恢复画布的背景
TiandiMap_vec.on('postcompose', function (event) {
    var ctx = event.context;
    ctx.restore();
});
```

代码说明：图层探查实现的关键是图层裁剪，按照一定的区域（如本示例中以鼠标焦点为圆心、根据半径值大小设定一个圆）对上层图层进行裁剪。实现的核心为图层事件以及画布方法的应用。

（1）获取鼠标焦点：为地图视图添加鼠标的 mousemove 与 mouseout 事件监听，通过调用 Map 类的 getEventPixel 方法获取当前鼠标焦点的坐标点（mousePosition）。

（2）图层画布裁剪：为影像图层（上层图层）添加 precompose 事件监听，在影像图层渲染前进行裁剪，即以当前鼠标焦点 mousePosition 为圆心、以 radius 为半径，在图层画布设置一个圆，然后通过 clip()裁剪图层画布，将图层画布裁剪为一个圆的形状；同时为影像图层（上层图层）添加 postcompose 事件监听，在影像图层渲染后还原图层画布的背景，即通过 restore()还原图层画布。

（3）裁剪圆半径的设置：为当前的 document 对象添加 keydown 事件监听，通过键盘 PageUp 与 PageDown 改变裁剪圆的半径。

4.4.9 动画效果控件

除了上述的各种地图控件，为了增强用户交互体验，OpenLayers 5 还提供了一系列动画效果控件，可增强地图操作的动感特效，将带给用户全新的感受。

OpenLayers 5 的动画效果由 ol.View 类的 animate 方法提供，在使用该方法时，可通过传递一个或者多个对象参数来实现多种动画效果，如旋转、弹性移动、反弹等，多个动画结合使用亦可实现飞行定位的特效。本示例在加载天地图的基础上，结合动画效果控件来实现定位功能，即分别实现旋转定位、弹性定位、反弹定位、自旋定位、飞行定位功能。

主要实现步骤如下：

（1）在 OL5Demo 网站的 MapControls 目录下新建一个 MapAnimation.htm 页面，并参照 4.3 节中加载瓦片地图的方法加载天地图瓦片图层。

（2）在地图容器的 div 层中分别新建五个按钮，并设置按钮的 ID 值，然后通过 CSS 设置这些按钮的样式。

（3）为这些按钮添加相应的单击函数，分别实现各种动画效果的定位功能。在函数中先实例化动画功能类，然后通过调用 ol.View 类的 animate 方法设置动画效果。

程序代码 4-17　定位功能页面代码

```
<div class="ToolLib">
    <button class="ButtonLib" id="spin">旋转定位到沈阳</button>
    <button class="ButtonLib" id="elastic">弹性定位到北京</button>
    <button class="ButtonLib" id="bounce">反弹定位到上海</button>
    <button class="ButtonLib" id="rotate">围绕武汉旋转</button>
    <button class="ButtonLib" id="fly">飞行定位到广州</button>
    </div>
<div id="map">
</div>
```

程序代码 4-18　添加动画效果的脚本程序代码

```
//实例化地图视图对象
```

```
var view = new ol.View({
    //地图初始中心点
    center: [12950000, 4860000],
    //地图初始显示级别
    zoom: 11
});
//实例化 map 对象并加载地图
var map = new ol.Map({
    //地图容器 div 层的 ID
    target: 'map',
    //在地图容器中加载的图层
    layers: [
        //加载瓦片图层数据
        new ol.layer.Tile({
            title: "天地图矢量图层",
            source: new ol.source.XYZ({
                url: "http://t0.tianditu.com/DataServer?T=vec_w&x={x}&y={y}&l={z}&tk=您的天地图
                密钥",
                wrapX: false
            })
        }),
        new ol.layer.Tile({
            title: "天地图矢量注记图层",
            source: new ol.source.XYZ({
                url: "http://t0.tianditu.com/DataServer?T=cva_w&x={x}&y={y}&l={z}&tk=您的天地图
                密钥",
                wrapX: false
            })
        })
    ],
    //在加载瓦片图层时开启动画效果
    loadTilesWhileAnimating: true,
    //地图视图设置
    view: view
});
//各定位点（中国省会城市）
var shenyang = ol.proj.fromLonLat([123.24, 41.50]);
var beijing = ol.proj.fromLonLat([116.28, 39.54]);
var shanghai = ol.proj.fromLonLat([121.29, 31.14]);
var wuhan = ol.proj.fromLonLat([114.21, 30.37]);
var guangzhou = ol.proj.fromLonLat([113.15, 23.08]);
var haikou = ol.proj.fromLonLat([110.20, 20.02]);
//获取反弹值
function bounce(t) {
    var s = 7.5625, p = 2.75, l;
    if (t < (1 / p)) {
        l = s * t * t;
```

```
        } else {
            if (t < (2 / p)) {
                t -= (1.5 / p);
                l = s * t * t + 0.75;
            } else {
                if (t < (2.5 / p)) {
                    t -= (2.25 / p);
                    l = s * t * t + 0.9375;
                } else {
                    t -= (2.625 / p);
                    l = s * t * t + 0.984375;
                }
            }
        }
        return l;
    }
    //获取弹性伸缩值
    function elastic(t) {
        return Math.pow(2, -10 * t) * Math.sin((t - 0.075) * (2 * Math.PI) / 0.3) + 1;
    }
    //旋转定位
    document.getElementById('spin').onclick = function () {
        var center = view.getCenter();
        view.animate(
            //第一个过程
            {
            //动画结束时的视图中心，即当前视图中心同目标视图中心连线的中心点
            center: [
                center[0] + (shenyang[0] - shenyang[0]) / 2,
                center[1] + (shenyang[1] - shenyang[1]) / 2
            ],
            rotation: Math.PI,//动画结束时的旋转角度，即 180 度
            easing: ol.easing.easeIn//控制的动画速度，开始缓慢并逐渐加快速度
        },
        //第二个过程
        {
            center: shenyang,//动画结束时的视图中心
            rotation: 2 * Math.PI,//动画结束时的旋转角度，即 360 度
            easing: ol.easing.easeOut//控制的动画速度，开始快速并逐渐减速
        });
    };
    //弹性伸缩效果定位
    document.getElementById('elastic').onclick = function () {
        view.animate({
            center: beijing,///动画结束时的视图中心
            duration: 2000,//动画的持续时间（以毫秒为单位）
            easing: elastic//控制的动画持续时间函数
```

```
        });
    };
    //反弹效果定位
    document.getElementById('bounce').onclick = function () {
        view.animate({
            center: shanghai,///动画结束时的视图中心
            duration: 2000,//动画的持续时间（以毫秒为单位）
            easing: bounce//控制的动画持续时间函数
        });
    };
    //自旋效果定位
    document.getElementById('rotate').onclick = function () {
        var rotation = view.getRotation();
        view.animate(
        //第一个过程
        {
            rotation: rotation + Math.PI,//第一次动画旋转角度
            anchor: wuhan,//自旋的中心点，即武汉
            easing: ol.easing.easeIn//控制的动画速度，开始缓慢并逐渐加速
        },
        //第二个过程
        {
            rotation: rotation + 2 * Math.PI,//动画结束时的旋转角度，即 360 度
            anchor: wuhan,//旋转中心点
            easing: ol.easing.easeOut///控制的动画速度，开始快速并逐渐减速
        });
    };
    //飞行效果定位
    document.getElementById('fly').onclick = function () {
        var duration = 2000;//动画的持续时间（以毫秒为单位）
        var zoom = view.getZoom();
        var parts = 2;
        var called = false;
        //动画完成的回调函数
        function callback(complete) {
            --parts;
            if (called) {
                return;
            }
            if (parts === 0 || !complete) {
                called = true;
                done(complete);
            }
        }
        //第一个动画
        view.animate({
            center: guangzhou,
```

```
            duration: duration
        }, callback);
        //第二个动画
        view.animate({
            zoom: zoom - 1,
            duration: duration / 2
        }, {
            zoom: zoom,
            duration: duration / 2
        }, callback);
    };
```

代码说明：结合动画效果来实现定位功能的关键是理解动画实现的过程，可通过设置动画过程中一个或者多个对象参数或者结合多个动画实现。下面对 ol.View 的 animate 方法动画参数进行简单介绍。

- center：ol.Coordinate 类型，动画结束时的视图中心。
- zoom：number 类型，动画结束时视图的缩放级别。
- resolution：number 类型，动画结束时的视图分辨率。如果已经提供 zoom 参数，那么这个选项将被忽略。
- rotation：number 类型，动画结束时视图的旋转角度。
- anchor：ol.Coordinate 类型，在旋转或者视图缩放级别（视图分辨率）发生变化时动画过程中保持固定的点。
- duration：number 类型，动画的持续时间（以毫秒为单位，默认为 1000 毫秒）。
- easing：function 类型，动画中使用的进度控制功能（默认为 ol.easing.inAndOut）。该函数会返回一个介于 0 和 1 之间的数字，表示目标状态的进度。

4.4.10 测量控件

测量功能包括距离（即长度）测量与面积测量。面积测量是指计算鼠标绘制范围的实际面积大小；距离测量则是指计算鼠标绘制的线条实际长度。OpenLayers 5 的测量功能没有提供封装好的测量控件，但提供有了相应的接口，需要基于几何对象的相应接口并结合图形绘制功能来实现。因此，若读者不熟悉图形绘制功能，建议先通过第 6 章的内容了解 OpenLayers 5 的绘线、绘多边形等图形绘制功能。

本示例在加载天地图的基础上，结合 OpenLayers 5 的图形绘制功能，实现了距离测量和面积测量的功能。

主要实现步骤如下：

（1）在 OL5Demo 网站的 MapControl 目录下新建一个 Measure.htm 页面，应用 OpenLayers 5 开发库、jQuery 库，并参照 4.3 节加载瓦片地图的方法加载天地图瓦片图层。

（2）在功能页面上创建测量类型功能选项，进行距离测量与面积测量的切换，并设置其样式。

程序代码 4-19　测量功能示例的页面代码

```
<div id="map">
```

```
        <div id="menu">
            <label>Geometry type  </label>
                <select id="type">
                    <option value="length">Length</option>
                    <option value="area">Area</option>
                </select>
            <label class="checkbox"><input type="checkbox" id="geodesic" />use geodesic measures</label>
        </div>
    </div>
```

程序代码 4-20 测量功能示例的样式

```
    <style type="text/css">
        #map {
            width: 100%;
            height: 95%;
            position: absolute;
        }
        #menu {
            float: left;
            position: absolute;
            bottom: 10px;
            left: 10px;
            z-index: 2000;
        }
        .checkbox {
            left: 20px;
        }
        /* 提示框的样式信息 */
        .tooltip {
            position: relative;
            background: rgba(0, 0, 0, 0.5);
            border-radius: 4px;
            color: white;
            padding: 4px 8px;
            opacity: 0.7;
            white-space: nowrap;
        }
        .tooltip-measure {
            opacity: 1;
            font-weight: bold;
        }
        .tooltip-static {
            background-color: #ffcc33;
            color: black;
            border: 1px solid white;
        }
```

```
    .tooltip-measure:before, .tooltip-static:before {
        border-top: 6px solid rgba(0, 0, 0, 0.5);
        border-right: 6px solid transparent;
        border-left: 6px solid transparent;
        content: "";
        position: absolute;
        bottom: -6px;
        margin-left: -7px;
        left: 50%;
    }
    .tooltip-static:before {
        border-top-color: #ffcc33;
    }
</style>
```

代码说明：在地图上实现测量功能时，可使用测量工具提示框显示当前测量值，以及信息提示框提示信息，上述代码分别设置了两种提示框的样式。

（3）在脚本域编写实现测量功能的代码。

① 在地图上加载测量功能的绘制层，即矢量图层。

程序代码 4-21　加载矢量图层

```
//加载测量的矢量图层
var source = new ol.source.Vector(); //图层数据源
var vector = new ol.layer.Vector({
    source: source,
    style: new ol.style.Style({ //图层样式
        fill: new ol.style.Fill({
            color: 'rgba(255, 255, 255, 0.2)' //填充颜色
        }),
        stroke: new ol.style.Stroke({
            color: '#ffcc33',   //边框颜色
            width: 2    //边框宽度
        }),
        image: new ol.style.Circle({
            radius: 7,
            fill: new ol.style.Fill({
                color: '#ffcc33'
            })
        })
    })
});
map.addLayer(vector);
```

代码说明：在实例化矢量图层时，可通过 style 参数设置绘图要素的样式，即点、边线与填充样式。

② 通过 addInteraction()实现测量功能的关键是加载交互式图形绘制控件（ol.interaction.

Draw），在测量时根据测量类型实现鼠标交互绘制线或多边形，然后分别为交互式图形绘制控件对象绑定 drawstart 与 drawend 事件。在开始时实时计算当前绘制线的距离或绘制多边形的面积，以提示框形式显示；在结束时重新创建一个测量工具提示框来显示测量值。

程序代码 4-22　调用 addInteraction 函数实现测量功能

```
/* 让用户切换选择测量类型（距离或面积）
* @param {Event} e Change event.*/
typeSelect.onchange = function (e) {
    map.removeInteraction(draw); //移除交互式图形绘制控件
    addInteraction();//添加交互式图形绘制控件进行测量
};
addInteraction(); //调用加载交互式图形绘制控件方法
```

程序代码 4-23　addInteraction()实现代码

```
var geodesicCheckbox = document.getElementById('geodesic');
var typeSelect = document.getElementById('type');//测量类型对象
var draw; //交互绘图控件对象
var sketch;   //当前绘图要素@type {ol.Feature}
/* 加载交互式图形绘制控件函数 */
function addInteraction() {
    var type = (typeSelect.value == 'area' ? 'Polygon' : 'LineString');
    draw = new ol.interaction.Draw({
        source: source,//测量图层数据源
        type: /** @type {ol.geom.GeometryType} */ (type),   //几何图形类型
        style: new ol.style.Style({//几何图形的样式
            fill: new ol.style.Fill({ //填充样式
                color: 'rgba(255, 255, 255, 0.2)'
            }),
            stroke: new ol.style.Stroke({ //边线样式
                color: 'rgba(0, 0, 0, 0.5)',
                lineDash: [10, 10],
                width: 2
            }),
            image: new ol.style.Circle({ //点样式
                radius: 5,
                stroke: new ol.style.Stroke({
                    color: 'rgba(0, 0, 0, 0.7)'
                }),
                fill: new ol.style.Fill({
                    color: 'rgba(255, 255, 255, 0.2)'
                })
            })
        })
    });
    map.addInteraction(draw);
    createMeasureTooltip(); //创建测量工具提示框
```

```
    createHelpTooltip(); //创建帮助信息提示框
    var listener;
    //为交互式图形绘制控件对象绑定 drawstart 事件
    draw.on('drawstart',
      function (evt) {
          sketch = evt.feature; //绘图要素
          var tooltipCoord = evt.coordinate; //绘制的坐标@type {ol.Coordinate}
          //绑定 change 事件，根据绘制几何图形类型得到测量的距离或面积，并将其添加到测量工具
提示框中显示
          listener = sketch.getGeometry().on('change', function (evt) {
              var geom = evt.target;//绘制的几何图形
              var output;
              if (geom instanceof ol.geom.Polygon) {
                  //输出面积值
                  output = formatArea(/** @type {ol.geom.Polygon} */(geom));
                  tooltipCoord = geom.getInteriorPoint().getCoordinates();//坐标
              } else if (geom instanceof ol.geom.LineString) {
                  //输出距离值
                  output = formatLength( /** @type {ol.geom.LineString} */(geom));
                  tooltipCoord = geom.getLastCoordinate();//坐标
              }
              //将测量值添加到测量工具提示框中显示
              measureTooltipElement.innerHTML = output;
              //设置测量工具提示框的显示位置
              measureTooltip.setPosition(tooltipCoord);
          });
      }, this);
    //为交互式图形绘制控件对象绑定 drawend 事件
    draw.on('drawend',
    function (evt) {
        //设置测量工具提示框的样式
        measureTooltipElement.className = 'tooltip tooltip-static';
        measureTooltip.setOffset([0, -7]);
        sketch = null; //置空当前绘图要素对象
        measureTooltipElement = null; //置空测量工具提示框对象
        createMeasureTooltip();//重新创建一个测量工具提示框来显示结果
        ol.Observable.unByKey(listener);
    }, this);
}
```

代码说明：首先加载交互式图形绘制控件（ol.interaction.Draw），在实例化此控件时应当设置当前绘图要素的样式；然后分别调用 createHelpTooltip()与 createMeasureTooltip()创建帮助信息提示框和测量工具提示框对象；最后绑定交互式图形绘制控件对象的 drawstart 与 drawend 事件，实现测量功能。其中，在 drawstart 事件处理函数中，由事件对象得到当前绘图要素（sketch），通过绘图要素的几何对象绑定 change 事件，根据事件监听的几何对象类型（ol.geom.Polygon 或 ol.geom.LineString），对应调用 formatArea()与 formatLength()计算输出面

积值或距离值。

程序代码 4-24 创建提示框的实现代码

```
var helpTooltipElement; //帮助信息提示框对象@type {Element}
var helpTooltip; //帮助信息提示框显示的信息 @type {ol.Overlay}
/*创建一个新的帮助信息提示框（tooltip）*/
function createHelpTooltip() {
    if (helpTooltipElement) {
        helpTooltipElement.parentNode.removeChild(helpTooltipElement);
    }
    helpTooltipElement = document.createElement('div');
    helpTooltipElement.className = 'tooltip hidden';
    helpTooltip = new ol.Overlay({
        element: helpTooltipElement, //关联帮助信息提示框的目标元素
        offset: [15, 0],
        positioning: 'center-left'
    });
    map.addOverlay(helpTooltip);
}
var measureTooltipElement;  //测量工具提示框对象 @type {Element}
var measureTooltip;  //测量工具提示框中显示的测量值@type {ol.Overlay}
/*创建一个新的测量工具提示框（tooltip）*/
function createMeasureTooltip() {
    if (measureTooltipElement) {
            measureTooltipElement.parentNode.removeChild(measureTooltipElement);
    }
    measureTooltipElement = document.createElement('div');
    measureTooltipElement.className = 'tooltip tooltip-measure';
    measureTooltip = new ol.Overlay({
        element: measureTooltipElement,
        offset: [0, -15],
        positioning: 'bottom-center'
    });
    map.addOverlay(measureTooltip);
}
```

代码说明：分别通过 createHelpTooltip()与 createMeasureTooltip()创建帮助信息提示框和测量工具提示框，都是基于 OpenLayers 5 的 ol.Overlay 实现的，即动态创建叠加层对象与其目标地图容器（div 层），并将叠加层对象添加到地图容器中。

程序代码 4-25 测量距离与面积计算方法

```
/*测量距离输出
* @param {ol.geom.LineString} line
* @return {string}*/
var formatLength = function (line) {
var length;
    if (geodesicCheckbox.checked) { //若使用测地学方法测量
```

```
            var sourceProj = map.getView().getProjection(); //地图数据源投影坐标系
            length = ol.sphere.getLength(line, { "projection": sourceProj, "radius": 6378137 });
        } else {
            length = Math.round(line.getLength() * 100) / 100; //直接得到线的距离
        }
        var output;
        if (length > 100) {
            output = (Math.round(length / 1000 * 100) / 100) + ' ' + 'km'; //以 km 为单位
        } else {
            output = (Math.round(length * 100) / 100) + ' ' + 'm'; //以 m 为单位
        }
        return output;//返回线的距离
    };
    /*测量面积输出
    * @param {ol.geom.Polygon} polygon
    * @return {string}*/
    var formatArea = function (polygon) {
            var area;
            if (geodesicCheckbox.checked) {//若使用测地学方法测量
                var sourceProj = map.getView().getProjection();//地图数据源投影坐标系
                //将多边形要素坐标系投影为 EPSG:4326
                var geom = /** @type {ol.geom.Polygon} */(polygon.clone().transform(sourceProj,
'EPSG:4326'));
                area = Math.abs(ol.sphere.getArea(geom, { "projection": sourceProj, "radius": 6378137 })); //获
取面积
            } else {
                area = polygon.getArea();//直接获取多边形的面积
            }
            var output;
            if (area > 10000) {
                output = (Math.round(area / 1000000 * 100) / 100) + ' ' + 'km<sup>2</sup>'; //以 km 为单位
            } else {
                output = (Math.round(area * 100) / 100) + ' ' + 'm<sup>2</sup>';//以 m 为单位
            }
        return output; //返回多边形的面积
    };
```

代码说明：上述代码为测量功能的关键代码，通过 formatLength()与 formatArea()分别计算输出距离值和面积值。在计算距离值或面积值时，可通过两种方法计算，一种使用测地学方法基于数据的投影坐标系计算，另一种则为调用线对象或多边形对象的方法直接获取值。

③ 分别为 map 绑定鼠标移动事件（pointermove）和鼠标移出事件（mouseout），在其事件处理函数中对帮助信息提示框进行控制。

程序代码 4-26　添加地图的鼠标移动事件

```
    //当用户正在绘制多边形时提示的信息文本 @type {string}
    var continuePolygonMsg = 'Click to continue drawing the polygon';
```

```
//当用户正在绘制线时提示的信息文本 @type {string}
var continueLineMsg = 'Click to continue drawing the line';
/*鼠标移动事件处理函数
* @param {ol.MapBrowserEvent} evt*/
var pointerMoveHandler = function(evt) {
    if (evt.dragging) {
        return;
    }
    var helpMsg = 'Click to start drawing';//当前默认的提示信息，字符串类型
    //判断绘制的几何类型，设置相应的帮助信息提示框
    if (sketch) {
        var geom = (sketch.getGeometry());
        if (geom instanceof ol.geom.Polygon) {
            helpMsg = continuePolygonMsg; //绘制多边形时提示相应的内容
        } else if (geom instanceof ol.geom.LineString) {
            helpMsg = continueLineMsg; //绘制线时提示相应的内容
        }
    }
    helpTooltipElement.innerHTML = helpMsg; //将提示信息添加到帮助信息提示框中显示
    helpTooltip.setPosition(evt.coordinate);//设置帮助信息提示框的位置
    $(helpTooltipElement).removeClass('hidden');//移除帮助信息提示框的隐藏样式
};
map.on('pointermove', pointerMoveHandler); //绑定鼠标移动事件，动态显示帮助信息提示框
//绑定鼠标移出事件，鼠标移出时为帮助信息提示框设置隐藏样式
$(map.getViewport()).on('mouseout', function() {
    $(helpTooltipElement).addClass('hidden');
});
```

代码说明：为地图容器绑定鼠标移动事件（pointermove），在其回调函数中根据当前绘图要素类型（即对应距离测量与面积测量类型），在帮助信息提示框中显示提示信息；当地图容器绑定鼠标移出事件（mouseout）时，此事件触发后将隐藏帮助信息提示框。

4.5 练习

练习 1：创建网站，熟悉编程环境。

练习 2：新建网页，进行页面设计，使用 HTML+CSS 实现页面布局。

练习 3：尝试页面交互设计，基于 JavaScipt 或 jQuery 库实现鼠标移入与移出功能按钮等特效功能。

练习 4：练习加载显示不同的图层数据，以及加载常用的地图控件。

练习 5：学习和掌握基本的程序调试方法，熟悉程序调试技巧。

第 5 章

OpenLayers 之多源数据展示篇

在 WebGIS 出现之前，人们通常用纸质地图、单机上的电子地图传递各种空间信息，获取信息的渠道有限，信息覆盖非常狭隘。随着 Web 技术的推进，使得 GIS 拥有了更大的空间，通过网络渠道快速传递空间信息，普及 GIS 了应用。随着互联网地图应用的不断发展，目前涌现了大量网络地图服务资源，包括 Google 地图、OpenStreetMap、Bing 地图、Yahoo 地图、百度地图、高德地图、天地图等。此外，还有 ESRI、中地数码、超图等大型 GIS 厂商提供的自定格式的 GIS 数据，以及其他企事业单位或研究机构提供的各种格式的 GIS 数据等。数据来源丰富，数据格式各异，如何将这些多源异构数据加载到 Web 端展示，实现数据的无缝融合，这在 WebGIS 应用中是一个首先要解决的关键问题。

OpenLayers 为广大 GIS 开发者带来便利，这套专门为 WebGIS 应用量身打造的开源框架，提供了优良的数据加载机制，封装了高效、简便、易于扩展的图层控件和相关接口，能够很好地支持多源数据在 Web 端的展示。

5.1 数据加载原理

GIS 的目的是利用空间信息为人们的生产生活提供便利与服务，而地图就是空间信息的直观表现，是空间信息的载体，因此，地图加载是任何一个 WebGIS 应用系统的基础。

通过 2.4.3 节的学习，我们知道互联网上的地图应用主要有矢量地图与瓦片地图两种形式。无论哪种格式的 GIS 数据，在 Web 端上均是基于这两种数据形式加载的。

1. GIS 地图加载的一般原理

在 Web 端加载瓦片地图与矢量地图的原理与方法基本相同。

（1）瓦片地图。瓦片地图是指网格中多个类似瓦片的图片集，对矢量地图文档或影像数据进行预处理，采用高效的缓存机制形成的缓存图片集，可在网页中快速加载，并且效果较好。在 Web 端加载瓦片地图，一般有两种方式，一种为直接读取缓存加载，即读取磁盘中以目录方式存储的瓦片图片；另一种为调用瓦片地图服务接口，通过服务接口读取并加载瓦片地图，这种方式要有服务资源支持（即要有提供瓦片地图服务的 GIS 服务器支持），可以是第三方的网络在线瓦片地图服务（如 Google 地图、OSM 地图、Baidu 地图等），也可以是 WMTS，还可以是其他 GIS 服务器发布的自定义类型的瓦片地图等。

瓦片地图加载原理：通过 Ajax 请求瓦片地图服务或数据，根据瓦片地图的级数、行列号分别获取对应的瓦片地图，将其按照请求的空间范围组织好（即按照网格组织瓦片地图），从而形成一幅地图并显示在网页中。

（2）矢量地图。在 Web 端加载矢量地图，一般也有两种方式，一种为直接读取矢量地图文件，即存储在磁盘中的 GML、KML 等格式的矢量地图文件；另一种为调用矢量地图服务接口，通过服务接口读取并加载矢量地图，这种方式也同样要有服务资源支持（即要有发布矢量地图服务的 GIS 服务器支持），可以是 WMS、WFS 等 OGC 矢量地图服务，也可以是其他 GIS 服务器发布的自定义类型的矢量地图等。

矢量地图加载原理：通过 Ajax 请求矢量地图服务或数据，根据请求到的矢量地图，在 Web 端实时生成矢量地图（一张 jpg、gif 或 png 的图片）并显示在网页中。

瓦片地图加载与矢量地图加载的主要区别是数据的预处理机制。瓦片地图经过了裁剪处理，已形成缓存图片集，在加载时比实时生成图片快，事半功倍。瓦片地图加载的速度快，效果好，可满足基本网络环境配置下的快速出图要求，适用于地图变更要求少的应用。矢量地图能满足 Web 端上实时的数据处理、分析等要求，大多数 WebGIS 平台在矢量地图加载中都进行了优化，还提供了负载均衡机制，加载速度较快，能支持海量数据的发布，适用范围广泛。矢量地图与瓦片地图可叠加显示，强强联合，可满足更多的应用需求。

2. OpenLayers 5 加载地图的原理与方法

基于 OpenLayers 5 加载地图非常简便，了解 OpenLayers 5 的几个核心类即可，如地图容器（ol.Map）、图层（ol.layer.Layer 及其相关子类）、数据源（ol.source.Source 及其相关子类），以及地图视图（ol.View）。

OpenLayers 5 将图层（Layer）与数据源（Source）分离，图层作为渲染地图数据的地图容器，而数据源则为 GIS 数据的载体，图层要与数据源匹配设置。Layer 与 Source 的关系如图 3-4 所示，可以参见 3.1.2 节的数据组织部分的相关内容。

图层（Layer）与数据源（Source）均分为 Image、Tile、Vector 三大类型，在实例化图层对象时，其数据源要进行对应的设置。

（1）瓦片地图：一般使用 ol.layer.tile+ol.source.tile 这种方式加载，ol.source.tile 的子类为封装的各种瓦片地图数据源，可以根据具体的数据源类型扩展封装。瓦片地图也可以使用 ol.layer.Image +ol.source.Image 这种方式加载，同样可以扩展开发。

（2）矢量地图：使用 ol.layer.Vector+ol.source.Vector 方式加载。矢量地图数据源一般有两种设置方式，一种为 features 方法，即设置 features 参数静态加载矢量地图，或者调用 addFeature()或 addFeatures()动态加载矢量地图；另一种则为 url+format 方法，即设置矢量地图的 url 地址与数据格式 format 来加载矢量地图。

下面根据 WebGIS 数据的大致分类，分别介绍基础地图数据、开放数据、公共地图数据的地图加载显示，以及多类型数据的地图叠加显示。

5.2 基础地图数据（以 ArcGIS 数据为例）

基础地图数据一般是指 GIS 数据，这些数据涵盖了一定区域范围的多种比例尺、地形、地貌、水系、居民地、交通、地名等基础地理信息以及各行业应用的各类地理信息，包括影像、栅格、矢量、瓦片等地图形式的数据，大多是由地图数据供应商提供或 GIS 制图平台生产的专业 GIS 数据。这些 GIS 数据具有特定格式，如 ArcGIS、MapGIS、SuperMap 等平台的 GIS 数据。在 Web 端通常以数据服务的方式提供数据源，可以是标准的 OGC 服务，或者自定义的 GIS 数据服务。

针对 ArcGIS 的数据，OpenLayers 5 封装了一个 ArcGIS 瓦片数据源，可以直接使用。同时，可以基于 OpenLayers 5 现有通用的图层与数据源，加载其瓦片地图或矢量地图。例如，本示例以加载 ArcGIS 的数据为例，分别介绍加载 ArcGIS Server 发布的 GIS 数据，以及 ArcGIS Online 提供的 GIS 数据的方法。

说明：对于其他 GIS 平台的数据，可以参照此示例的方法进行加载，或者通过扩展开发来封装对应数据格式的数据源与图层。

5.2.1 基于 ArcGIS Server REST 的瓦片地图服务接口

基于ArcGIS Server REST的瓦片地图服务接口加载瓦片地图的效果如图5-1所示。

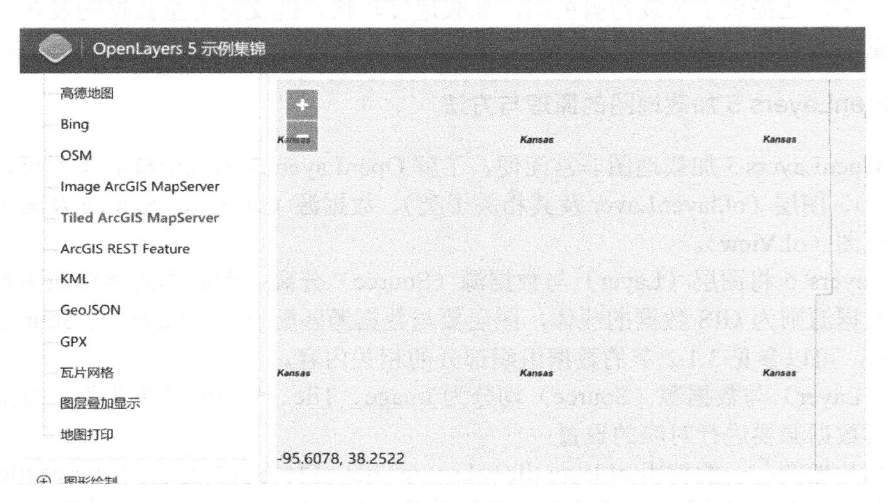

图 5-1 基于 ArcGIS Server REST 的瓦片地图服务接口加载瓦片地图的效果

主要实现步骤如下：

（1）在OL5Demo网站的ThirdPartyMapDisplay目录下新建一个TileArcGIS.htm页面，引用OpenLayers 5的开发库与样式库。

（2）创建地图容器、展示鼠标位置的div层并设置其页面元素的样式。

程序代码 5-1 创建地图容器、展示鼠标位置的 div 层并设置其页面元素样式的代码

```
<div id="map">
    <div id="mouse-position">
    </div>
</div>
```

代码说明：其中“id="mouse-position"”的div层为展示鼠标位置的地图容器。

（3）参照加载瓦片地图的方法实例化地图容器对象map，通过ol.layer.Tile+ol.source.TileArcGISRest的方式添加ArcGIS Server REST瓦片地图图层，最后实例化鼠标位置

（ol.control.MousePosition）控件并将该控件添加到地图容器中。

程序代码 5-2　基于 ArcGIS Server REST 的瓦片地图服务接口的脚本

```
//实例化鼠标位置控件（MousePosition）
var mousePositionControl = new ol.control.MousePosition({
    //坐标格式
    coordinateFormat: ol.coordinate.createStringXY(4),
    //地图投影坐标系（若未设置则默认输出投影坐标系下的坐标）
    projection: 'EPSG:4326',
    //坐标信息显示样式，默认是 ol-mouse-position
    className: 'custom-mouse-position',
    //显示鼠标位置信息的目标地图容器
    target: document.getElementById('mouse-position'),
    //未定义坐标的标记
    undefinedHTML: ' '
});
//实例化 map 对象并加载地图
var map = new ol.Map({
    //地图容器 div 层的 ID
    target: 'map',
    //地图容器中加载的图层
    layers: [],
    //地图视图的设置
    view: new ol.View({
        //地图初始中心点
        center: [-10997148, 4569099],
        zoom: 5                                  //地图初始显示级别
    }),
    //加载控件到地图容器中
    controls: ol.control.defaults({
    }).extend([mousePositionControl])      //加载鼠标位置控件
});
//实例化 ArcGIS Server REST 瓦片地图图层
var arcGISSource = new ol.source.TileArcGISRest({
    //ArcGIS Server REST 服务瓦片地图服务接口的参数 url
    url: 'http://sampleserver1.arcgisonline.com/ArcGIS/rest/services/' +
                        'Specialty/ESRI_StateCityHighway_USA/MapServer'
});
var arcGISLayers = new ol.layer.Tile({
    source: arcGISSource,
    extent: [-13884991, 2870341, -7455066, 6338219]
});
//添加瓦片地图图层
map.addLayer(arcGISLayers);
```

代码说明：上述代码使用ol.layer.Tile+ol.source.TileArcGISRest实现了基于ArcGIS Server REST瓦片地图服务接口的瓦片地图的加载，TileArcGISRest的参数url是瓦片地图服务接口的请求地址，该地址用于请求ArcGIS Server REST瓦片地图服务接口。

5.2.2 基于ArcGIS Server REST的矢量地图服务接口

基于ArcGIS Server REST的矢量地图服务接口加载矢量地图的效果如图5-2所示。

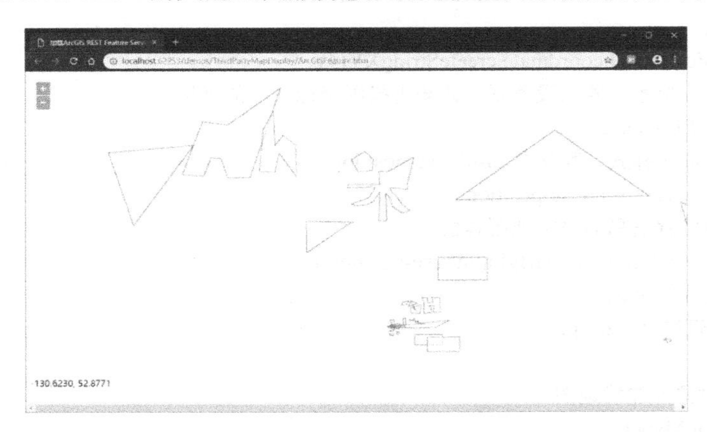

图5-2 基于ArcGIS Server REST的矢量地图服务接口加载矢量地图的效果

主要实现步骤如下：

（1）在OL5Demo网站的ThirdPartyMapDisplay目录下新建一个ArcGISFeature.htm页面，引用OpenLayers 5的开发库与样式库以及jQuery脚本库。

（2）创建地图容器、展示鼠标位置的div层并设置其页面元素的样式。

程序代码5-3 创建地图容器、展示鼠标位置的div层并设置其页面元素样式

```
<div id="map">
    <div id="mouse-position">
    </div>
</div>
```

代码说明：其中“id="mouse-position"”的div层为展示鼠标位置的地图容器。

（3）参照加载矢量地图的方法实例化map对象，通过ol.layer.Vector+ol. source.Vector组合的方式添加ArcGIS Server Rest矢量地图图层，最后实例化鼠标位置（ol.control.MousePosition）控件并将该控件添加到地图容器中。

程序代码5-4 基于加载ArcGIS Server REST的矢量地图服务接口的脚本

```
//实例化鼠标位置控件（MousePosition）
var mousePositionControl = new ol.control.MousePosition({
    //坐标格式
    coordinateFormat: ol.coordinate.createStringXY(4),
    //地图投影坐标系（若未设置则默认输出投影坐标系下的坐标）
    projection: 'EPSG:4326',
    //坐标信息显示样式，默认是ol-mouse-position
    className: 'custom-mouse-position',
    //显示鼠标位置信息的目标地图容器
    target: document.getElementById('mouse-position'),
```

```
        //未定义坐标的标记
        undefinedHTML: ' '
    });
    //实例化map对象并加载地图
    var map = new ol.Map({
        //地图容器div层的ID
        target: 'map',
        //地图容器中加载的图层
        layers: [],
        /地图视图的设置
        view: new ol.View({
            //地图初始中心点
            center: [-121.1, 47.5],
             //地图初始显示级别
             zoom: 2
        }),
        //加载控件到地图容器中
        controls: ol.control.defaults({
        }).extend([mousePositionControl])        //加载鼠标位置控件
    });
    var serviceUrl = 'http://services.arcgis.com/rOo16HdIMeOBI4Mb/arcgis/rest/' +
                         'services/PDX_Pedestrian_Districts/FeatureServer/';//ArcGIS矢量地图服务地址
    var layer = '0';//图层索引
    //ESRI的JSON数据格式解析类
    var esrijsonFormat = new ol.format.EsriJSON();
    //实例化矢量地图数据源对象（Ajax请求REST服务）
    var arcGISSource = new ol.source.Vector({
        loader: function (extent, resolution, projection) {
            var url = serviceUrl + layer + '/query/?f=json&' +
                    'returnGeometry=true&spatialRel=esriSpatialRelIntersects&geometry=' +
                    encodeURIComponent('{"xmin":' + extent[0] + ',"ymin":' +
                    extent[1] + ',"xmax":' + extent[2] + ',"ymax":' + extent[3] +
                    ',"spatialReference":{"wkid":102100}}') +
                    '&geometryType=esriGeometryEnvelope&inSR=102100&outFields=*' +
                    '&outSR=102100';
            //通过Ajax方式请求数据，并将解析后的数据添加到矢量地图数据源
            $.ajax({
                url: url, dataType: 'jsonp', success: function (response) {
                    if (response.error) {
                        alert(response.error.message + '\n' + response.error.details.join('\n'));
                    } else {
                        //从请求结果中读取数据
                        var features = esrijsonFormat.readFeatures(response, {
                            featureProjection: projection
                        });
                        if (features.length > 0) {
                            //将数据设置到数据源中
```

```
                        arcGISSource.addFeatures(features);
                    }
                }
            }
        });
    },
    strategy: ol.loadingstrategy.tile(ol.tilegrid.createXYZ({
        tileSize: 512
    }))
});
var arcGISLayers = new ol.layer.Vector({
    source: arcGISSource
});
//添加地图图层
map.addLayer(arcGISLayers);
```

代码说明：上述代码使用ol.layer.Vector+ol.source.Vector实现，通过Vector数据源的loader参数设置加载矢量地图的函数，通过Ajax的方式请求矢量地图服务，通过ol.format.EsriJSON解析数据，即用数据格式对象调用readFeatures方法解析读取的数据，最后使用矢量地图数据源对象调用addFeatures方法加载数据，添加到矢量图层中进行渲染显示。

5.2.3 基于 ArcGIS Online 的瓦片地图服务接口

基于ArcGIS Online的瓦片地图服务接口加载瓦片地图的效果如图5-3所示。

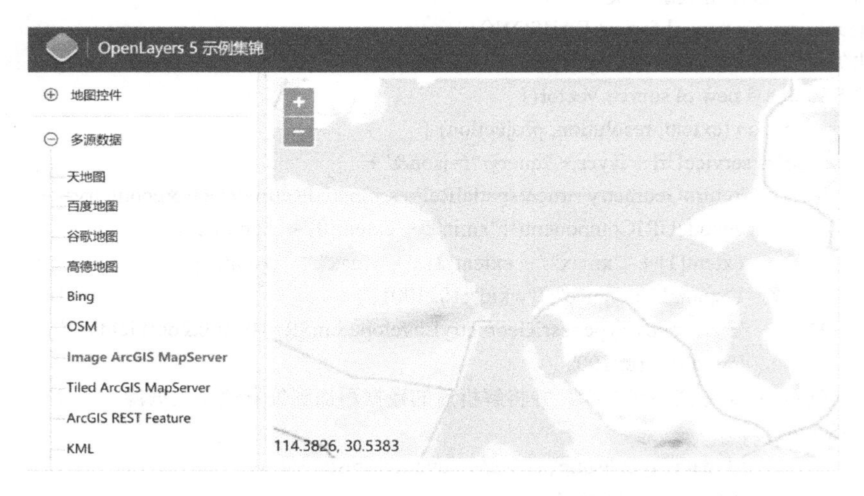

图 5-3 基于 ArcGIS Online 的瓦片地图服务接口加载瓦片地图的效果

主要实现步骤如下：

（1）在OL5Demo网站的ThirdPartyMapDisplay目录下新建一个ImageArcGIS.htm页面，引用OpenLayers 5的开发库与样式库。

（2）创建地图容器、展示鼠标位置的div层并设置其页面元素的样式。

程序代码 5-5　创建地图容器、展示鼠标位置的 div 层并设置其页面元素样式

```
<div id="map">
    <div id="mouse-position">
    </div>
</div>
```

代码说明：其中“id="mouse-position"”的div层为展示鼠标位置的地图容器。

（3）参照加载瓦片地图的方法实例化map对象，通过ol.layer.Tile+ol.source.XYZ组合的方式添加ArcGIS Online瓦片地图图层，最后实例化鼠标位置（ol.control.MousePosition）控件并将该控件添加到地图容器中。

程序代码 5-6　加载 ArcGIS Online 服务瓦片数据的脚本

```
//实例化鼠标位置控件（MousePosition）
var mousePositionControl = new ol.control.MousePosition({
    //坐标格式
    coordinateFormat: ol.coordinate.createStringXY(4),
    //地图投影坐标系（若未设置则默认输出投影坐标系下的坐标）
    projection: 'EPSG:4326',
    //坐标信息显示样式，默认是 ol-mouse-position
    className: 'custom-mouse-position',
    //显示鼠标位置信息的目标地图容器
    target: document.getElementById('mouse-position'),
    //未定义坐标的标记
    undefinedHTML: ' '
});
//实例化 map 对象并加载地图
var map = new ol.Map({
    //地图容器 div 层的 ID
    target: 'map',
    //地图容器中加载的图层
    layers: [],
    //地图视图的设置
    view: new ol.View({
        //地图初始中心点
        center: [-121.1, 47.5],
        //地图初始显示级别
        zoom: 2
    }),
    //加载控件到地图容器中
    controls: ol.control.defaults({
    }).extend([mousePositionControl])//加载鼠标位置控件
});
var arcGISLayers = new ol.layer.Tile({
    source: new ol.source.XYZ({
        url: 'http://server.arcgisonline.com/ArcGIS/rest/services/' + 'World_Topo_Map/MapServer/tile/{z}/
{y}/{x}'
```

```
        })
    })
    //添加地图图层
    map.addLayer(arcGISLayers);
```

代码说明：上述代码使用ol.layer.Tile+ol.source.XYZ实现了基于ArcGIS Online瓦片地图服务接口的瓦片地图加载，ol.source.XYZ中的参数url是瓦片地图服务接口的请求地址。

5.3 开放数据

地图聚合为最终用户提供了一系列更广泛的工具和应用程序，它在完善程度和功能性两个方面逐渐走向成熟。因此，我们需要一些预定义好的方法，以便在传统的空间数据和新一代的地图聚合之间交换、发布这些空间数据。为了满足这种需求，出现了一些新的空间数据格式，能够让更大范围的用户和开发者来聚合地理相关的信息，进而达到GIS数据共享和地图聚合的目的。这些新的空间数据格式包括KML、GML、GeoJSON、GPX等，这些都是开放的数据格式，可以在多种软件、平台、工具或程序中使用，能够很好地满足Web端使用GIS数据的要求，让GIS数据的使用更灵活、应用范围更广泛。下面我们简单介绍一些主流的开放数据格式。

（1）KML。你知道谷歌地球的前身——那个流行的名为Keyhole的三维地球浏览器吗？如果你知道，那么对这个基于XML的谷歌地球的文件格式（被称为KML），即Keyhole标记语言，就会惊讶了。

KML是一种文件格式，用于在地球浏览器（如谷歌地球、谷歌地图和谷歌手机地图）中显示空间数据。在地理空间相关的网站上，KML无处不在，KML支持从类似谷歌地图、微软的虚拟地球这样商业化的地图API，以及OpenLayers这样开源的地图API中导入、导出数据。谷歌把KML作为一种开放标准发布，被开放式地理信息系统联盟（Open GIS Consortium，OGC）采用，目前是由OGC维护的国际标准。

（2）GML。地理标记语言（Geography Markup Language，GML）是由OGC于1999年提出的，并得到了许多公司的大力支持，如Oracle、Galdos、MapInfo、CubeWerx等。GML能够表示地理空间对象的空间数据和非空间数据。

（3）GPX。GPS交换格式（GPS eXchange Format，GPX）是一种基于XML格式为应用软件设计的通用GPS数据格式，它可以用来描述路点、轨迹、路程。GPX是免费的，可以在不需要付任何许可费用的前提下使用，它的标签可以保存位置、海拔和时间，可以在不同的GPS设备和软件之间交换。

（4）GeoJSON。GeoJSON是一种对各种空间数据结构进行编码的格式，是基于JavaScript对象表示法（JSON）的地理空间信息数据交换格式。GeoJSON可以表示几何、特征或者特征集合，支持点、线、面、多点、多线、多面和几何集合等类型。GeoJSON中的特征包含一个几何对象及其属性，特征集合表示一系列特征。

例如，下面为一个GeoJSON格式的点对象：

```
{ "type": "Point", "coordinates": [43.542, -118.454] }
```

GeoJSON可以被JavaScript简单、快速地解析，而且GeoJSON还提供了一个可以很容易进行交换的轻量级数据格式。自从GeoJSON 1.0正式发表后，GeoJSON的魅力逐渐增加，得到了包括Leaflet和OpenLayers在内的一些主流的WebGIS引擎的支持。

针对上述主流的开放数据格式，OpenLayers 5均提供了解析这些格式数据的解析类，即对应的Format子类，可通过矢量图层（ol.layer.Vector）与矢量数据源（ol.source.Vector）加载数据。在此，仅介绍GeoJSON、KML、GPX格式的数据加载方式。

5.3.1　加载 GeoJSON 数据

加载GeoJSON数据到地图的主要实现步骤如下：

（1）在OL5Demo网站的ThirdPartyMapDisplay目录下新建一个GeoJSON.htm页面，引用OpenLayers 5的样式库和脚本库，并参照加载瓦片地图的方法加载天地图。

（2）添加“加载GEOJSON”按钮（可通过input标签实现），并设置其页面元素的样式。

程序代码 5-7　加载 GeoJSON 数据的页面代码

```
<div class="ToolLib">
    <input type="button" class="ButtonLib" id="addGEOJSON" value="加载 GEOJSON" onclick=
    "loadVectData()"/>
</div>
<div id="map"></div>
```

（3）参照加载矢量地图的方法，可以使用ol.layer.Vector + ol.source.Vector加载不同类型的矢量数据。

程序代码 5-8　加载 GeoJSON 数据的 loadVectData 方法

```
/*将矢量地图显示到地图中
*@param {String} type 数据类型
*@param {String} data 数据的 URL 地址*/
var vectorLayer;
function loadVectData() {
    if (vectorLayer != null || vectorLayer == "undefined") {
        //移除已有的矢量图层
        map.removeLayer(vectorLayer);
    }
    //实例化矢量数据源，用.ol.format.GeoJSON 类解析数据
    var vectorSource = new ol.source.Vector({
        url: "../../data/geojson/hubei.geojson",
        format: new ol.format.GeoJSON()
    });
    vectorLayer=new ol.layer.Vector({
        //矢量数据源
        source: vectorSource,
        //样式设置
        style: styleFunction
    });
    //将矢量地图加载到地图中
```

```
        map.addLayer(vectorLayer);
        //获取地图的视图
        var view = map.getView();
        //平移地图
        view.setCenter([0, 0]);
        //地图缩放
        view.setZoom(4);
    }
```

代码说明：在loadVectData方法中，使用url+format的方式加载矢量数据，其中矢量地图的样式由styleFunction函数进行设置。GeoJSON数据类型使用的数据解析类为ol.format.GeoJSON。

程序代码 5-9　各种类型的矢量地图样式设置

```
/*矢量地图的样式*/
var image = new ol.style.Circle({
    radius: 5,
    fill: null,
    stroke: new ol.style.Stroke({ color: 'red', width: 1 })
});
var styles = {
    'Point': [
        new ol.style.Style({
            //点样式
            image: image
        })
    ],
    'LineString': [
        new ol.style.Style({
            stroke: new ol.style.Stroke({
                //线的边界样式
                color: 'green',
                width: 1
            })
        })
    ],
    'MultiLineString': [
        new ol.style.Style({
            stroke: new ol.style.Stroke({
                //多线的边界样式
                color: 'green',
                width: 1
            })
        })
    ],
    'MultiPoint': [
        new ol.style.Style({
```

```
                //多点的点样式
                image: image
            })
        ],
        'MultiPolygon': [
            new ol.style.Style({
                stroke: new ol.style.Stroke({
                    //多区的边界样式
                    color: 'yellow',
                    width: 1
                }),
                fill: new ol.style.Fill({
                    //多区的填充样式
                    color: 'rgba(255, 255, 0, 0.1)'
                })
            })
        ],
        'Polygon': [
            new ol.style.Style({
                stroke: new ol.style.Stroke({
                    //区的边界样式
                    color: 'blue',
                    lineDash: [4],
                    width: 3
                }),
                fill: new ol.style.Fill({
                    //区的填充样式
                    color: 'rgba(0, 0, 255, 0.1)'
                })
            })
        ],
        'GeometryCollection': [
            new ol.style.Style({
                stroke: new ol.style.Stroke({
                    //集合要素的边界样式
                    color: 'magenta',
                    width: 2
                }),
                fill: new ol.style.Fill({
                    //集合要素的填充样式
                    color: 'magenta'
                }),
                image: new ol.style.Circle({
                    //集合要素的点样式
                    radius: 10,
                    fill: null,
                    stroke: new ol.style.Stroke({
```

```
                    color: 'magenta'
                })
            })
        })
    ],
    'Circle': [
        new ol.style.Style({
            stroke: new ol.style.Stroke({
                //圆的边界样式
                color: 'red',
                width: 2
            }),
            fill: new ol.style.Fill({
                //圆的填充样式
                color: 'rgba(255,0,0,0.2)'
            })
        })
    ]
};
var styleFunction = function (feature, resolution) {
    //根据要素类型设置矢量地图的样式
    return styles[feature.getGeometry().getType()];
};
```

代码说明：styleFunction函数可根据要素类型设置对应的样式，如点（Point）、线（LineString）、多边形（Polygon）、多点（MultiPoint）、多线（MultiLineString）、多区（MultiPolygon）、圆（Circle），以及集合要素（GeometryCollection）等。

另外，除了在示例中使用url+format设置矢量数据源的方式，还可以调用数据解析类（format）的readFeatures方法读取矢量要素集，通过features参数设置矢量数据源。同时，也可以通过矢量数据源对象调用addFeature方法加载单个矢量要素。

程序代码 5-10　加载矢量要素到数据源的其他方式

```
var vectorSource = new ol.source.Vector({//可用 readFeatures 方法读取矢量要素集
    features: (new ol.format.GeoJSON()).readFeatures(data) //读取矢量要素集
});
vectorSource.addFeature(new ol.Feature(new ol.geom.Circle([5e6, 7e6], 1e6))); //单个矢量要素
```

5.3.2　加载 KML 数据

加载KML数据到地图中的效果如图5-4所示。

主要实现步骤如下：

（1）在OL5Demo网站的ThirdPartyMapDisplay目录下新建一个KML.htm页面，引用OpenLayers 5的样式库和脚本库，并参照加载瓦片地图的方法加载天地图。

（2）添加“加载KML”按钮（可通过input标签实现），并设置其页面元素的样式。

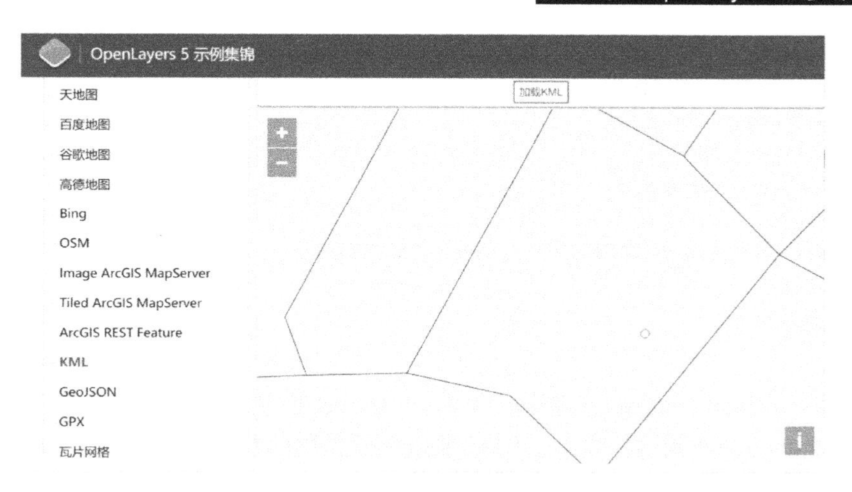

图 5-4　加载 KML 数据到地图中的效果

程序代码 5-11　加载 KML 数据的页面代码

```
<div class="ToolLib">
<input type="button" class="ButtonLib" id=" addKML" value="加载 KML" onclick="loadVectData()"/>
</div>
<div id="map">
</div>
```

（3）参照加载瓦片地图的方法，可以使用ol.layer.Vector + ol.source.Vector加载不同类型的矢量数据。

程序代码 5-12　加载 KML 数据的 loadVectData 方法

```
/*将矢量地图显示到地图中
*@param {String} type  数据类型
*@param {String} data  数据的 URL 地址*/
var vectorLayer;
function loadVectData() {
    if (vectorLayer != null || vectorLayer == "undefined") {
        //移除已有的矢量图层
        map.removeLayer(vectorLayer);
    }
    //实例化矢量数据源，用.ol.source.KML 类解析数据
    var vectorSource = new ol.source.Vector({
        url: " 2012-02-10.kml",
        format: new ol.format.KML({
            extractStyles: false
        })});
        vectorLayer=new ol.layer.Vector({
            //矢量数据源
            source: vectorSource,
            //样式设置
            style: styleFunction
```

```
        });
        //将矢量地图加载到地图中
        map.addLayer(vectorLayer);
        //获取地图的视图
        var view = map.getView();
        //平移地图
        view.setCenter([876970.8463461736, 5859807.853963373]);
        //地图缩放
        view.setZoom(10);
    }
```

代码说明：在loadVectData方法中，使用url+format的方式加载矢量数据，其中矢量地图的样式由styleFunction函数进行设置。KML数据类型使用的数据解析类为ol.format.KML。

程序代码 5-13　各种类型的矢量地图样式设置

```
    /*矢量地图的样式*/
    var image = new ol.style.Circle({
        radius: 5,
        fill: null,
        stroke: new ol.style.Stroke({ color: 'red', width: 1 })
    });
    var styles = {
        'Point': [
            new ol.style.Style({
                //点样式
                image: image
            })
        ],
        'LineString': [
            new ol.style.Style({
                stroke: new ol.style.Stroke({
                    //线的边界样式
                    color: 'green',
                    width: 1
                })
            })
        ],
        'MultiLineString': [
            new ol.style.Style({
                stroke: new ol.style.Stroke({
                    //多线的边界样式
                    color: 'green',
                    width: 1
                })
            })
        ],
        'MultiPoint': [
```

```
            new ol.style.Style({
                //多点的点样式
                image: image
            })
        ],
        'MultiPolygon': [
            new ol.style.Style({
                stroke: new ol.style.Stroke({
                    //多区的边界样式
                    color: 'yellow',
                    width: 1
                }),
                fill: new ol.style.Fill({
                    //多区的填充样式
                    color: 'rgba(255, 255, 0, 0.1)'
                })
            })
        ],
        'Polygon': [
            new ol.style.Style({
                stroke: new ol.style.Stroke({
                    //区的边界样式
                    color: 'blue',
                    lineDash: [4],
                    width: 3
                }),
                fill: new ol.style.Fill({
                    //区的填充样式
                    color: 'rgba(0, 0, 255, 0.1)'
                })
            })
        ],
        'GeometryCollection': [
            new ol.style.Style({
                stroke: new ol.style.Stroke({
                    //集合要素的边界样式
                    color: 'magenta',
                    width: 2
                }),
                fill: new ol.style.Fill({
                    //集合要素的填充样式
                    color: 'magenta'
                }),
                image: new ol.style.Circle({
                    //集合要素的点样式
                    radius: 10,
                    fill: null,
```

```
                stroke: new ol.style.Stroke({
                    color: 'magenta'
                })
            })
        })
    ],
    'Circle': [
        new ol.style.Style({
            stroke: new ol.style.Stroke({
                //圆的边界样式
                color: 'red',
                width: 2
            }),
            fill: new ol.style.Fill({
                //圆的填充样式
                color: 'rgba(255,0,0,0.2)'
            })
        })
    ]
};
var styleFunction = function (feature, resolution) {
    //根据要素类型设置矢量地图的样式
    return styles[feature.getGeometry().getType()];
};
```

代码说明：styleFunction函数可根据要素类型设置对应的样式，如点（Point）、线（LineString）、多边形（Polygon）、多点（MultiPoint）、多线（MultiLineString）、多区（MultiPolygon）、圆（Circle），以及集合要素（GeometryCollection）等。

另外，除了在示例中使用url+format设置矢量数据源的方式，还可以调用数据解析类（format）的readFeatures方法读取矢量要素集，通过features参数设置矢量数据源。同时，也可以通过矢量数据源对象调用addFeature方法加载单个矢量要素。

程序代码 5-14　加载矢量要素到数据源的其他方式

```
var vectorSource = new ol.source.Vector({ //可用 readFeatures 方法读取矢量要素集
    features: (new ol.format.KML()).readFeatures(data) //读取矢量要素集
});
vectorSource.addFeature(new ol.Feature(new ol.geom.Circle([5e6, 7e6], 1e6))); //单个矢量要素
```

5.3.3　加载 GPX 数据

加载GPX数据到地图中的效果如图5-5所示。

主要实现步骤如下：

（1）在OL5Demo网站的ThirdPartyMapDisplay目录下新建一个GPX.htm页面，引用OpenLayers 5的样式库和脚本库，并参照加载瓦片地图的方法加载天地图。

（2）添加“加载GPX”按钮（可通过input标签实现），并设置其页面元素的样式。

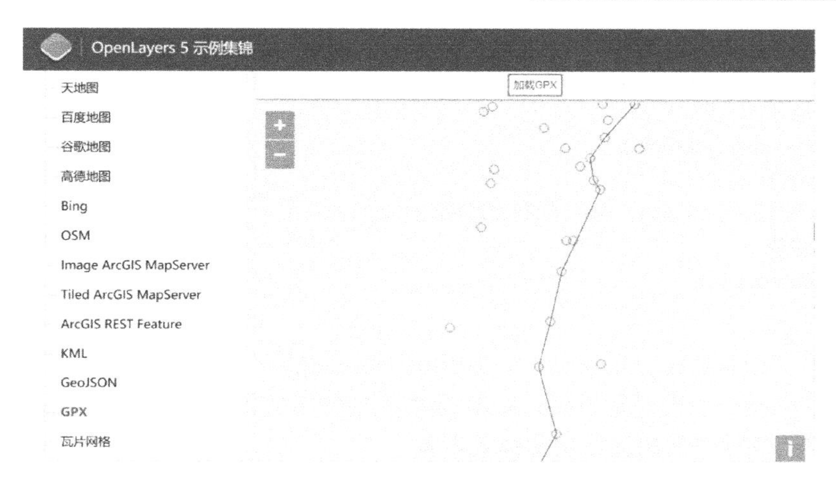

图 5-5　加载 GPX 数据到地图中的效果

程序代码 5-15　加载 GPX 数据的页面代码

```
<div class="ToolLib">
<input type="button" class="ButtonLib" id=" addGPX" value="加载 GPX" onclick="loadVectData()"/>
</div>
<div id="map">
</div>
```

（3）参照加载瓦片地图的方法，可以使用ol.layer.Vector + ol.source.Vector加载不同类型的矢量数据。

程序代码 5-16　加载 GPX 数据的 loadVectData 方法

```
/*将矢量地图显示到地图中
*@param {String} type  数据类型
*@param {String} data  数据的 URL 地址*/
var vectorLayer;
function loadVectData() {
    if (vectorLayer != null || vectorLayer == "undefined") {
        //移除已有的矢量图层
        map.removeLayer(vectorLayer);
    }
    //实例化矢量数据源，用.ol.format.GPX 类解析数据
    var vectorSource = new ol.source.Vector({
        url: "../../data/fells_loop.gpx",
        format: new ol.format.GPX()
    });
    vectorLayer=new ol.layer.Vector({
        //矢量数据源
        source: vectorSource,
        //样式设置
        style: styleFunction
    });
```

```
        //将矢量地图加载到地图中
        map.addLayer(vectorLayer);
        //获取地图的视图
        var view = map.getView();
        //平移地图
        view.setCenter([-7916041.528716288, 5228379.045749711]);
        //地图缩放
        view.setZoom(10);
    }
```

代码说明：在loadVectData方法中，使用url+format的方式加载矢量数据，其中矢量地图的样式由styleFunction函数进行设置。KML数据类型使用的数据解析类为ol.format.GPX。

程序代码 5-17　各种类型的矢量地图样式设置

```
    /*矢量地图的样式*/
    var image = new ol.style.Circle({
        radius: 5,
        fill: null,
        stroke: new ol.style.Stroke({ color: 'red', width: 1 })
    });
    var styles = {
        'Point': [
            new ol.style.Style({
                //点样式
                image: image
            })
        ],
        'LineString': [
            new ol.style.Style({
                stroke: new ol.style.Stroke({
                    //线的边界样式
                    color: 'green',
                    width: 1
                })
            })
        ],
        'MultiLineString': [
            new ol.style.Style({
                stroke: new ol.style.Stroke({
                    //多线的边界样式
                    color: 'green',
                    width: 1
                })
            })
        ],
        'MultiPoint': [
            new ol.style.Style({
```

```
                //多点的点样式
                image: image
            })
        ],
        'MultiPolygon': [
            new ol.style.Style({
                stroke: new ol.style.Stroke({
                    //多区的边界样式
                    color: 'yellow',
                    width: 1
                }),
                fill: new ol.style.Fill({
                    //多区的填充样式
                    color: 'rgba(255, 255, 0, 0.1)'
                })
            })
        ],
        'Polygon': [
            new ol.style.Style({
                stroke: new ol.style.Stroke({
                    //区的边界样式
                    color: 'blue',
                    lineDash: [4],
                    width: 3
                }),
                fill: new ol.style.Fill({
                    //区的填充样式
                    color: 'rgba(0, 0, 255, 0.1)'
                })
            })
        ],
        'GeometryCollection': [
            new ol.style.Style({
                stroke: new ol.style.Stroke({
                    //集合要素的边界样式
                    color: 'magenta',
                    width: 2
                }),
                fill: new ol.style.Fill({
                    //集合要素的填充样式
                    color: 'magenta'
                }),
                image: new ol.style.Circle({
                    //集合要素的点样式
                    radius: 10,
                    fill: null,
                    stroke: new ol.style.Stroke({
```

```
                    color: 'magenta'
                })
            })
        })
    ],
    'Circle': [
        new ol.style.Style({
            stroke: new ol.style.Stroke({
                //圆的边界样式
                color: 'red',
                width: 2
            }),
            fill: new ol.style.Fill({
                //圆的填充样式
                color: 'rgba(255,0,0,0.2)'
            })
        })
    ]
};
var styleFunction = function (feature, resolution) {
    //根据要素类型设置矢量地图的样式
    return styles[feature.getGeometry().getType()];
};
```

代码说明：styleFunction函数可根据要素类型设置对应的样式，如点（Point）、线（LineString）、多边形（Polygon）、多点（MultiPoint）、多线（MultiLineString）、多区（MultiPolygon）、圆（Circle），以及集合要素（GeometryCollection）等。

另外，除了在示例中使用url+format设置矢量数据源的方式，还可以调用数据解析类（format）的readFeatures方法读取矢量要素集，通过features参数设置矢量数据源。同时，也可以通过矢量数据源对象调用addFeature方法加载单个矢量要素。

程序代码 5-18　加载矢量要素到数据源的其他方式

```
var vectorSource = new ol.source.Vector({//可用 readFeatures 方法读取矢量要素集
    features: (new ol.format.GPX()).readFeatures(data) //读取矢量要素集
});SS
vectorSource.addFeature(new ol.Feature(new ol.geom.Circle([5e6, 7e6], 1e6))); //单个矢量要素
```

5.4　公共地图数据

公共地图数据是指网络上涌现的大量地图服务资源，提供免费开放的基础地图服务，一般均为瓦片地图形式，常在应用中作为底图直接调用。主流的网络公共地图服务包括谷歌地图、OpenStreetMap、Bing地图、百度地图、高德地图、天地图等。这些免费的在线地图服务资源，吸引了众多用户，不仅可以使用在线地图开发丰富的地图应用，扩宽互联网地图应用范围，挖掘GIS的潜在价值；而且也让更多的人了解电子地图、了解WebGIS，享受WebGIS带

来的便利和乐趣。

针对这些主流的网络公共地图服务，目前OpenLayers 5封装了部分公共地图数据，如OpenStreetMap、Bing地图的数据源等，可以将它们直接实例化数据源对象，结合瓦片图层来加载对应的地图数据。而对于未封装的公共地图数据，如百度地图、天地图数据等，则可以使用ol.source.XYZ来加载，但要根据其地图数据请求地址设置其相应参数。

本节主要介绍加载OpenStreetMap、Bing地图、百度地图、高德地图、谷歌地图、天地图的方法。

5.4.1　加载 OpenStreetMap

基于OpenLayers 5已封装的接口加载OpenStreetMap的主要实现步骤如下：

（1）在OL5Demo网站的ThirdPartyMapDisplay目录下新建一个OSM.htm页面，引用OpenLayers 5的样式库和脚本库。

（2）参照加载瓦片地图的方法来加载OpenStreetMap，OpenLayers 5已对OpenStreetMap的数据进行了封装，使用非常简便。

程序代码 5-19　加载 OpenStreetMap 的关键脚本

```
/*实例化 map 对象并加载地图*/
var map = new ol.Map({
    //地图容器 div 层的 ID
    target: 'map',
    //在地图容器中加载的图层
    layers: [
        //加载瓦片地图数据
        new ol.layer.Tile({
            //图层对应的数据，此为加载 OpenStreetMap 在线瓦片地图数据
            source: new ol.source.OSM()
        })
    ],
    //地图视图设置
    view: new ol.View({
        //地图初始中心点
        center: [0, 0],
        //地图初始显示级别
        zoom: 2
    })
});
```

代码说明：在实例化OpenStreetMap数据时，采用的是ol.layer.Tile+ ol.source.OSM方式。

5.4.2　加载显示 Bing 地图

基于OpenLayers 5已封装的接口加载Bing地图后的效果如图5-6所示。

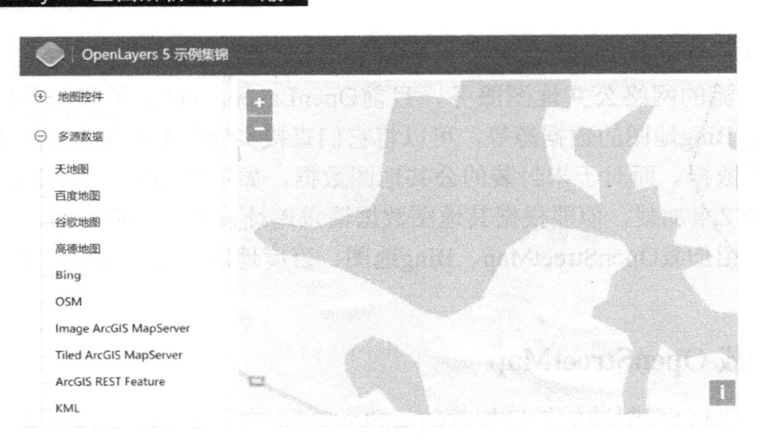

图 5-6　加载 Bing 地图后的效果

主要实现步骤如下：

（1）在OL5Demo网站的ThirdPartyMapDisplay目录下新建一个Bing.htm页面，引用OpenLayers 5的样式库和脚本库。

（2）参照加载瓦片地图的方法来加载Bing地图，OpenLayers 5已对Bing地图的数据进行封装，使用非常简便。

程序代码 5-20　加载 Bing 地图的关键脚本

```
//设置 Bing 地图请求的 key
var key = 'Q57tupj2UBsQNQdju4xL~xBceblfTd6icjljunbuaCw~AhwA-whmGMsfIpVhslZyknWhFYq-GvWJZqBnqV8Zq1uRlI5YM_qr7_ hxvdgnU7nH';
//实例化瓦片图层数据
var roads = new ol.layer.Tile({
    //设置数据源为 Bing 地图
    source: new ol.source.BingMaps({ key: key, imagerySet: 'Road' })
});
//实例化 map 对象并加载地图
var map = new ol.Map({
    target: 'map', //地图容器 div 层的 ID
    layers: [roads],  //在地图容器中加载的图层
    //地图视图设置
    view: new ol.View({
        center: ol.proj.fromLonLat([-109, 46.5]),
        zoom: 6
    })
});
```

代码说明：在实例化Bing地图数据时，采用的是ol.layer.Tile+ ol.source. BingMaps方式，其中Bing地图数据的key参数为请求Bing地图的许可，imagerySet参数则为地图类型。

5.4.3　加载百度地图

基于ol.source.TileImage接口加载百度地图的主要实现步骤如下：

（1）在OL5Demo网站的ThirdPartyMapDisplay目录下新建一个BaiduMap.htm页面，引用OpenLayers 5的样式库和脚本库。

（2）参照加载瓦片地图的方法来加载百度地图。由于OpenLayers 5库中没有封装百度地图数据，因此需要根据百度地图的瓦片地图请求地址使用合适的数据源来扩展实现。

程序代码 5-21　加载百度地图的关键脚本

```
//坐标参考系
var projection = ol.proj.get("EPSG:3857");
//分辨率
var resolutions = [];
for (var i = 0; i < 19; i++) {
    resolutions[i] = Math.pow(2, 18 - i);
}
var tilegrid = new ol.tilegrid.TileGrid({
    origin: [0, 0],
    resolutions: resolutions
});
//连接百度地图的瓦片地图请求地址
var baidu_source = new ol.source.TileImage({
    //设置坐标参考系
    projection: projection,
    //设置分辨率
    tileGrid: tilegrid,
    //百度地图的瓦片地图请求地址
    tileUrlFunction: function (tileCoord, pixelRatio, proj) {
        if (!tileCoord) {
            return "";
        }
        var z = tileCoord[0];
        var x = tileCoord[1];
        var y = tileCoord[2];
        if (x < 0) {
            x = "M" + (-x);
        }
        if (y < 0) {
            y = "M" + (-y);
        }
        return "http://online3.map.bdimg.com/onlinelabel/?qt=tile&x=" + x + "&y=
                    " + y + "&z=" + z + "&styles=pl&udt=20151021&scaler= 1&p=1";
    }
});
//百度地图
var baidu_layer = new ol.layer.Tile({
    source: baidu_source
});
//地图容器
```

```
    var map = new ol.Map({
        target: 'mapCon',
        layers: [baidu_layer],
        view: new ol.View({
            center: [0, 0],
            zoom: 2
        })
    });
```

代码说明：上述代码是加载百度地图的关键脚本，主要根据百度地图的瓦片地图请求地址实例化ol.source.TileImage，并设置如下关键参数。

- tileUrlFunction：设置瓦片地图的 URL，先设置百度地图瓦片地图请求地址为"http://online2.map.bdimg.com/tile/?qt=tile&x=" + '{x}' + "&y=" + '{y}' + "&z=" + '{z}' + "&styles=pl&udt=20151021&scaler=1&p=1"，其瓦片级数与行列号（即 x、y、z）需要通过 tileUrlFunction 动态设置。
- projection：地图投影坐标系，百度地图采用EPSG:3857投影坐标系。
- tilegrid：瓦片网格，实例化 ol.tilegrid.TileGrid 类，设置瓦片地图的原点 origin 为[0,0]、瓦片级数对应的分辨率数组 resolutions。

5.4.4 加载高德地图

基于ol.source. XYZ接口加载高德地图的主要实现步骤如下：

（1）在OL5Demo网站的ThirdPartyMapDisplay目录下新建一个GaodeMap.htm页面，引用OpenLayers 5的样式库和脚本库。

（2）参照加载瓦片地图的方法加载高德地图。

程序代码 5-22　加载高德地图的关键脚本

```
    var gaodeMapLayer = new ol.layer.Tile({
        title: "高德地图",
        source: new ol.source.XYZ({
            url: 'http://wprd0{1-4}.is.autonavi.com/appmaptile?lang=zh_cn&size=1&style=7&x={x}&y={y}&z
={z}', wrapX: false
        })
    });
    //创建地图容器
    var map = new ol.Map({
        layers: [gaodeMapLayer],
        view: new ol.View({
            center: [12958752, 4848452],
            projection: 'EPSG:3857',
            zoom: 8,
            minZoom: 1
        }),
        target: 'mapCon'
    });
```

代码说明：上述代码为加载高德地图的关键脚本，主要根据高德地图的瓦片地图请求地址实例化ol.source.XYZ，并设置高德地图的瓦片地图请求地址为“http://wprd0{1-4}.is.autonavi.com/appmaptile?lang=zh_cn&size=1&style=7&x={x}&y={y}&z={z}”。

5.4.5 加载谷歌地图

基于ol.source. XYZ接口加载谷歌地图的主要实现步骤如下：

（1）在OL5Demo网站的ThirdPartyMapDisplay目录下新建一个GoogleMap.htm页面，引用OpenLayers 5的样式库和脚本库。

（2）参照加载瓦片地图的方法加载谷歌地图。

程序代码 5-23 加载谷歌地图的关键脚本

```
//实例化 map 对象并加载地图
 var map = new ol.Map({
        //地图容器 div 层的 ID
        target: 'mapCon',
        //在地图容器中加载的图层
        layers: [
            //加载瓦片地图数据
            new ol.layer.Tile({
                title: "谷歌地图",
                source: new ol.source.XYZ({
                    url: "http://mt2.google.cn/vt/lyrs=m@167000000&hl=zh-CN&gl=cn&x={x}&y={y}&z={z} ",
                     wrapX: false
                  })
            })
        ],
        //地图视图的设置
        view: new ol.View({
            //地图初始中心点
            center: [0, 0],
            zoom: 3
        })
});
```

代码说明：上述代码为加载谷歌地图的关键脚本，主要根据谷歌地图的瓦片地图请求地址实例化ol.source.XYZ，并设置谷歌地图的瓦片地图请求地址为“http://mt2.google.cn/vt/lyrs=m@167000000&hl=zh-CN&gl=cn&x={x}&y={y}&z= {z}”。

5.4.6 加载天地图

基于ol.source. XYZ接口加载天地图的主要实现步骤如下：

（1）在OL5Demo网站的ThirdPartyMapDisplay目录下新建一个TiandituMap.htm页面，引用OpenLayers 5的样式库和脚本库。

（2）参照加载瓦片地图的方法加载天地图。

程序代码 5-24　加载谷歌地图的关键脚本

```
//实例化 map 对象并加载地图
var map = new ol.Map({
    //地图容器 div 层的 ID
    target: 'mapCon',
    //在地图容器中加载的图层
    layers: [
        //加载瓦片图层数据
        new ol.layer.Tile({
            title: "天地图矢量图层",
            source: new ol.source.XYZ({
                url: "http://t0.tianditu.com/DataServer?T=vec_w&x={x}&y={y}&l={z}&tk=您的天地图
密钥", wrapX: false
            })
        }),
        new ol.layer.Tile({
            title: "天地图矢量注记图层",
            source: new ol.source.XYZ({
                url: "http://t0.tianditu.com/DataServer?T=cva_w&x={x}&y={y}&l={z}&tk=您的天地图
密钥", wrapX: false
            })
        })
    ],
    //地图视图的设置
    view: new ol.View({
        //地图初始中心点
        center: [0, 0],
        //地图初始显示级别
        zoom: 3,
        //设置投影坐标系
        projection: "EPSG:4326"
    })
});
```

代码说明：在实例化天地图数据时，采用的是ol.layer.Tile+ ol.source. XYZ方式，天地图的瓦片地图请求地址后面需要设置天地图的密钥参数tk。

5.5　矢量瓦片

矢量瓦片是指不仅能够提供完整的样式设计灵活性，还能能够快速渲染海量数据的矢量地图，其本质是矢量地图，等效于在网页上绘制的栅格图片（矢量块）。矢量瓦片继承了矢量地图和瓦片地图的双重优势，具有如下优点：

- 矢量瓦片相比于栅格图片更加灵活，可以更细粒度地访问矢量要素；
- 数据信息接近于无损，但体量更小，可直接在客户端获取请求指定地物的信息，无须再次请求服务器；

- 样式可改变和定制（重点），矢量瓦片可以在客户端或者服务器渲染，也可以按照用户赋予的样式渲染；
- 相比于原始矢量数据，矢量瓦片更小巧，进行了重新编码并切分，在被请求时可以只返回请求区域和相应级别的数据；
- 数据更新快，甚至可以说是实时的，当数据库中的空间数据变化后，再次请求的数据是更新后的数据。

矢量瓦片通过一种紧凑、结构化的格式存储矢量数据的地理几何信息和元数据信息（如道路名、地名、房屋编号）。矢量瓦片常用的数据格式有GeoJSON、TopoJSON、PBF、MVT等，而数据源既可以是Mapbox，也可以是OSM，还可以是自己的数据（如使用ArcGIS、MapGIS等GIS平台生成的矢量瓦片）。下面简要介绍一下矢量瓦片常用的数据格式。

（1）GeoJSON：具体请参照5.3.1节关于GeoJSON数据格式的介绍。

（2）TopoJSON：是GeoJSON按拓扑学编码后的扩展形式。GeoJSON直接使用Polygon、Point等样式来表示图形，TopoJSON中的每一个几何体都是通过共享边整合而成的。因为边界线只记录一次，所以TopoJSON消除了冗余，极大地缩小了数据大小。

（3）PBF（Protocolbuffer Binary Format）：主要用于替代XML格式，是一种兼容多语言、多平台、易扩展的数据序列化格式。该格式大小仅为GZIP压缩格式的50%，写入速度比GZIP快5倍，读取速度比GZIP快6倍。此外，该格式的设计也考虑到了未来的可扩展性和灵活性。该文件格式支持对文件块的随机访问，每个文件块都能被独立地解码，并默认包含大约8 KB的OSM数据；文件不包含硬编码的标签，所有的键和值都保存为字符串。

（4）MVT：由Mapbox提出的一种节省存储空间的矢量瓦片数据编码格式，这种格式主要用于客户端或服务器高效渲染或查询要素信息。数据内部采用Google Protocol Buffers进行编码。Web Mercator是其默认的投影方式，Google Tile Scheme是其默认的瓦片编号方式，两者一起完成了与任意范围、任意精度的地理区域的一一对应，所以矢量瓦片可以用来表示任意投影方式、任意瓦片编号的数据。

针对矢量瓦片的常用格式，OpenLayers 5提供了解析这些格式数据的解析类，即对应的Format子类，其中ol.format.MVT子类可以解析PBF与MVT格式的数据。矢量瓦片的加载是通过矢量瓦片图层（ol.layer.VectorTile）与矢量瓦片数据源（ol.source.VectorTile）来完成的。在此以Mapbox数据源提供的PBF或者MVT格式的矢量瓦片为例，介绍它们的加载方式。

主要实现步骤如下：

（1）在OL5Demo网站的ThirdPartyMapDisplay目录下新建一个VectorialTile_ mapbox.htm页面，引用OpenLayers 5开发库与级联样式表、mapbox-streets-v6-style脚本库。

（2）参照加载开放数据的方式，使用ol.layer.VectorTile+ol.source. VectorTile加载矢量瓦片。其中，矢量瓦片的数据源使用的设置方式是url+format，即通过ol.format.MVT类解析URL地址的数据。

程序代码 5-25　加载矢量瓦片数据的实现方法

```
//设置访问 Mapbox 资源的 key（获得访问权限）
var key = 'pk.eyJ1Ijoid29ya2luZ2RvZyIsImEiOiJjamQyZmszenczMHRoMzRuczVzaGthbGhnIn0.HTkYTE-
                                        R82N3azqscSyHkA';
//实例化 map 对象并加载地图
var map = new ol.Map({
```

```
    layers: [
        //添加矢量瓦片
        new ol.layer.VectorTile({
            declutter: true,//设为 true 时，矢量瓦片渲染模式将会覆盖地图渲染模式，详情请查看 API
            //设置矢量瓦片的资源类型
            source: new ol.source.VectorTile({
                attributions: '© <a href="https://www.mapbox.com/map-feedback/">Mapbox</a> ' +
                    '© <a href="https://www.openstreetmap.org/copyright">' +
                    'OpenStreetMap contributors</a>',
                    format: new ol.format.MVT(),
                    url: 'http://a.tiles.mapbox.com/v4/mapbox.mapbox-streets-v6/' +
                    '{z}/{x}/{y}.mvt?access_token=' + key,
                    style: createMapboxStreetsV6Style(ol.style.Style, ol.style.Fill, ol.style.Stroke,
                        ol.style.Icon, ol.style.Text) //根据图层类型设置图层样式
            })
        ],
    target: 'map',
    view: new ol.View({
        center: [0, 0],
        zoom: 2
    })
});
```

代码说明：上述代码中的key可通过Mapbox官网https://www.mapbox.com/account获取；图层样式可通过mapbox-streets-v6-style脚本库中的createMapboxStreetsV6Style函数设置，该函数的功能是根据Mapbox矢量瓦片的图层类型设置OpenLayers中点、线、区的样式。

5.6 多源数据叠加

在Web端的地图应用中，多源数据叠加显示是一个常用功能。在地图应用中，通常会根据应用的需求来叠加各种类型的数据，并针对叠加的数据进行操作与功能分析。OpenLayers 5支持多源异构数据在同一个地图容器中叠加显示，数据叠加也是OpenLayers 5的地图表现的实现机制。数据叠加非常简单，根据应用需求按照一定的先后顺序添加对应的图层对象到地图容器中即可，但前提是这些多源数据都在同一个投影坐标系下，否则叠加数据将无法吻合。

在前面介绍的功能示例中早已涉及数据的叠加，本示例将实现基础地图数据、开放数据与公共地图数据的叠加，并对每个图层进行显示属性进行控制，如是否可见、图层透明度、色彩、亮度、对比度等。多源数据叠加显示的效果如图5-7所示。

主要实现步骤如下：

（1）在OL5Demo网站的ThirdPartyMapDisplay目录下新建一个OverLayerMaps.htm页面，并参照加载瓦片地图的方法加载OpenStreetMap（OSM）瓦片地图。

（2）分别实例化加载GeoJSON格式的矢量地图数据、ArcGIS Server的瓦片地图数据的图层对象，并加载到地图容器Map中。

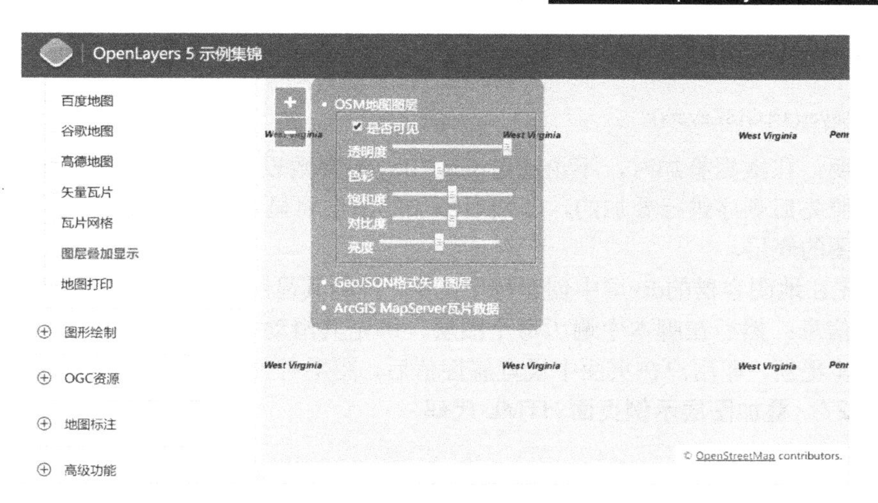

图 5-7　多源数据叠加显示的效果

程序代码 5-26　数据叠加的关键代码

```
//实例化 map 对象并加载地图
var map = new ol.Map({
    target: 'map',                              //地图容器 div 层的 ID
    layers: [                                   //在地图容器中加载的图层
        new ol.layer.Tile({
            source: new ol.source.OSM()         //加载 OSM 瓦片地图
        })
    ],
    view: new ol.View({                         //地图视图的设置
        center: [-10997148, 4569099],           //地图初始中心点
        zoom: 3 //地图初始显示级别
    })
});
//叠加 GeoJSON 格式的矢量地图数据
var vectorSource = new ol.source.Vector({
    url: "../data/geojson/countries.geojson",
    format: new ol.format.GeoJSON()
});
var vectorLayer = new ol.layer.Vector({
    source: vectorSource                        //矢量地图数据源
});
map.addLayer(vectorLayer);
//叠加 ArcGIS 的瓦片地图数据
var arcGISSource = new ol.source.TileArcGISRest({
    url: 'http://sampleserver1.arcgisonline.com/ArcGIS/rest/services/' +
        'Specialty/ESRI_StateCityHighway_USA/MapServer'
});
var arcGISLayers = new ol.layer.Tile({
    source: arcGISSource,
```

```
        extent: [-13884991, 2870341, -7455066, 6338219]
    });
    map.addLayer(arcGISLayers);
```

代码说明：在数据叠加时，不论通过map的layers参数设置，还是调用其addLayer方法加载，都是按照先后顺序进行叠加的，即最后添加的图层将显示到地图最上层，最先添加的图层则位于地图的底层。

（3）首先在地图容器的div层中创建每个图层，控制其显示属性的页面元素，即input标签，并设置样式信息；然后在脚本中遍历每个图层，绑定其滑动条控件的change事件，实现对图层控制的同步更新，即用户在页面中设置属性值后，图层对象将同步更新相应图层显示效果。

程序代码 5-27　叠加图层示例页面 HTML 代码

```
    <div id="map">
        <div id="container"></div>
            <div id="layerTree">
                <ul>
                    <li>
                        <span>OSM 地图图层</span>
                        <fieldset id="layer0">
                        <label class="checkbox" for="visible0">
                        <input id="visible0" class="visible" type="checkbox" />是否可见
                        </label><br />
                        <label>透明度</label>
                        <input class="opacity" type="range" min="0" max="1" step="0.01" /><br />
                        </fieldset>
                    </li>
                <li>
                <span>GeoJSON 格式的矢量地图图层</span>
                <fieldset id="layer1">
                <label class="checkbox" for="visible1">
                <input id="visible1" class="visible" type="checkbox" />是否可见
                </label><br />
                <label>透明度</label>
                <input class="opacity" type="range" min="0" max="1" step="0.01" /><br />
                </fieldset>
                </li>
                    <li>
                         <span>ArcGIS MapServer 瓦片地图数据</span>
                         <fieldset id="layer2">
                         <label class="checkbox" for="visible2">
                         <input id="visible2" class="visible" type="checkbox" />是否可见
                         </label><br />
                         <label>透明度</label>
                         <input class="opacity" type="range" min="0" max="1" step="0.01" /><br />
                    </fieldset>
                </li>
```

```
        </ul>
    </div>
</div>
```

程序代码 5-28　叠加图层示例样式代码

```
<style type="text/css">
body, html, div, ul, li, iframe, p, img {
    border: none;
    padding: 0;
    margin: 0;
}
#map {
    width: 100%;
    height: 95%;
    position: absolute;
}
#container {
    float: left;
    position: absolute;
    width: 250px;
    height: 180px;
    left: 50px;
    background-color: #4c4e5a;
    /*设置 z-index 的值，让地图容器位于第 2000 层*/
    z-index: 2000;
    /*支持 IE 浏览器*/
    filter: alpha(opacity=50);
    /*支持 FireFox 浏览器*/
    -moz-opacity: 0.5;
    opacity: 0.5;
    /*边缘的宽度*/
    border-width: 10px;
    /*圆角的大小  */
    border-radius: 10px;
    /*边框颜色*/
    border-color: #000 #000 #000 #000;
}
#layerTree {
    float: left;
    position: absolute;
    width: 250px;
    height: 280px;
    padding: 10px;
    font-size: 14px;
    font-family: "微软雅黑";
    color: #ffffff;
```

```
        left: 50px;
        /*设置 z-index 的值，让图层列表显示在第 2001 层*/
        z-index: 2001;
    }
    #layerTree ul li {
        margin: 10px 15px;
        cursor: pointer;
    }
    </style>
```

代码说明：在上述代码中，id为container的div层作为地图容器的背景，设置了圆角和半透明的效果，id为layerTree的div层则作为图层显示控制面板。

程序代码 5-29　叠加图层显示属性控制的关键脚本

```
    //绑定图层显示样式控件
    function bindInputs(layerid, layer) {
        //控件是否可见
        var visibilityInput = $(layerid + ' input.visible');
        //绑定 change 事件
        visibilityInput.on('change', function () {
            //设置图层的可见性
            layer.setVisible(this.checked);
        });
        //更新可见控件的状态
        visibilityInput.prop('checked', layer.getVisible());
        var input = $(layerid + ' input.opacity');
        input.on('input change', function () {
            //根据当前的控件设置对应的图层的显示属性
            layer.set('opacity', parseFloat(this.value));
        });
        //更新当前显示属性控件状态（值）
        input.val(String(layer.get('opacity')));
    };
    map.getLayers().forEach(function (layer, i) {
        //调用绑定图层显示样式控件的处理函数
        bindInputs('#layer' + i, layer);
    });
    //设置样式面板
    $('#layertree li > span').click(function () {
        //切换图层样式面板的可见状态（显示或隐藏）
        $('#layertree li > span').siblings('fieldset').hide();
        $(this).next().show();
    ).siblings('fieldset').hide(); //默认隐藏各图层显示样式面板
    $("fieldset:eq(0)").show();
```

代码说明：上述代码使用jQuery实现了对页面属性的控制，以及实现了设置面板中各图层样式设置的切换功能。其中，关键是通过bindInputs函数为页面透明度属性设置项绑定变更事件，当透明度属性设置项的值改变后，可通过change事件处理函数同步更新到图层中。图层是否可见属性可调用layer的setVisible()来设置，透明度显示属性可调用layer的set方法来设置。

5.7 网格信息显示

瓦片地图都是基于金字塔策略裁剪后的图片集，因此瓦片地图由级数、行列号对应的单张图片按照网格划分组织而成。在瓦片地图中显示当前的网格信息，有助于我们了解当前地图的瓦片组成情况。OpenLayers 5框架封装了一个显示瓦片地图网格的数据源（ol.source.TileDebug），与加载瓦片地图类似，使用ol.layer.Tile+ol.source.TileDebug方式加载并显示当前网格信息。

本示例在加载天地图格式的瓦片地图基础上加载网格信息，主要实现步骤如下：

（1）在OL5Demo网站的ThirdPartyMapDisplay目录下新建一个CanvasTiles.htm页面，并参照加载瓦片地图的方法加载天地图格式的瓦片地图。

（2）实例化一个瓦片地图，设置数据源为瓦片地图的网格信息（ol.source.TileDebug），并在数据源中设置地图投影坐标系（projection）和网格信息（tileGrid），即设置当前加载的天地图格式的瓦片地图的网格信息。

（3）把实例化好的瓦片地图加载到地图容器中，可以在实例化地图容器map的代码中，直接通过layers参数设置加载网格信息的瓦片地图，也可以调用map对象的addLayer方法加载此瓦片地图。本示例采用的是第一种方式。

程序代码 5-30　加载网格信息的脚本代码

```
//实例化瓦片地图数据源对象
var TiandituSource = new ol.source.XYZ({
    url: "http://t0.tianditu.com/DataServer?T=vec_w&x={x}&y={y}&l={z}&tk=您的天地图密钥",
    wrapX: false
});
//实例化 map 对象并加载地图
var map = new ol.Map({
    target: 'map',                                  //地图容器 div 层的 ID
    //在地图容器中加载的瓦片地图
    layers: [
        //加载瓦片地图数据
        new ol.layer.Tile({
            source: TiandituSource
        }),
        //加载瓦片地图网格信息
        new ol.layer.Tile({
            source: new ol.source.TileDebug({
            projection: 'EPSG:3857',                //地图投影坐标系
            tileGrid: TiandituSources.getTileGrid() //获取瓦片地图的网格信息
            })
```

```
            })
        ],
        //地图视图的设置
        view: new ol.View({
            center: [12900000, 4900000],            //地图初始中心点
            zoom: 8                                  //地图初始显示级别
        })
    });
```

代码说明：网格信息的加载方式与瓦片地图的加载方式类似，在实例化ol.source.TileDebug时，一般需要设置以下两个关键参数。

- projection：地图投影坐标系，设置为瓦片地图的坐标系；
- tileGrid：网格信息，设置为瓦片地图的网格信息，一般由瓦片地图的数据源对象调用getTileGrid方法得到。

5.8 地图打印（导出图片）

Web端的地图打印功能，最简单的就是输出当前视窗范围内的地图，即将当前地图导出为一张图片并存储到客户端。不同的浏览器提供了各自的截屏功能，也可以基于浏览器的截屏功能或插件脚本实现导出地图的功能。

OpenLayers 5渲染地图有两种渲染模式，即Canvas和WebGL方式，可以基于地图渲染容器对象来实现导出图片功能。本示例采用默认的Canvas渲染方式加载地图，因此使用了Canvas方式的toDataURL方法导出地图，其页面功能项通过a标签的download设置导出地图的下载链接，仅支持非IE内核的浏览器。

主要实现步骤如下：

（1）在OL5Demo网站的MapExport目录下新建一个MapExport.htm页面，并参照加载瓦片地图的方法加载天地图格式的瓦片地图。

（2）在地图容器的div层中添加导出地图的下载链接并设置相关样式，然后在脚本中实现导出当前地图的功能。

程序代码 5-31　导出地图功能按钮

```
    <div id="menu">
    <a id="export-png" class="btn" download="map.png"><i class="icon-download">单击这里导出地图（暂支
持非 IE 内核浏览器）</i></a>
    </div>
    <div id="map">
    </div>
```

代码说明：添加a标签，并设置其download属性为导出地图和下载链接，这种方式仅支持非IE内核的浏览器。

程序代码 5-32 导出地图的关键脚本代码（仅支持非 IE 内核的浏览器）

```
var exportPNGElement = document.getElementById('export-png');                //导出地图功能
if ('download' in exportPNGElement) {
    exportPNGElement.addEventListener('click', function (e) {
        map.once('postcompose', function (event) {
            var canvas = event.context.canvas;                                //地图渲染容器
            exportPNGElement.href = canvas.toDataURL('image/png');           //导出地图
        });
        map.renderSync();
    }, false);
} else {
    alert("浏览器不支持导出地图的功能！");
}
```

代码说明：本示例在加载地图时默认使用Canvas渲染方式，并使用Canvas的toDataURL方法来实现导出当前地图的功能。首先为a标签添加click事件，在此事件的处理函数中添加map的postcompose（渲染中）监听事件，然后在postcompose事件的处理函数中导出地图。

5.9 练习

练习1：以多种不同的方式加载GeoJSON等格式的开放数据。
练习2：实现加载谷歌地图的功能。
练习3：尝试实现兼容主流浏览器的导出地图功能。

第 6 章 OpenLayers 之图形绘制篇

图形绘制功能，是指在地图容器中绘制图形，包括点、线、圆、矩形与多边形等，可通过鼠标交互绘制，也可直接添加绘制好的图形。OpenLayers 5封装了一整套交互式图形绘制控件，与GIS应用相结合，可为绘制好的图形赋予空间位置信息特性，满足在GIS应用中的需求。

图形绘制功能在WebGIS中是非常重要的，可辅助其他功能实现，如查询、编辑、分析等功能均涉及图形绘制功能。通过图形绘制可获取地图的空间范围，为查询等功能提供条件限制，或提供操作要素的空间属性等。地图要素的在线编辑也是通过图形绘制功能将地图要素添加到地图上并展示出来的。

6.1 图形交互绘制原理

图形表现的内容十分丰富，有基本几何图形，即点、线、圆、矩形、多边形等；也有方向图形，即各种式样的方向箭头；还有标识某一内容或含义的图形，如指北针、小旗子等。本书介绍图形绘制功能主要有两类，一类为本章介绍的基本几何图形的绘制、编辑与保存，包含线、矩形、圆和多边形等基本几何图形；另一类则为第8章介绍的军事标绘图形的绘制与编辑，包含有简单箭头、直箭头、双箭头、曲线旗标和集结区域等图形。

图形绘制的基础是空间坐标，任何图形都是由空间坐标组成的。一般有两种图形绘制方式：一种是空间坐标已知，通常根据已知的空间坐标信息直接添加图形，实现图形绘制功能；另一种则通过鼠标获取空间坐标（这也是图形绘制常用的方法），通常通过鼠标在地图上的操作来获取所需的空间范围信息，并以此空间坐标为基础来绘制图形，这种方式也称为交互式图形绘制。

结合鼠标操作的交互式图形绘制过程相对较为复杂。交互式图形绘制的核心是对鼠标事件的监听，当单击鼠标或者移动鼠标时，则触发相应的事件，在对应事件的回调函数（处理函数）里可获取所需的参数（如坐标信息），然后对获取的参数进行相应的处理即可。

针对客户端的图形绘制，OpenLayers 5还提供了一套完善的绘图机制，封装了交互式图形绘制的相关控件，用户可以直接调用，非常简便；同时具备灵活的扩展性，用户可以根据个性化的需求进行扩展。

交互式图形绘制的原理：先初始化一个矢量地图对象并添加到地图容器，然后加载交互式图形绘制控件（在实例化时设置绘制类型，如点、线、规则多边形、任意多边形，以及几何图形对应的特征参数），最后通过交互式图形绘制控件在地图上绘制相应的几何图形，也可以通过交互式编辑控件来修改已经绘制好的几何图形。其中，在绘制几何图形时，可以根据需求设置不同的图形样式。在OpenLayers 5中，矢量地图为ol.layer.Vector，交互式图形绘制控件为ol.interaction.Draw（包括绘制点、线、多边形等），交互式编辑控件为ol.interaction.Modify。另外，在进行编辑时，通常需要先选择某个目标，OpenLayers 5提供的选择要素控件为ol.interaction.Select。

6.2 几何图形的绘制

图形绘制是Web端实现相关GIS功能的基础，在学习OpenLayers 5的WebGIS开发时，一定要掌握其图形绘制功能，尤其是基本几何图形的交互绘制。

基本几何图形包括点、折线、圆、矩形、多边形等。本示例主要实现这些基本几何图形的绘制，包括点、圆、线、多边形，以及规则的正方形、长方形的绘制。

主要实现步骤如下：

（1）在OL5Demo网站的Drawing目录下新建一个DrawFeatures.htm页面，引用OpenLayers 5的开发库和jQuery库，并参照加载瓦片地图的方法加载天地图。

（2）在示例页面上添加几何图形绘制的功能按钮，在此使用列表（select）设置几何图形绘制功能项，并设置其样式。其中，当“几何图形类型”为“无”时清除当前绘制的所有图形。

程序代码 6-1　基本几何图形绘制示例的页面

```
<body>
    <div id="menu">
        <label>几何图形类型： </label>
        <select id="type">
            <option value="None">无</option>
            <option value="Point">点</option>
            <option value="LineString">线</option>
            <option value="Polygon">多边形</option>
            <option value="Circle">圆</option>
            <option value="Square">正方形</option>
            <option value="Box">长方形</option>
        </select>
    </div>
    <div id="map" > </div>
</body>
```

（3）在脚本中编写图形绘制的代码，首先在地图容器中添加一个矢量地图，然后实例化一个交互式图形绘制控件（ol.interaction.Draw）对象并添加到地图容器中，根据设置的几何图形类型来绘制对应的图形。

程序代码 6-2　基本几何图形绘制的关键脚本

```
var typeSelect = document.getElementById('type');            //几何图形类型
var draw;                                                    //绘制对象
//实例化一个矢量地图 vector
```

```
var source = new ol.source.Vector({ wrapX: false });
var vector = new ol.layer.Vector({
    source: source,
    style: new ol.style.Style({
        fill: new ol.style.Fill({                              //填充样式
            color: 'rgba(255, 255, 255, 0.2)'
        }),
        stroke: new ol.style.Stroke({                          //边界样式
            color: '#ff0000',
            width: 2
        }),
        image: new ol.style.Circle({                           //点要素样式
            radius: 7,
            fill: new ol.style.Fill({
                color: '#ff0000'
            })
        })
    })
});
map.addLayer(vector);                                          //将矢量地图添加到地图容器中
/* 用户更改绘制类型触发的事件
* @param {Event} e 更改事件*/
typeSelect.onchange = function (e) {
    map.removeInteraction(draw);                               //移除绘制的图形
    addInteraction();                                          //添加交互式图形绘制控件
};
addInteraction();                                              //添加交互式图形绘制控件
```

代码说明：在上述代码中，实例化了一个矢量地图vector，在进行实例化时统一设置了绘制的样式；然后通过调用addInteraction函数来加载交互式图形绘制控件（ol.interaction.Draw），实现基本几何图形的绘制。

程序代码 6-3　addInteraction 函数

```
//根据几何图形类型进行绘制
function addInteraction() {
    var value = typeSelect.value;                              //几何图形类型
    if (value !== 'None') {
        if (source == null) {
            source = new ol.source.Vector({ wrapX: false });
            vector.setSource(source);                          //添加数据源
        }
        var geometryFunction, maxPoints;
        if (value === 'Square') {                              //正方形
            value = 'Circle';                                  //设置几何图形类型为 Circle（圆形）
            //设置几何图形类型，即创建正多边形
            geometryFunction = ol.interaction.Draw.createRegularPolygon(4);
        } else if (value === 'Box') {                          //长方形
```

```
            value = 'LineString';                              //设置绘制类型为 LineString（线）
            maxPoints = 2;                                     //设置最大点数为 2
            //设置几何图形类型，即设置长方形的坐标点
            geometryFunction = function (coordinates, geometry) {
                var start = coordinates[0];
                var end = coordinates[1];
                if (!geometry) {
                    //多边形
                    geometry = new ol.geom.Polygon([
                        [start, [start[0], end[1]], end, [end[0], start[1]], start]
                    ]);
                }
                geometry.setCoordinates([
                    [start, [start[0], end[1]], end, [end[0], start[1]], start]
                ]);
                return geometry;
            };
        }
        //实例化交互式图形绘制控件并添加到地图容器中
        draw = new ol.interaction.Draw({
            source: source,                                    //数据源
            type: /** @type {ol.geom.GeometryType} */(value),  //几何图形类型
            geometryFunction: geometryFunction,                //几何图形变更时调用函数
            maxPoints: maxPoints                               //最大点数
        });
        map.addInteraction(draw);
    }
    else {
        source = null;
        vector.setSource(source);                              //清空绘制的图形
    }
}
```

代码说明：上述代码的关键是实例化交互式图形绘制控件ol.interaction.Draw，设置其关键参数并将此控件添加到地图容器中。对于点、线、圆、多边形图形，在实例化交互式图形绘制控件时，直接设置控件对象的type参数即可；正方形和长方形图形作为规则多边形，需要另外通过geometryFunction参数单独处理。

- source：数据源，即要绘制的几何图形要素的数据源。
- type：几何图形类型，即 ol.geom.GeometryType，包括 Point、LineString、Polygon、MultiPoint、MultiLineString、MultiPolygon、Circle 等。
- geometryFunction：当几何图形的坐标更新时调用此函数，当几何图形类型为 Square 和 Box 时，需要通过此函数设置其几何图形类型。当为 Square 时通过交互式图形绘制控件对象的 createRegularPolygon(4)创建；当为 Box 时则调用多边形（ol.geom.Polygon）的 setCoordinates 方法设置多边形的坐标来实现。
- maxPoints：图形绘制结束前多边形或线的最大点数，线默认为 2，多边形默认则为 3。

6.3 图形样式编辑

几何图形，如点、线、区等，都有对应的样式，如线型、线颜色、线宽、线透明度、填充颜色等。如果没有设置几何图形的样式，交互式图形绘制控件则会使用默认的样式进行绘图。在项目应用中，通常要结合具体业务需求设置或修改几何图形的样式，以便丰富图形表现，满足应用所需。

在OpenLayers 5中，几何图形的样式均由ol.style.Style类设置，其中，ol.style.Circle用于设置点或圆的样式，ol.style.Stroke用于设置边界线的样式，ol.style.Fill用于设置区域图形的填充样式。另外，除了几何图形的样式，OpenLayers 5还提供了ol.style.Text来设置文字样式，可以通过设置几何图形的文字样式实现文本标签和标注功能。因此，除了可以修改几何图形的样式，还可以编辑其文字样式。

本示例以基本几何图形的样式设置为例，分别添加点要素、线要素、区要素，根据对应矢量地图的要素样式面板上的属性值修改要素的图形样式和文字样式。主要实现步骤如下：

（1）在OL5Demo网站的GraphicOperation目录下新建一个FeaturesStyle.htm页面，引用OpenLayers 5开发库与级联样式表、jQuery库、Easyui的相关开发库与级联样式表，并加载天地图格式的瓦片地图。

（2）通过Easyui提供的分页控件设置此示例中点、线、区要素的要素样式面板，通过面板右上角的“更新”按钮来控制对应要素的样式信息。

程序代码 6-4　图形样式设置页面部分代码

```
<div id="editGeomStyle" class="easyui-window" data-options="title:'要素样式',
                closed:false,maximizable:false,minimizable:false,closable:false,resizable:false,shadow:
false"
                style="width: 310px; padding: 5px; left: 60px; top: 20px;">
<div id="tt" class="easyui-tabs" data-options="headerWidth:26,tabPosition:'left',plain:true,border:true" style=
                "width: 100%">
<div title="点要素样式" data-options="iconCls:'icon-point'" style="padding: 10px;">
    <fieldset id="layer0">
        <input id="refresh-points" class="refreshBtn" type="button" value="更新" /><br />
            <!-- 图形样式-->
            <label class="title">图形样式：</label><br />
            <label>点大小(radius):</label>
            <input type="text" value="10" id="points-size" /><br />
            <label>填充颜色(color):</label>
            <input type="text" value="#aa3300" id="points-fill-color" /><br />
            <label>边框颜色(color):</label>
            <input type="text" value="red" id="points-stroke-color" /><br />
            <label>边框宽度(width):</label>
            <input type="text" value="2" id="points-stroke-width" /><br />
            <!-- 文字样式 -->
            <label class="title">文字样式：</label><br />
```

```
        <label>位置(align): </label>
        <select id="points-text-align">
        <option value="center" selected="selected">Center</option>
        <option value="end">End</option>
        <option value="left">Left</option>
        <option value="right">Right</option>
        <option value="start">Start</option>
        </select>
    <br />
            <label>基线(baseline): </label>
            <select id="points-text-baseline">
                <option value="alphabetic">Alphabetic</option>
                <option value="bottom">Bottom</option>
                <option value="hanging">Hanging</option>
                <option value="ideographic">Ideographic</option>
                <option value="middle" selected="selected">Middle</option>
                <option value="top">Top</option>
            </select>
            <br />
            <label>旋转角度(rotation): </label>
            <select id="points-text-rotation">
                <option value="0">0°</option>
                <option value="0.785398164">45°</option>
                <option value="1.570796327">90°</option>
            </select>
            <br />
            <label>字体(font): </label>
            <select id="points-text-font">
                <option value="Arial" selected="selected">Arial</option>
                <option value="Courier New">Courier New</option>
                <option value="Quattrocento Sans">Quattrocento</option>
                <option value="Verdana">Verdana</option>
            </select>
            <br />
            <label>字体粗细(weight): </label>
            <select id="points-text-weight">
                <option value="bold">Bold</option>
                <option value="normal" selected="selected">Normal</option>
            </select>
            <br />
            <label>字体大小(size): </label>
            <input type="text" value="12px" id="points-text-size" />
            <br />
            <label>X 偏移量(offset x):</label>
            <input type="text" value="0" id="points-text-offset-x" />
            <br />
            <label>Y 偏移量(offset y):</label>
```

```
                <input type="text" value="0" id="points-text-offset-y" />
                <br />
                <label>字体颜色(color):</label>
                <input type="text" value="blue" id="points-text-color" />
                <br />
                <label title="Outline Color">文字外框颜色(O.Color):</label>
                <input type="text" value="#ffffff" id="points-text-outline-color" />
                <br />
                <label title="Outline Width">文字外框宽度(O.Width):</label>
                <input type="text" value="3" id="points-text-outline-width" />
            </fieldset>
        </div>
        <div title="线要素样式" data-options="iconCls:'icon-line'" style="padding: 10px;">
            <fieldset id="layer1">
                <input id="refresh-lines" class="refreshBtn" type="button" value="更新" /><br />
                <label class="title">图形样式：</label><br />
                <label>线颜色(color):</label>
                <input type="text" value="green" id="lines-stroke-color" /><br />
                <label>线宽(width):</label>
                <input type="text" value="2" id="lines-stroke-width" /><br />
                <!-- 文字样式 -->
                <label class="title">文字样式：</label><br />
                <label>位置(align): </label>
                <select id="lines-text-align">
                    <option value="center" selected="selected">Center</option>
                    <option value="end">End</option>
                    <option value="left">Left</option>
                    <option value="right">Right</option>
                    <option value="start">Start</option>
                </select>
                <br />
                <label>基线(baseline): </label>
                <select id="lines-text-baseline">
                    <option value="alphabetic">Alphabetic</option>
                    <option value="bottom">Bottom</option>
                    <option value="hanging">Hanging</option>
                    <option value="ideographic">Ideographic</option>
                    <option value="middle" selected="selected">Middle</option>
                    <option value="top">Top</option>
                </select>
                <br />
                <label>旋转角度(rotation): </label>
                <select id="lines-text-rotation">
                    <option value="0">0°</option>
                    <option value="0.785398164">45°</option>
                    <option value="1.570796327">90°</option>
                </select>
```

```
            <br />
            <label>字体(font): </label>
            <select id="lines-text-font">
                <option value="Arial" selected="selected">Arial</option>
                <option value="Courier New">Courier New</option>
                <option value="Quattrocento Sans">Quattrocento</option>
                <option value="Verdana">Verdana</option>
            </select>
            <br />
            <label>字体粗细(weight): </label>
            <select id="lines-text-weight">
                <option value="bold">Bold</option>
                <option value="normal" selected="selected">Normal</option>
            </select>
            <br />
            <label>字体大小(size): </label>
            <input type="text" value="12px" id="lines-text-size" />
            <br />
            <label>X 偏移量(offset x):</label>
            <input type="text" value="0" id="lines-text-offset-x" />
            <br />
            <label>Y 偏移量(offset y):</label>
            <input type="text" value="0" id="lines-text-offset-y" />
            <br />
            <label>字体颜色(color):</label>
            <input type="text" value="blue" id="lines-text-color" />
            <br />
            <label title="Outline Color">文字外框颜色(O.Color):</label>
            <input type="text" value="#ffffff" id="lines-text-outline-color" />
            <br />
            <label title="Outline Width">文字外框宽度(O.Width):</label>
            <input type="text" value="3" id="lines-text-outline-width" />
        </fieldset>
    </div>
    <div title="区要素样式" data-options="iconCls:'icon-polygon'" style="padding: 10px;">
        <fieldset id="layer2">
            <input id="refresh-polygons" class="refreshBtn" type="button" value="更新" /><br />
            <label class="title">图形样式：</label><br />
            <label>填充颜色(color):</label>
            <input type="text" value="rgba(255, 255, 255, 0.5)" id="polygons-fill-color" /><br />
            <label>边框颜色(color):</label>
            <input type="text" value="#000000" id="polygons-stroke-color" /><br />
            <label>边框宽度(width):</label>
            <input type="text" value="2" id="polygons-stroke-width" /><br />
            <!-- 文字样式 -->
            <label class="title">文字样式：</label><br />
            <label>位置(align): </label>
```

```
<select id="polygons-text-align">
    <option value="center" selected="selected">Center</option>
    <option value="end">End</option>
    <option value="left">Left</option>
    <option value="right">Right</option>
    <option value="start">Start</option>
</select>
<br />
<label>基线(baseline): </label>
<select id="polygons-text-baseline">
    <option value="alphabetic">Alphabetic</option>
    <option value="bottom">Bottom</option>
    <option value="hanging">Hanging</option>
    <option value="ideographic">Ideographic</option>
    <option value="middle" selected="selected">Middle</option>
    <option value="top">Top</option>
</select>
<br />
<label>旋转角度(rotation): </label>
<select id="polygons-text-rotation">
    <option value="0">0°</option>
    <option value="0.785398164">45°</option>
    <option value="1.570796327">90°</option>
</select>
<br />
<label>字体(font): </label>
<select id="polygons-text-font">
    <option value="Arial" selected="selected">Arial</option>
    <option value="Courier New">Courier New</option>
    <option value="Quattrocento Sans">Quattrocento</option>
    <option value="Verdana">Verdana</option>
</select>
<br />
<label>字体粗细(weight): </label>
<select id="polygons-text-weight">
    <option value="bold">Bold</option>
    <option value="normal" selected="selected">Normal</option>
</select>
<br />
<label>字体大小(size): </label>
<input type="text" value="12px" id="polygons-text-size" />
<br />
<label>X 偏移量(offset x):</label>
<input type="text" value="0" id="polygons-text-offset-x" />
<br />
<label>Y 偏移量(offset y):</label>
<input type="text" value="0" id="polygons-text-offset-y" />
```

```
                    <br />
                    <label>字体颜色(color):</label>
                    <input type="text" value="blue" id="polygons-text-color" />
                    <br />
                    <label title="Outline Color">文字外框颜色(O.Color):</label>
                    <input type="text" value="#ffffff" id="polygons-text-outline-color" />
                    <br />
                    <label title="Outline Width">文字外框宽度(O.Width):</label>
                <input type="text" value="3" id="polygons-text-outline-width" />
            </fieldset>
        </div>
    </div>
</div>
```

代码说明：上述主要为点要素的样式控制面板，线要素、区要素与之相同。在本示例中分别更新了图形样式与文字样式，在要素样式面板中设置了图形样式与文字样式等关键参数项。

（3）分别创建点、线、区要素，将对应的矢量地图加载到地图容器中。其中，在实例化点、线、区要素对应的矢量地图时，通过style参数设置图形样式，这分别是由点、线、区要素的样式函数设置的。

程序代码 6-5　分别将要绘制的点、线、区等几何图形并添加到地图容器中

```
//要绘制的几何图形
var pointFeature = new ol.Feature({
    geometry: new ol.geom.Point([114.1947, 30.5255]),
    name: 'Point Feature'
});
var lineFeature = new ol.Feature({
    geometry: new ol.geom.LineString([[114.2218, 30.5695], [114.2829, 30.4912]]),
    name: 'Line Feature'
});
var polygonFeature = new ol.Feature({
    geometry: new ol.geom.Polygon([[[114.2757, 30.5822], [114.3526, 30.5879], [114.3608, 30.5367],
                                [114.3234, 30.5187], [114.2826, 30.5530]]]),
    name: 'Polygon Feature'
});
//分别实例化点、线、区对应的矢量地图
var vectorPoints = new ol.layer.Vector({
    source: new ol.source.Vector({
        features: [pointFeature]
    }),
    style: createPointStyleFunction(pointFeature)
});
var vectorLines = new ol.layer.Vector({
    source: new ol.source.Vector({
        features: [lineFeature]
    }),
```

```
        style: createLineStyleFunction(lineFeature)
    });
    var vectorPolygons = new ol.layer.Vector({
        source: new ol.source.Vector({
            features: [polygonFeature]
        }),
        style: createPolygonStyleFunction(polygonFeature)
    });
    //实例化 map 对象并加载地图，底图加载 MapQuest 地图
    var map = new ol.Map({
        layers: [
            new ol.layer.Tile({
                title: "天地图矢量地图",
                source: new ol.source.XYZ({
                    url: "http://t0.tianditu.com/DataServer?T=vec_w&x={x}&y={y}&l={z}&tk=您的天地图密钥",
                    wrapX: false
                })
            }),
            new ol.layer.Tile({
                title: "天地图矢量地图注记",
                source: new ol.source.XYZ({
                    url: "http://t0.tianditu.com/DataServer?T=cva_w&x={x}&y={y}&l={z}&tk=您的天地图密钥",
                    wrapX: false
                })
            }),
            vectorPoints,
            vectorLines,
            vectorPolygons
        ],
        target: 'map',                                          //地图容器 div 层的 ID
        view: new ol.View({
            center: [114.2905, 30.5607],
            projection: "EPSG:4326",
            minZoom: 2,
            zoom: 12
        })
    });
```

代码说明：上述代码通过数据源的features设置矢量地图，要素样式信息则由对应矢量地图的style参数设置。

- 点要素的样式函数 createPointStyleFunction：用于设置点要素的图形样式（image）与文字样式（text）。
- 线要素的样式函数 createLineStyleFunction：用于设置线要素的图形样式（stroke）与文字样式（text）。
- 区要素的样式函数 createPolygonStyleFunction：用于设置区要素的图形样式（stroke、fill）与文字样式（text）。

程序代码 6-6　点、线、区要素样式设置函数的具体实现

```
//点、线、区要素样式对象
var myDom = {
    points: {
        align: document.getElementById('points-text-align'),
        baseline: document.getElementById('points-text-baseline'),
        rotation: document.getElementById('points-text-rotation'),
        font: document.getElementById('points-text-font'),
        weight: document.getElementById('points-text-weight'),
        size: document.getElementById('points-text-size'),
        offsetX: document.getElementById('points-text-offset-x'),
        offsetY: document.getElementById('points-text-offset-y'),
        color: document.getElementById('points-text-color'),
        outlineColor: document.getElementById('points-text-outline-color'),
        outlineWidth: document.getElementById('points-text-outline-width')
    },
    lines: {
        align: document.getElementById('lines-text-align'),
        baseline: document.getElementById('lines-text-baseline'),
        rotation: document.getElementById('lines-text-rotation'),
        font: document.getElementById('lines-text-font'),
        weight: document.getElementById('lines-text-weight'),
        size: document.getElementById('lines-text-size'),
        offsetX: document.getElementById('lines-text-offset-x'),
        offsetY: document.getElementById('lines-text-offset-y'),
        color: document.getElementById('lines-text-color'),
        outlineColor: document.getElementById('lines-text-outline-color'),
        outlineWidth: document.getElementById('lines-text-outline-width')
    },
    polygons: {
        align: document.getElementById('polygons-text-align'),
        baseline: document.getElementById('polygons-text-baseline'),
        rotation: document.getElementById('polygons-text-rotation'),
        font: document.getElementById('polygons-text-font'),
        weight: document.getElementById('polygons-text-weight'),
        size: document.getElementById('polygons-text-size'),
        offsetX: document.getElementById('polygons-text-offset-x'),
        offsetY: document.getElementById('polygons-text-offset-y'),
        color: document.getElementById('polygons-text-color'),
        outlineColor: document.getElementById('polygons-text-outline-color'),
        outlineWidth: document.getElementById('polygons-text-outline-width')
    }
};
/* 创建文字样式函数
* @param {ol.Feature} feature 要素
* @param   dom 要素样式 HTML 对象*/
```

```
var createTextStyle = function (feature,dom) {
    //读取当前要素样式面板设置的样式值
    var align = dom.align.value;                                    //位置
    var baseline = dom.baseline.value;                              //基线
    var size = dom.size.value;                                      //字体大小
    var offsetX = parseInt(dom.offsetX.value, 10);                  //X 偏移量
    var offsetY = parseInt(dom.offsetY.value, 10);                  //Y 偏移量
    var weight = dom.weight.value;                                  //字体粗细
    var rotation = parseFloat(dom.rotation.value);                  //旋转角度
    var font = weight + ' ' + size + ' ' + dom.font.value;          //文字样式（字体粗细、字体大小、字体颜色）
    var fillColor = dom.color.value;                                //字体颜色
    var outlineColor = dom.outlineColor.value;                      //文字外框颜色
    var outlineWidth = parseInt(dom.outlineWidth.value, 10); //文字外框宽度
    //返回实例化的文字样式对象（ol.style.Text）
    return new ol.style.Text({
        textAlign: align,                                           //位置
        textBaseline: baseline,                                     //基线
        font: font,                                                 //文字样式
        text: feature.get('name'),                                  //文字内容
        fill: new ol.style.Fill({ color: fillColor }),              //文字填充样式（即文字颜色）
        stroke: new ol.style.Stroke({ color: outlineColor, width: outlineWidth }),//文字外框样式（文字颜色
与文字宽度）
        offsetX: offsetX,                                           //X 偏移量
        offsetY: offsetY,                                           //Y 偏移量
        rotation: rotation                                          //旋转角度
    });
};
/* 创建点要素样式函数
* @param {ol.Feature} feature 点要素*/
var createPointStyleFunction = function (feature) {
    var radius = document.getElementById('points-size').value;
    var fillColor = document.getElementById('points-fill-color').value;
    var strokeColor = document.getElementById('points-stroke-color').value;
    var strokeWidth = document.getElementById('points-stroke-width').value;
    //返回的设置点要素样式函数
    return function (feature, resolution) {
        var style = new ol.style.Style({
            image: new ol.style.Circle({
                radius: radius,
                fill: new ol.style.Fill({ color: fillColor }),
                stroke: new ol.style.Stroke({ color: strokeColor, width: strokeWidth })
            }),
            text: createTextStyle(feature,myDom.points)
        });
        return [style];
    };
};
```

```
/* 创建线要素样式函数
* @param {ol.Feature} feature 线要素*/
var createLineStyleFunction = function (feature) {
    var strokeColor = document.getElementById('lines-stroke-color').value;
    var strokeWidth = document.getElementById('lines-stroke-width').value;
     //返回设置的线要素样式函数
     return function (feature, resolution) {
        var style = new ol.style.Style({
            stroke: new ol.style.Stroke({
                color: strokeColor,
                width: strokeWidth
            }),
            text: createTextStyle(feature,myDom.lines)
        });
        return [style];
    };
};
/* 创建区要素样式函数
* @param {ol.Feature} feature 区要素*/
var createPolygonStyleFunction = function (feature) {
    var fillColor = document.getElementById('polygons-fill-color').value;
    var strokeColor = document.getElementById('polygons-stroke-color').value;
    var strokeWidth = document.getElementById('polygons-stroke-width').value;
    //返回设置的区要素样式函数
    return function (feature, resolution) {
        var style = new ol.style.Style({
            stroke: new ol.style.Stroke({
                color: strokeColor,
                width: strokeWidth
            }),
            fill: new ol.style.Fill({
                color: fillColor
            }),
            text: createTextStyle(feature,myDom.polygons)
        });
        return [style];
    };
};
```

代码说明：上述代码的基本实现思路是先获取页面中设置的样式属性项的值，然后设置到对应的样式类对象中。其中，创建文字样式函数createTextStyle传入如下两个参数。

- feature：矢量要素，通过feature的get方法将要素name属性设置为显示的文本text。
- dom：要素样式的 dom 对象，dom 对象存储了页面中点、线、区要素的文字样式的各属性项，从而获取当前要素样式面板设置的各属性项的值，用来实例化 ol.style.Text。

（4）编写要素样式面板的脚本，实现点、线、区要素样式设置的切换功能，并为点、线、区要素的样式更新按钮绑定单击事件，在其单击事件处理函数中调用矢量地图setStyle方法来统一设置要素样式。

程序代码6-7　要素样式面板的脚本

```
//为点、线、区要素的样式更新按钮绑定单击事件的处理函数
$('#refresh-points').click(function () {
    vectorPoints.setStyle(createPointStyleFunction(pointFeature));
});
$('#refresh-lines').click(function () {
    vectorLines.setStyle(createLineStyleFunction(lineFeature));
});
$('#refresh-polygons').click(function () {
    vectorPolygons.setStyle(createPolygonStyleFunction(polygonFeature));
});
```

代码说明：控制点、线、区要素的样式，其关键是调用矢量地图的setStyle方法。其中，由点、线、区要素的样式函数作为setStyle方法的参数，例如创建点要素样式函数为createPointStyleFunction，其参数为需要设置样式的矢量地图。

6.4 图形交互编辑

一个几何图形的要素包括几何、属性、图形等信息。在具体开发应用中，我们不仅需要编辑图形的样式，同样也要修改已绘制图形的几何信息。为了方便操作，修改图形的几何信息一般采用鼠标交互方式实现。针对图形的修改，OpenLayers 5提供了交互式编辑控件ol.interaction.Modify，可以结合选择要素控件ol.interaction.Select一起使用。

本示例在加载天地图瓦片地图基础上，添加了一个点、线、区图形，实现对图形要素进行编辑的功能，即修改其几何信息。

主要实现步骤如下：

（1）在OL5Demo网站的GraphicOperation目录下新建一个ModifyFeatures.htm页面，引用OpenLayers 5开发库与级联样式表，并加载天地图瓦片地图。

（2）编写脚本代码，分别加载一个点、线、区图形。

程序代码6-8　添加编辑的几何图形（点、线、区）

```
//绘制的几何图形要素
var pointFeature = new ol.Feature(new ol.geom.Point([114.1947, 30.5255]));
var lineFeature = new ol.Feature(new ol.geom.LineString([[114.2218, 30.5695], [114.2829, 30.4912]]));
var polygonFeature = new ol.Feature(new ol.geom.Polygon([[[114.2757, 30.5822], [114.3526, 30.5879],
                    [114.3608, 30.5367],   [114.3234, 30.5187], [114.2826, 30.5530]]]));
//实例化一个矢量地图 vector
var source = new ol.source.Vector({
    features: [pointFeature, lineFeature, polygonFeature]
});
var vector = new ol.layer.Vector({
    source: source, style: new ol.style.Style({
```

```
            fill: new ol.style.Fill({
                color: 'rgba(255, 255, 255, 0.2)'
            }),
            stroke: new ol.style.Stroke({color: '#ff0000', width: 2}),
            image: new ol.style.Circle({
                radius: 7,
                fill: new ol.style.Fill({
                    color: '#ff0000'
                })
            })
        })
    });
    map.addLayer(vector);                              //将矢量地图添加到地图容器中
```

（3）在地图容器中创建一个交互式编辑控件（ol.interaction.Modify）来实现几何编辑功能。在此，结合选择要素控件（ol.interaction.Select）实现，选中地要素后再进行编辑功能操作。

程序代码 6-9　图形编辑（修改几何图形）的关键脚本

```
    //定义修改几何图形功能控件
    var Modify = {
        init: function () {
            //初始化一个选择要素控件并添加到地图容器中
            this.select = new ol.interaction.Select();
            map.addInteraction(this.select);
            //初始化一个交互式编辑控件，并添加到地图容器中
            this.modify = new ol.interaction.Modify({
                features: this.select.getFeatures()                    //选中的要素集
            });
            map.addInteraction(this.modify);
            //设置激活状态变更的处理函数
            this.setEvents();
        },
        setEvents: function () {
            var selectedFeatures = this.select.getFeatures();          //选中的要素集
            //添加选中要素变更事件
            this.select.on('change:active', function () {
                //遍历选择要素集，返回当前第一个要素（即移除的要素）
                selectedFeatures.forEach(selectedFeatures.remove, selectedFeatures);
            });
        },
        setActive: function (active) {
            this.select.setActive(active);                             //激活选择要素
            this.modify.setActive(active);                             //激活修改要素
        }
    };
    Modify.init();                                                     //初始化 Modify 控件
    Modify.setActive(true);                                            //激活 Modify 控件
```

代码说明：为了实现选中要素后编辑几何图形的功能，OpenLayers 5封装了一个Modify控件，分别实现初始化init方法，设置事件的setEvents方法、设置是否激活控件的setActive方法。在调用时先调用Modify的init方法进行初始化，然后调用setActive方法来激活控件。

- init：在初始化时先加载选择要素控件（ol.interaction.Select），然后加载一个交互式编辑控件（ol.interaction.Modify），在实例化交互式编辑控件时设置修改的 features 为当前选中的要素，最后调用 setEvents 方法进行选择控件激活状态变更的处理。
- setEvents：在此方法中为当前选择的控件添加激活变更事件，在其事件处理函数中返回当前选择要素集的第一要素。
- setActive：在此方法中分别调用选择要素控件和交互式编辑控件的 setActive 方法，对这两个控件的状态是否激活进行控制。

6.5 练习

练习1：结合交互式图形绘制控件实现删除鼠标选中的几何图形的功能。

练习2：实现完整的几何图形编辑，包括几何、属性、图形等信息的编辑。

第 7 章 OpenLayers 之 OGC 服务篇

7.1 OGC 使用说明

开放地理信息系统协会（Open GIS Consortium，OGC）是一个非营利性的行业协会，成立于1994年，致力于促进采用新的技术和商业方式来提高地理信息处理的互操作性（Interoperability），OGC会员主要包括与GIS相关的计算机硬件和软件制造商（包括ESRI、Intergraph、MapInfo等知名GIS软件开发商），数据生产商以及一些高等院校、政府部门等，其技术委员会负责具体规范的制定工作。

开放地理数据互操作规范（Open Geodata Interoperation Specifications，OpenGIS）是由开放地理信息系统协会（OGC）提出和制定的关于空间数据互操作的规程及一系列规范。OGC制定的一系列规范，极大地促进了WebGIS的发展以及地理信息的共享与互操作。许多厂商都已认识到其重要性，表示支持OGC规范，并已推出支持OGC规范的WebGIS产品。由此可见，遵循OGC规范已成为WebGIS的一个发展趋势。

为实现地理信息的共享与互操作，OGC定义了一系列Web地理信息服务的抽象接口与实现规范，包括WMS、WFS、WMTS、WCS等，其基本框架结构如图7-1所示。

OGC致力于制定统一的规范，使得应用该规范的系统可在Web中对数据进行统一且透明的访问，抛开数据格式与数据模型的约束，实现不兼容的异构数据在分布式系统下的共享。OGC规范具有如下特点：

- 互操作性：在不同的信息系统之间实现无障碍的连接和交换。
- 开放性：公开接口规范，方便其他系统进行调用。
- 可移植性：平台无关性，可跨越多种硬件、操作系统、软件环境。
- 兼容性：兼容其他广泛应用的工业标准。

目前，针对WebGIS的开发应用，OGC已经发布了很多规范，目前常用的OGC规范与版本信息如表7-1所示。

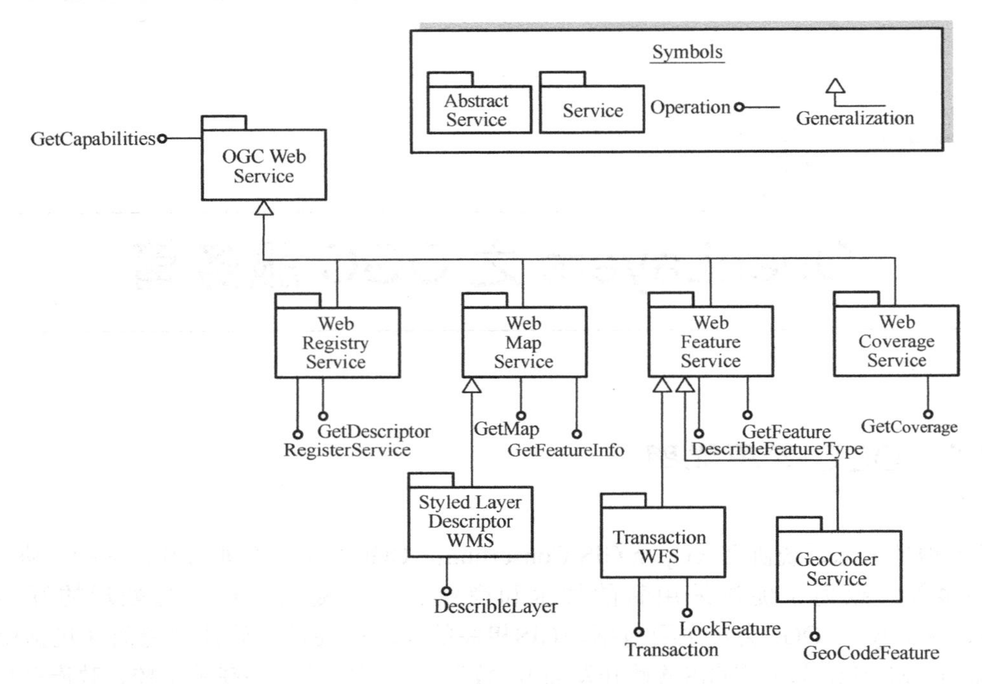

图 7-1　OGC 规范的基本框架结构

表 7-1　常用的 OGC 规范与版本信息

规　　范	规 范 说 明	版　　本
WMS	Web 地图服务，利用具有地理空间位置信息的数据制作地图，返回的是图层级的地图影像	1.1.1/1.3.0
WFS	Web 要素服务，返回的是要素级的 GML 编码，并提供对要素的增加、修改、删除等操作	1.0.0/1.1.0
WCS	Web 栅格服务，面向空间影像数据，将这些数据作为栅格（Coverage）在网上相互交换	1.0.0/1.1.0
WMTS	瓦片地图 Web 服务，该规范定义了一些操作，这些操作允许用户访问瓦片地图	1.0.0
WFS-G	地名地址要素服务，主要提供地名、地址数据的查询和检索功能，遵循 OGC 的 WFS 规范	1.0.0/1.1.0
WPS	Web 处理服务，用于解决空间信息互操作的问题	1.0.0
CSW	目录服务，支持空间数据集的发布和搜索	1.1.0/2.0.2

OGC规范支持HTTP GET/POST、SOAP、REST、KVP等通信协议，支持XML、GML、KML和GeoJSON等格式的开放数据。作为Web服务体系成员的OGC规范，支持各种方式的Web客户端的调用，包括JavaScript、Flex、Silverlight等；同时也支持Web后台程序请求访问。

注：KVP，即Key-Value-Pair（键值对），是ZigBee规范定义的特殊数据传输机制，通过一种规定来标准化数据传输格式和内容，主要用于传输较简单的变量值格式。

7.2　OGC 规范的加载原理

OpenLayers是一个用于开发WebGIS客户端的JavaScript包，支持OGC制定的WMTS、WMS、WFS等规范，可以通过远程服务的方式，将以OGC规范发布的地图数据加载到基于浏览器的OpenLayers客户端中显示。OpenLayers对OGC规范调用进行了很好的控件封装，使用非常简便。因此，使用OpenLayers调用REST风格的OGC规范，已成为目前Web客户端应用OGC规范的重要方式。

对于OGC规范的数据显示，OpenLayers 5封装了一些数据源，如针对WMTS数据的ol.source.WMTS，针对WMS数据的ol.source.ImageWMS和ol.source.TileWMS等。这些OGC规范数据的显示，与其他类型的数据加载方法类似，即通过图层+数据源的方式加载显示，在实例化数据源对象时设置OGC规范的URL地址与相关参数，但不同OGC规范的数据加载方法有些区别。

（1）WMTS：即Web瓦片地图服务，WMTS的GetTile接口返回的就是单张瓦片地图，其调用方式与其他类型的瓦片地图相同。可以使用ol.layer.Tile + ol.source.WMTS加载WMTS，由数据源（ol.source.WMTS）内部处理与请求WMTS，加载所请求范围内的瓦片地图。

（2）WMS：即Web地图服务，WMS的GetMap接口返回指定范围内的地图，因此可以以图片图层的方式加载，也可以以瓦片地图的方式加载，即可以使用ol.layer.Image + ol.source.ImageWMS的方式加载，或者使用ol.layer.Tile + ol.source.TileWMS的方式加载。WCS与WMS类似，WCS的GetCoverage接口返回指定范围内的影像图片，因此WCS的加载方式与WMS基本相同。

（3）WFS：即Web要素服务，WFS的GetFeature接口返回GML等格式的矢量地图，其调用方式与其他类型的矢量地图相同。因此，WFS的加载方式与矢量地图类似，可以使用ol.layer.Vector+ ol.source.Vector的方式加载。

7.3 OGC 规范数据显示

随着GIS互操作、GIS资源共享的不断发展，OGC逐渐受到大家的关注，越来越多平台和产品支持OGC规范，越来越多项目和应用接入OGC服务，网络中的公共GIS资源的应用更加开放、灵活。在WebGIS发展中，OGC的重要性与作用显而易见。在网络中发布的OGC服务资源，GIS开发者可以很方便地调用各类符合OGC规范的GIS数据服务，不但能实现瓦片、矢量、影像等地图的加载，还可以通过WFS的接口查询要素，实现要素的增、删、改等编辑功能，甚至可以通过WPS进行GIS的空间分析功能。

OGC服务的功能越来越强大，但OGC规范数据的加载显示是最基础的部分，必须由相应的GIS服务器发布OGC服务，提供服务资源的支持。本章介绍的OGC规范数据显示功能示例，使用的是ArcGIS OnLine、GeoServer等在线提供的OGC服务。

7.3.1 加载 WMTS

WMTS提供瓦片地图服务，通过WMTS可以将发布的瓦片地图加载到客户端。本示例基于OpenLayers 5加载WMTS，将天地图发布的WMTS的瓦片地图加载到地图容器中。

例如，在本示例中使用天地图发布的一个矢量注记WMTS，其服务地址为“http://t0.tianditu.gov.cn/cva_c/wmts?LAYER=cva&tk=您的天地图密钥”。

主要实现步骤如下：

（1）在OL5Demo网站的OGCResources目录下新建一个LoadWMTSMap.htm页面，引用

OpenLayers 5开发库与级联样式表、jQuery库，并加载天地图瓦片地图。

（2）在示例页面通过复选框控制加载WMTS，并设置其样式。

程序代码 7-1　复选框代码

```
<div id="menu">
    <label class="checkbox" style="font-weight: bold;"><input type="checkbox" name="maps" value=
"wmts" />天地图矢量注记 WMTS</label>
</div>
```

（3）在脚本域中编写加载WMTS的功能代码，其关键为创建瓦片地图图层（ol.layer.Tile）对象，瓦片地图的数据源为实例化的ol.source.WMTS，在此WMTS数据源中必须设置WMTS服务器地址参数url、瓦片网格对象参数tileGrid、投影坐标系参数projection等。

程序代码 7-2　加载 WMTS 的关键代码

```
//WMTS 数据源
var wmtsLayer;
//通过计算范围得到分辨率数组
var projection = ol.proj.get('EPSG:4326');
var projectionExtent = projection.getExtent();
var size = ol.extent.getWidth(projectionExtent) / 256;
var resolutions = new Array(14);
var matrixIds = new Array(14);
for (var z = 0; z < 14; ++z) {
    //生成 WMTS 分辨率数组和 matrixIds
    resolutions[z] = size / Math.pow(2, z);
    matrixIds[z] = z;
}
//数据源信息
var attribution = new control.ol.Attribution({
    html: 'Tiles &copy; <a href="http://t0.tianditu.cn/cva_c/wmts?LAYER=cva">天地图矢量注记</a>'
});
//实例化 ol.layer.Tile 和 ol.source.WMTS
wmtsLayer = new ol.layer.Tile({
    opacity: 1, //图层透明度
    source: new ol.source.WMTS({
        attributions: [attribution],                        //数据源信息
        url: ' http://t0.tianditu.gov.cn/cva_c/wmts?LAYER=cva&tk=您的天地图密钥', //WMTS 服务器地址
        matrixSet: 'c',                                     //投影坐标系设置矩阵
        format: 'png',                                      //图片格式
        projection: projection,                             //数据的投影坐标系
        //瓦片网格对象参数
        tileGrid: new ol.tilegrid.WMTS({
            origin: ol.extent.getTopLeft(projectionExtent), //原点（左上角）
            resolutions: resolutions,                       //分辨率数组
            matrixIds: matrixIds                            //矩阵标识列表，与地图级数保持一致
        }),
        style: 'default',
```

```
            wrapX: true
        })
    });
    //通过复选框来加载或移除 WMTS
    $("input[name='maps']")[0].onclick = function () {
        if ($("input[name='maps']")[0].checked) {
            map.addLayer(wmtsLayer);                    //加载 WMTS
        }
        else {
            map.removeLayer(wmtsLayer);                 //移除 WMTS
        }
    };
```

代码说明：上述代码的关键是实例化ol.source.WMTS，需要设置以下一些关键参数。

- url：请求WMTS的URL地址参数，即WMTS的服务地址。
- format：请求WMTS返回的瓦片地图格式，一般用png格式。
- projection：WMTS瓦片地图的投影坐标系参数，在此设置为经纬度坐标。
- tileGrid：瓦片网格对象信息参数，此参数最为关键，可使用 ol.tilegrid.WMTS 的对象设置。其中，origin 为瓦片地图原点，resolutions 为分辨率数组（与瓦片级数相对应），matrixIds 则为矩阵标识列表，与瓦片地图级别保持一致。

7.3.2　加载 WMS

WMS提供Web地图服务，可通过WMS将发布的地图加载到客户端。本示例基于OpenLayers 5加载WMS，将WMS（即USA地图）加载到地图容器中，如图7-2所示。可以用不同的方式加载WMS，在本示例中分别介绍了三种加载方式。

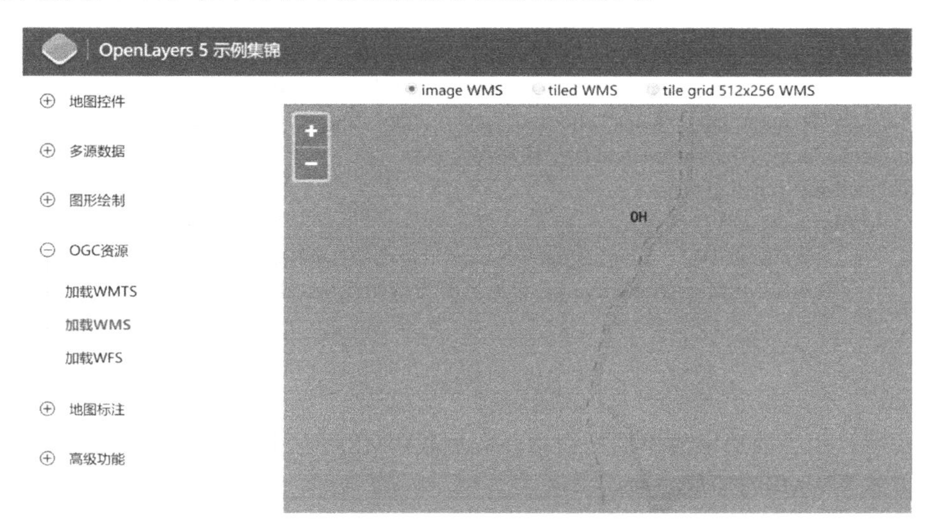

图 7-2　加载 WMS

在本示例中，使用基于GeoServer发布的两个WMS：一个WMS的服务地址为http://demo.boundlessgeo.com/geoserver/wms，请求的图层名（layers）为topp:states；另一个WMS的服务

地址为http://demo.boundlessgeo.com/geoserver/ne/wms/，请求的图层名（layers）为ne:ne_10m_admin_0_countries。

主要实现步骤如下：

（1）在OL5Demo网站的OGCResources目录下新建一个LoadWMSMap.htm页面，引用OpenLayers 5开发库与级联样式表、jQuery库，并加载天地图瓦片地图。

（2）在示例页面通过单选按钮（radio）来加载WMS，并设置其样式。

程序代码7-3　加载WMS示例的页面

```
<div id="menu">
    <label class="checkbox">
        <input type="radio" name="maps" value="img" />image WMS
    </label>
    <label class="checkbox">
        <input type="radio" name="maps" value="tile" />tiled WMS
    </label>
    <label class="checkbox">
        <input type="radio" name="maps" value="tilegrid" />tile grid 512x256 WMS
    </label>
</div>
```

代码说明：上述代码分别给出了三种加载WMS的方式，可在页面中通过单选按钮（radio）进行加载功能项的控制。

（3）在脚本中编写加载WMS的代码，根据客户端页面选择的方式加载对应的WMS，其关键为创建对应的WMS数据源对象。

程序代码7-4　加载WMS的脚本代码

```
//实现加载 WMS 地图图层的单选按钮功能
$("input[type='radio'][name='maps']").attr("checked", false); //所有单选按钮都不选中
$("input[type='radio'][name='maps']").get(0).checked = true; //选中第一个单选按钮
loadWMSMap($("input[name='maps']:checked").val()); //默认加载选中的地图
$("input[name='maps']").each(function () {//循环绑定事件
    this.onclick = function () {
        if (this.checked) {
            var checkedVal = $("input[name='maps']:checked").val();
            loadWMSMap(checkedVal); //根据当前类型加载 WMS
        }
    }
});
```

代码说明：由当前选中的单选按钮项获取加载WMS的方式，然后通过loadWMSMap函数实现对应方式下WMS的加载功能。

程序代码7-5　加载WMS的关键代码

```
/* 根据选择的类型加载 WMS
* @param {string} type 类型参数*/
function loadWMSMap(type) {
```

```
if (wmsLayer != null) {
    map.removeLayer(wmsLayer);                       //移除 WMS
    wmsLayer = null;
}
//使用 img 图层
if (type == "img") {
    //实例化 ol.layer.Image 和 ol.source.ImageWMS
    wmsLayer = new ol.layer.Image({
        extent: [-13884991, 2870341, -7455066, 6338219],     //数据范围
        source: new ol.source.ImageWMS({
            //WMS 的服务地址
            url: 'http://demo.boundlessgeo.com/geoserver/wms',
            params: { 'LAYERS': 'topp:states' },              //图层参数
            serverType: 'geoserver'                            //服务类型
        })
    });
}
//使用 tile 图层
else if (type == "tile") {
    //实例化 ol.layer.Tile 和 ol.source.TileWMS
    wmsLayer = new ol.layer.Tile({
        source: new ol.source.TileWMS({
            url: 'http://demo.boundlessgeo.com/geoserver/ne/wms',        //WMS 的服务地址
            params: { 'LAYERS': 'ne:ne_10m_admin_0_countries', 'TILED': true },   //参数
            serverType: 'geoserver'                                        //服务类型
        })
    })
}
//使用自定义 tileGrid 的 tilegrid 图层
else if (type == "tilegrid") {
    //通过计算范围得到分辨率数组 resolutions
    var projExtent = ol.proj.get('EPSG:3857').getExtent();
    var startResolution = ol.extent.getWidth(projExtent) / 256;
    var resolutions = new Array(22);
    for (var i = 0, ii = resolutions.length; i < ii; ++i) {
        resolutions[i] = startResolution / Math.pow(2, i);
    }
    //实例化 ol.tilegrid.TileGrid
    var tileGrid = new ol.tilegrid.TileGrid({
        extent: [-13884991, 2870341, -7455066, 6338219],     //数据范围
        resolutions: resolutions,                            //分辨率数组
        tileSize: [512, 256]                                 //瓦片地图的大小
    });
    //用 ol.layer.Tile 实例化 WMS 图层，设置 ol.source.TileWMS 的 tileGrid 参数
    wmsLayer = new ol.layer.Tile({
        source: new ol.source.TileWMS({
            url: 'http://demo.boundlessgeo.com/geoserver/wms',     //WMS 的服务地址
```

```
                params: { 'LAYERS': 'topp:states', 'TILED': true },      //图层参数
                serverType: 'geoserver',                                  //服务类型
                tileGrid: tileGrid                                        //瓦片网格信息参数（瓦片大小为512×256）
            })
        })
    }
    map.addLayer(wmsLayer);                                               //添加WMS
}
```

代码说明：上述代码分别用三种方式加载WMS，其关键为实例化WMS数据源，需要设置一些关键参数。

方式一：使用ol.layer.Image + ol.source.ImageWMS方式，在实例化ImageWMS数据源时设置以下关键参数。

- url：请求WMS的URL地址，即WMS的服务地址。
- params：图层参数，与WMS的GetMap接口保持一致，设置为WMS GetMap接口的各个参数项，如layers表示请求的图层名参数。
- serverType：请求的服务类型，即提供WMS服务的服务器类型，如MapServer、GeoServer、QGIS等。

方式二：使用ol.layer.Tile + ol.source.TileWMS方式，在实例化TileWMS数据源时需要设置的关键参数与方式一相同。

方式三：使用ol.layer.Tile + ol.source.TileWMS方式，与前两种方式不同的是使用512×256的瓦片网格加载，即通过TileWMS数据源的tileGrid参数设置瓦片网格信息参数，设置为实例化ol.tilegrid.TileGrid的网格对象。

7.3.3 加载WFS

WFS提供了Web要素服务，类似于常用的矢量地图服务，通过WFS可以将发布的矢量地图加载到客户端。本示例基于OpenLayers 5加载WFS，将一个WFS加载到地图容器中，如图7-3所示。

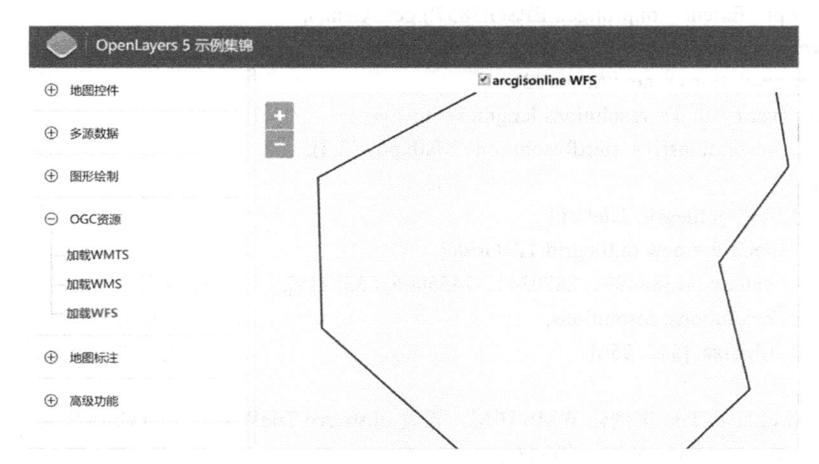

图7-3 加载WFS

在本示例中使用基于GeoServer发布的WFS，其服务地址为http://demo.boundlessgeo.com/geoserver/wfs，请求的typename为osm:ne_110m_admin_0_boundary_lines_land，投影坐标系为EPSG:4326。

主要实现步骤如下：

（1）在OL5Demo网站的OGCResources目录下新建一个LoadWFSFeatrue.htm页面，引用OpenLayers 5开发库与级联样式表、jQuery库，加载天地图矢量地图并设置其投影坐标系为EPSG:4326；

（2）在示例页面通过复选框（checkbox）来加载WFS的矢量地图，并设置其样式。

程序代码 7-6　加载 WFS 的复选框代码

```
<div id="menu">
<label class="checkbox" style="font-weight: bold;"><input type="checkbox" name="maps" value="wfs" />arcgisonline WFS</label>
</div>
```

（3）在脚本中编写加载WFS的代码，即实例化矢量地图（ol.layer.Vector）和矢量数据源（ol.source.Vector），将矢量地图加载到地图容器中。关键是矢量数据源对象的设置，通过loader参数设置请求WFS的方法，以此方法请求WFS的GetFeature接口，将解析后的矢量数据加载到矢量数据源中。

程序代码 7-7　加载 WFS 的脚本代码

```
//通过复选框控制加载与移除 WFS
$("input[name='maps']")[0].onclick = function () {
    if ($("input[name='maps']")[0].checked) {
        map.addLayer(wfsLayer);                    //加载 WFS 的矢量地图
    }
    else {
        map.removeLayer(wfsLayer);                 //移除 WFS 的矢量地图
    }
};
```

代码说明：由当前复选框控制是否加载WFS，即分别通过Map的addLayer方法与removeLayer方法实现WFS数据图层的加载与移除功能。

程序代码 7-8　加载 WFS 数据的关键脚本

```
var wfsLayer;                                  //WFS 图层
var vectorSource;                              //矢量数据源
//创建 ol.format.GeoJSON 对象，用来解析 WFS 的 GetFeature 接口的响应结果
var geojsonFormat = new ol.format.GeoJSON();
//实例化矢量数据源对象（使用 ajax 方法请求 WFS）
vectorSource = new ol.source.Vector({
    loader: function (extent, resolution, projection) {
        //WFS 的 GetFeature 接口访问地址，指定服务回调函数
        var url = 'http://demo.boundlessgeo.com/geoserver/wfs?service=WFS&' +
            'version=1.1.0&request=GetFeature&typename=osm:ne_110m_admin_0_boundary_lines_
                land&' + 'outputFormat=text/javascript&format_options=callback:loadFeatures' +
```

```
                    '&srsname=EPSG:4326&bbox=' + extent.join(',') + ',EPSG:4326';
                //使用 jQuery 的 ajax 方法进行请求，使用 jsonp 方式，设置参数 jsonp 为 false，以防止 jQuery
添加 callback 回调函数
                $.ajax({ url: url, dataType: 'jsonp', jsonp: false });
            },
            //设置加载策略
            strategy: ol.loadingstrategy.tile(ol.tilegrid.createXYZ({
                maxZoom: 19
            }))
        });
        /* jsonp WFS 的回调函数（callback）
        * @param {Object} response 响应对象*/
        window.loadFeatures = function (response) {
            //解析 WFS 的 GetFeature 接口响应结果，将解析得到的矢量地图添加到矢量数据源中
            vectorSource.addFeatures(geojsonFormat.readFeatures(response));
        };
        //实例化 ol.layer.Vector 对象并加载 WFS
        wfsLayer = new ol.layer.Vector({
            //矢量数据源（WFS 的矢量要素）
            source: vectorSource,
            //矢量要素样式
            style: new ol.style.Style({
                stroke: new ol.style.Stroke({
                    color: 'rgba(0, 0, 255, 1.0)',
                    width: 2
                })
            })
        });
```

代码说明：加载WFS的关键是通过ajax方式请求WFS的GetFeature接口，在ajax请求的回调函数中用数据解析类（ol.format.GeoJSON）解析返回的矢量数据，最后将解析后的矢量要素加载到矢量数据源中。在本示例中，采用jsonp方式的ajax方法请求WFS，在其服务请求的url地址中指定服务回调函数，并在此回调函数中处理请求返回的矢量数据。

7.4 练习

练习1：尝试加载其他GIS厂商的WMTS和WMS，如天地图、MapGIS等。

练习2：尝试基于WFS的Transaction接口，在地图上同步实现要素的增、删、改等操作。

练习3：尝试结合关系数据库，基于WFS读取矢量要素并存储到后台。

第8章 OpenLayers之高级功能篇

8.1 地图标注功能

地图标注是将空间位置信息点与地图关联，通过图标、窗口等形式把相关的信息展现到地图上。地图标注也是WebGIS中的比较重要的功能之一，在大众应用中较为常见。基于地图标注，可以为用户提供更多个性化的地图服务，如标注兴趣点等。

8.1.1 地图标注的基本原理

地图标注的应用比较灵活，提供了用户交互式标注功能，以及在程序中预先加载标注等多种方式。用户交互式标注，是指在地图上知道大概位置，用户可通过鼠标交互来添加标注。如果已知要标注点的位置信息与其他属性，就可以直接在程序中处理并添加标注点，在地图上叠加显示标注点。地图标注的表现形式包括简单的图文标注、冒泡信息窗口标注、聚合标注等。

地图标注的基本原理是：获取标注点的空间位置（*X*、*Y*逻辑坐标），在该位置上叠加显示图标（或包含信息的小图片），必要时以窗口形式显示详细的信息。其中，在获取标注点*X*、*Y*逻辑坐标值时要注意，通过鼠标在地图上单击可得到窗口坐标后，一般需要将窗口坐标转为逻辑坐标。

OpenLayers 5提供了实现地图标注功能的各类控件与方法，主要是基于叠加层（ol.Overlay）并结合HTML的网页控件实现的，其中展示标注信息的HTML控件可以使用第三方JavaScript UI库实现相应的页面特效。另外，由于OpenLayers 5使用独立的样式类设置矢量要素信息，提供的ol.style.Icon类可以为矢量点要素设置图片标识，ol.style.Text类则可以直接设置矢量点要素的文本信息，因此还可以通过矢量点要素方式实现标注功能。

在具体应用中，可以根据需要直接使用OpenLayers 5已有的控件，或者在OpenLayers 5中扩展封装自定义的标注控件。

8.1.2 图文标注

图片标注是使用图标展现标注点的信息的，它是最简单的地图标注形式，也是其他自定义标注的基础。图文标注是通过文本和图标来展现标注点的信息的，是一种基本的地图标注形式。一般情况下，文本描述标注点的关键或主题信息（如名称等），图标则作为标注点的位置标识，也包含一定的属性信息（如类型等）。

图片标注功能一般是使用OpenLayers 5的ol.Overlay结合HTML的一个div或img标签元素来实现的。文本标注的实现方式与图片标注类似，首先创建一个ol.Overlay对象，然后关联添加的HTML的text或a标签元素来实现。另外，也可以使用加载矢量点要素的方式实现图文标注，设置点要素的图形样式为ol.style.Icon，文字样式为ol.style.Text。

本示例使用天地图的瓦片地图作为底图，分别以北京、武汉为标注点，采用矢量层标注和叠加层标注两种方式进行标注，分别实现两种方式下鼠标交互添加图文标注的功能。

主要实现步骤如下：

（1）在OL5Demo网站的MapMarker目录下新建一个AddTextandPic.htm页面，引用OpenLayers 5开发库与级联样式表、jQuery库，并加载天地图的瓦片地图。

（2）在示例页面通过单选按钮（radio）控制叠加层标注和矢量层标注的功能项，以及添加叠加层标注的HTML标签元素。叠加层标注需要在页面中创建一个标注层（地图容器），即本示例中id为label的地图容器，所有叠加层标注均是在这个地图容器中创建的。

程序代码 8-1　图文标注示例的页面代码

```
<body>
    <div id="menu">
            选择标注类型后用鼠标在地图上单击添加标注:
            <label class="checkbox" ><input type="radio" name="label" value="vector" checked="checked"/>
                                Vector Labels </label>
            <label class="checkbox" ><input type="radio" name="label" value="overlay"/>Overlay Labels
                                </label>
    </div>
        <div id="map" > </div>
    <div id="label" style="display: none;">
        <div id="marker" class="marker" title="Marker">
            <a class="address" id="address" target="_blank" href="http://www.openlayers.org/">标注点
            </a>
        </div>
    </div>
</body>
```

代码说明：上述id为label的div层为叠加层标注的地图容器，每创建一个图文标注，都需要在该地图容器中分别新增一个图形标签元素（marker）和一个文本标签元素（address）。在上述代码中，在地图容器中添加的marker和address元素是静态添加的武汉标注点。

程序代码 8-2　示例样式设置

```
<style type="text/css">
    body,html,div,ul,li,iframe,p,img{ border:none;padding:0;margin:0; }
    #map{ width:100%; height:580px; position: absolute;}
    #menu{ width:100%; height:20px; padding:5px 10px; left:10px;
                    font-size:14px; font-family:"微软雅黑"; text-align: center;}
    .checkbox { margin:5px 15px; }
    .marker { width: 20px; height: 20px; border: 1px solid #088; border-radius: 10px;
                    background-color: #0FF; opacity: 0.5; }
    .address { text-decoration: none; color: #aa3300; font-size: 14px; font-weight: bold;
```

```
            text-shadow: black 0.1em 0.1em 0.2em; }
</style>
```

代码说明：在上述代码中，class为marker的是叠加层标注的样式，主要设置标注的图形信息，一般可设置为img图标或者圆点；class为address叠加层标注的文本标签样式，可以设置文本的字体、颜色、大小等样式。

（3）在脚本中编写静态添加标注的代码，用矢量层标注方式添加“北京市”标注点，用叠加层标注方式添加“武汉市”标注点。

程序代码 8-3　静态添加图文标注的脚本

```
var beijing = ol.proj.fromLonLat([116.28, 39.54]);
var wuhan = ol.proj.fromLonLat([114.21, 30.37]);
//实例化矢量点要素，通过矢量层标注方式添加到地图容器中
var iconFeature = new ol.Feature({
    geometry: new ol.geom.Point(beijing),
    name: '北京市',                          //名称属性
    population: 2115                         //大概人口数（万）
});
iconFeature.setStyle(createLabelStyle(iconFeature));
//矢量层标注的数据源
var vectorSource = new ol.source.Vector({
    features: [iconFeature]
});
//矢量层标注的图层
var vectorLayer = new ol.layer.Vector({
    source: vectorSource
});
map.addLayer(vectorLayer);
//实例化叠加层标注，并添加到地图容器中
var marker = new ol.Overlay({
    position: wuhan,
    positioning: 'center-center',
    element: document.getElementById('marker'),
    stopEvent: false
});
map.addOverlay(marker);
marker.getElement().title = "武汉市";
var text = new ol.Overlay({
    position: wuhan,
    element: document.getElementById('address')
});
map.addOverlay(text);
text.getElement().innerText = marker.getElement().title;
```

代码说明：上述代码为静态添加标注点的方法，即已知标注点的坐标信息（北京市、武汉市），直接将标注点添加到地图中。

矢量层标注：与加载矢量点要素相同，分别实例化矢量地图（ol.layer.Vector）和矢量数据源（ol.source.Vector），将矢量地图加载到地图容器中。其中，在矢量数据源中设置的矢量点要素通过实例化ol.Feature创建，分别设置要素的几何信息（geometry）与属性信息（如name、population）等。矢量点要素的样式调用setStyle方法设置，由createLabelStyle函数实现，具体参见程序代码8-4。

ol.Feature的关键参数如下：

- geometry：几何图形对象，标注点一般设置为 ol.geom.Point 对象，可通过其逻辑坐标点设置。
- 自定义的属性信息，如 name、population 等，可根据需要自行定义，这些属性信息可通过调用 get 方法获取，如 feature.get('name')。

叠加层标注：实例化叠加层标注（ol.Overlay）对象，关联页面中创建的HTML元素，调用map的addOverlay方法将其加载到地图容器中。在本示例中添加图文标注，需要分别创建图标与文本两个ol.Overlay对象，并分别在关联的地容容器（label）里创建的图形标签元素（marker）和文本标签元素（address）。

ol.Overlay的关键参数如下：

- position：叠加对象的地理位置参数，标注点设置为其逻辑坐标点。
- element：目标元素，即Overlay对象关联的HTML元素，承载Overlay的页面元素。

程序代码 8-4　矢量层标注的样式函数

```
/* 创建矢量层标注样式函数，设置 image 为图标 ol.style.Icon
* @param {ol.Feature} feature 要素*/
var createLabelStyle = function (feature) {
    return new ol.style.Style({
        image: new ol.style.Icon(/** @type {olx.style.IconOptions} */({
            anchor: [0.5, 60],
            anchorOrigin: 'top-right',
            anchorXUnits: 'fraction',
            anchorYUnits: 'pixels',
            offsetOrigin: 'top-right',
            opacity: 0.75,                                      //透明度
            src: '../../images/label/blueIcon.png'              //图标的 URL
        })),
        text: new ol.style.Text({
            textAlign: 'center',                                //位置
            textBaseline: 'middle',                             //基线
            font: 'normal 14px 微软雅黑',                        //文字样式
            text: feature.get('name'),                          //文字内容
            fill: new ol.style.Fill({ color: '#aa3300' }),      //文字填充样式（即文字颜色）
            stroke: new ol.style.Stroke({ color: '#ffcc33', width: 2 })
        })
    });
}
```

代码说明：createLabelStyle()为设置矢量点要素样式的函数，使用ol.style.Icon设置图形参数（image），使用ol.style.Text设置文本参数（text）。其中，在实例化ol.style.Icon时，src参数设置为图片的相对地址；在实例化ol.style.Text时，text参数设置为要显示的文本内容，此示例通过feature.get('name')显示矢量点要素的name属性值。

（4）为map对象添加click监听事件，在地图单击事件处理函数中根据类型添加标注点，即通过addVectorLabel()添加一个矢量点标注，通过addOverlayLabel()添加一个叠加层标注。

程序代码 8-5　交互添加的关键代码

```
//为 map 对象添加 click 监听事件
map.on('click', function (evt) {
    var type = $("input[name='label']:checked").val();
    var point = evt.coordinate;                    //鼠标单击点坐标
    if (type == "vector") {
        addVectorLabel(point);                     //添加一个新的标注（矢量点要素）
    }
    else if (type == "overlay") {
        addOverlayLabel(point);                    //添加新的图文标注（叠加层标注）
    }
});
```

代码说明：交互添加标注，要为map添加鼠标单击（click）监听事件，在click事件的回调函数中得到鼠标单击点的逻辑坐标点，然后分别通过addVectorLabe与addOverlayLabel方法添加一个新的标注点。

程序代码 8-6　添加图文标注的关键代码

```
/* 添加一个新的标注（矢量层标注）
* @param {ol.Coordinate} coordinate 坐标点*/
function addVectorLabel(coordinate) {
    //新建一个矢量点要素 ol.Feature
    var newFeature = new ol.Feature({
        geometry: new ol.geom.Point(coordinate),        //几何信息
        name: '标注点'                                   //名称属性
    });
    newFeature.setStyle(createLabelStyle(newFeature)); //设置矢量点要素的样式
    vectorSource.addFeature(newFeature);               //将矢量点要素添加到数据源中
}
/* 添加一个新的图文标注（叠加层标注）
* @param {ol.Coordinate} coordinate 坐标点*/
function addOverlayLabel(coordinate) {
    var elementDiv = document.createElement('div');    //新增 div 层元素
    elementDiv.className = "marker";
    elementDiv.title = "标注点";
    var overlay = document.getElementById('label');    //获取 id 为 label 的元素
    overlay.appendChild(elementDiv);                   //为 id 为 label 的 div 层添加 div 子节点
    var elementA = document.createElement("a");        //新增 a 元素
    elementA.className = "address";
```

```
        elementA.href = "#";
        setInnerText(elementA, elementDiv.title);          //设置文本
        elementDiv.appendChild(elementA);                  //为新建的 div 元素添加 a 子节点
        //实例化图文标注（图形+文本）并添加到地图容器中
        var newMarker = new ol.Overlay({
            position: coordinate,
            positioning: 'center-center',
            element: elementDiv,
            stopEvent: false
        });
        map.addOverlay(newMarker);
        var newText = new ol.Overlay({
            position: coordinate,
            element: elementA
        });
        map.addOverlay(newText);
    }
    /* 动态设置页面元素的文本内容*/
    function setInnerText(element, text) {
        if (typeof element.textContent == "string") {
            element.textContent = text;
        } else {
            element.innerText = text;
        }
    }
```

代码说明：通过鼠标单击事件交互添加标注点，与静态添加标注点的方法基本相同，不同之处是在添加叠加层标注点时需要动态创建标注的目标HTML元素。在上述addOverlayLabel函数中，通过dom的createElement、appendChild等方法，在标注层（label）中动态创建图形标签元素（marker）和文本标签元素（address）。

8.1.3 Popup 标注

Popup标注是通过冒泡方式显示标注点的详细信息的，一般结合基本标注点使用。Popup标注比较灵活，可以结合HTML、CSS等自定义标注信息的展现样式，在弹出框中描述标注点详细信息。OpenLayers 5中的Popup标注是基于ol.Overlay实现的，Overlay对象关联的目标元素为Popup标注的弹出框（即class定义为ol-popup的div层），并作为Popup标注的容器，在此容器中装载标注点的详细信息，可以自定义标注点详细信息的展现方式，使得信息展现形式美观且使用方便。

本示例在天地图的瓦片地图上，以北京市为标注点，结合OpenLayers 5的Popup标注，在图片标注的基础上增加鼠标单击监听事件，在鼠标单击图标时弹出自定义内容的Popup标注，如图8-1所示。

图 8-1　Popup 标注示例

主要实现步骤如下：

（1）在OL5Demo网站的MapMarker目录下新建一个AddPopup.htm页面，引用OpenLayers 5的开发库与级联样式表、jQuery库，并加载天地图的瓦片地图。

（2）通过加载矢量点要素标注方法，添加一个基本的图文标注（如北京市），具体方法可参见8.1.2节。

（3）在页面中添加Popup标注的目标HTML元素，并设置Popup标注的样式，包括Popup标注的弹出框的样式，以及Popup标注的容器里的展现元素样式。

程序代码 8-7　Popup 标注弹出框页面代码

```
<body>
    <div id="menu">鼠标单击标注点弹出 Popup 标注</div>
    <div id="map" >
        <!-- Popup -->
        <div id="popup" class="ol-popup" >
            <a href="#" id="popup-closer" class="ol-popup-closer"></a>
            <div id="popup-content">
            </div>
        </div>
    </div>
</body>
```

代码说明：实现Popup标注有两个部分，其中一部分是创建Popup标注的目标容器与相关元素。

- Popup 标注的目标容器：id 为 popup 的 div 层，其 class 设置为 ol-popup，采用默认的 Popup 标注框样式，可自定义其高宽、背景等样式。
- Popup 标注的关闭按钮：id 为 popup-closer 的 a 元素，其 class 设置为 ol-popup-closer，采用默认的关闭按钮样式，同样可以自定义其样式。
- Popup 标注的内容容器：id 为 popup-content 的 div 层，标注详细信息的内容将在此容器中显示，样式可自定义。

程序代码 8-8　示例样式设置

```
<style type="text/css">
    body,html{ border:none;padding:0;margin:0; }
    #menu{width:100%;height:20px;padding:5px 10px; font-size:14px; font-family:"微软雅黑";
                        left:10px; text-align: center;}
    #map{width:100%; height: 95%; position: absolute;}
    .ol-popup {position: absolute; background-color: white;
        -webkit-filter: drop-shadow(0 1px 4px rgba(0,0,0,0.2));
        filter: drop-shadow(0 1px 4px rgba(0,0,0,0.2));
        padding: 15px; border-radius: 10px; border: 1px solid #cccccc;
        bottom: 12px; left: -50px; }
    .ol-popup:after, .ol-popup:before {top: 100%;border: solid transparent; content: " ";
        height: 0; width: 0; position: absolute; pointer-events: none;}
        .ol-popup:after { border-top-color: white; border-width: 10px; left: 48px;
        margin-left: -10px; }
    .ol-popup:before {border-top-color: #cccccc; border-width: 11px; left: 48px;
        margin-left: -11px; }
    .ol-popup-closer { text-decoration: none; position: absolute; top: 2px;right: 8px; }
    .ol-popup-closer:after { content: "✖"; }
    #popup-content{font-size:14px; font-family:"微软雅黑"; }
    #popup-content .markerInfo { font-weight:bold; }
</style>
```

代码说明：在上述代码中，主要根据本示例的Popup标注内容分别设置了Popup标注的目标容器、关闭按钮、内容容器的相关样式。

（4）编写添加Popup标注的关键代码。本示例中通过单击“北京市”标注点的图标弹出Popup标注，因此需要结合地图单击事件来实现，在单击“北京市”图标时动态弹出Popup标注。

具体实现需要如下几个关键步骤：

① 获取标注点详细信息。一般在应用中都是通过ajax方法读取关系数据库信息的，返回JSON等格式的信息串。为实现方便，在本示例中直接使用一个JSON格式的featuerInfo对象存储坐标点（北京市）的详细信息。

程序代码 8-9　标注点信息对象

```
    var beijing = ol.proj.fromLonLat([116.28, 39.54]);
    //示例标注点北京市的信息对象
    var featuerInfo = {
        geo: beijing,
        att: {
            title: "北京市(中华人民共和国首都)",    //标注信息的标题内容
            titleURL: "http://www.openlayers.org/",    //标注详细信息链接
            text: "北京（Beijing），简称京，中华人民共和国首都、直辖市，中国的政治、文化和国际交往
中心……",                                    //标注内容简介
            imgURL: "../../images/label/bj.png"        //标注的图片
        }
    }
```

② 添加Popup标注。实例化ol.Overlay对象，关联Popup标注的目标容器（id为popup的div层），调用addOverlay方法将Overlay对象添加到地图容器中。其中，要为Popup标注的关闭按钮添加单击事件隐藏Popup标注，还要实现动态创建Popup标注内容的addFeatrueInfo方法。

程序代码 8-10　添加 Popup 标注的关键代码

```
/* 实现 Popup 标注的 HTML 元素*/
var container = document.getElementById('popup');
var content = document.getElementById('popup-content');
var closer = document.getElementById('popup-closer');
/* 在地图容器中创建一个 Overlay 对象*/
var popup = new ol.Overlay(/** @type {olx.OverlayOptions} */({
    element: container,
    autoPan: true,
    positioning: 'bottom-center',
    stopEvent: false,
    autoPanAnimation: {
        duration: 250
    }
}));
map.addOverlay(popup);
/* 添加关闭按钮的单击事件（隐藏 Popup 标注）
* @return {boolean} Don't follow the href.*/
closer.onclick = function () {
    popup.setPosition(undefined);                          //未定义 Popup 标注位置
    closer.blur();                                         //失去焦点
    return false;
};
/* 动态创建 Popup 标注的具体内容
* @param {string} title */
function addFeatrueInfo(info) {
    var elementA = document.createElement('a');            //新增 a 元素
    elementA.className = "markerInfo";
    elementA.href = info.att.titleURL;
    //elementA.innerText = info.att.title;
    setInnerText(elementA, info.att.title);
    content.appendChild(elementA);                         //新建的 div 元素添加 a 子节点
    var elementDiv = document.createElement('div');        //新增 div 层元素
    elementDiv.className = "markerText";
    setInnerText(elementDiv, info.att.text);
    content.appendChild(elementDiv);                       //为 content 添加 div 子节点
    var elementImg = document.createElement('img');        //新增 img 元素
    elementImg.className = "markerImg";
    elementImg.src = info.att.imgURL;
    content.appendChild(elementImg);                       //为 content 添加 img 子节点
}
/* 动态设置标注的文本内容（兼容）*/
```

```
function setInnerText(element, text) {
    if (typeof element.textContent == "string") {
        element.textContent = text;
    } else {
        element.innerText = text;
    }
}
```

代码说明：

- 实例化 ol.Overlay 对象时，需要设置 element 参数以关联 Popup 标注的目标容器（id 为 popup 的 div 层）。关闭（隐藏）弹出的 Popup 标注，则调用 setPosition()将其 position 参数设置为 undefined。
- 通过 addFeatrueInfo 函数，传入标注点信息对象，实现动态创建 Popup 标注内容的功能。在 Popup 标注展示信息的内容容器中（即 id 为 content 的 div 层），分别组建 a、div、img 等元素来展示标注点的详细信息。

③ 结合事件弹出Popup标注。本示例添加鼠标单击事件，在单击选中的标注时，调用上述addFeatrueInfo函数动态创建Popup标注的内容，并通过setPosition方法设置其Overlay对象的position参数弹出Popup标注。

程序代码 8-11　结合鼠标单击事件弹出 Popup 标注的关键代码

```
/* 为 map 添加单击事件监听，渲染弹出 Popup 标注*/
map.on('click', function (evt) {
    //判断当前单击处是否有要素，捕获到要素时弹出 Popup 标注
    var feature = map.forEachFeatureAtPixel(evt.pixel, function (feature, layer) { return feature; });
    if (feature) {
        content.innerHTML = '';                          //清空 Popup 标注的内容容器
        addFeatrueInfo(featuerInfo);                     //在 Popup 标注中加载当前要素的具体信息
        if (popup.getPosition() == undefined) {
            popup.setPosition(featuerInfo.geo);          //设置 Popup 标注的位置
        }
    }
});
/* 为 map 对象添加鼠标移动监听事件，当指向标注时改变鼠标的光标形状*/
map.on('pointermove', function (e) {
    var pixel = map.getEventPixel(e.originalEvent);
    var hit = map.hasFeatureAtPixel(pixel);
    map.getTargetElement().style.cursor = hit ? 'pointer' : '';
});
```

代码说明：

- 为 map 对象添加鼠标单击事件，在其事件的回调函数中，调用 map 的 forEachFeatureAtPixel 方法判断当前是否捕获要素，当捕获到要素时基于当前要素的详细信息动态地创建 Popup 标注的内容，并弹出 Popup 标注。
- 为 map 对象添加鼠标移动监听事件，在其事件回调函数中，调用 map 的 hasFeatureAtPixel 方法判断是否捕获到要素，当捕获到要素时改变鼠标指针的形状。

8.1.4 聚合标注

聚合标注是指在不同地图分辨率下，通过聚合方式展现标注点信息的一种方式，其目的是为了减少当前视窗下地图添加标注点的数量，提升客户端渲染速度。如果在地图上添加很多标注点，当地图缩放到小级别（即大分辨率）时则会出现标注点重叠的现象，既不美观，多点渲染的效率也会受到影响。此时，可以根据地图缩放级数（zoom）的大小，将当前视窗的标注点聚合显示。

OpenLayers 5也考虑到加载大数据量的标注点情况，提供了相应的聚合标注功能，以此方式来提升速度，增强用户体验。OpenLayers 5封装了聚合数据源（ol.source.Cluster），可通过此数据源实现矢量要素的聚合功能。

本示例通过模拟加载10000个随机矢量要素，使用ol.source.Cluster，实现矢量要素聚合标注的功能，如图8-2所示。

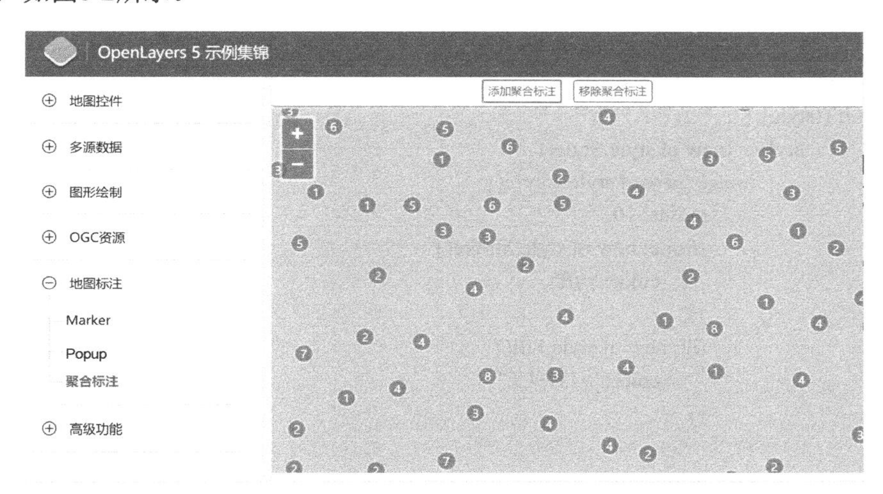

图 8-2　矢量要素聚合标注示例

主要实现步骤如下：

（1）在OL5Demo网站的MapMarker目录下新建一个AddClusterLabels.htm页面，引用OpenLayers 5的开发库与级联样式表、jQuery库，并加载天地图的瓦片地图。

（2）在功能示例页面添加“添加聚合标注”与“移除聚合标注”的功能按钮，代码略。

（3）在脚本中编写添加聚合标注的功能代码。关键为实例化ol.source.Cluster对象，本示例添加的是矢量要素，使用矢量图层ol.layer.Vector添加聚合标注。

程序代码 8-12　添加聚合标注

```
//创建 10000 个随机矢量要素
var count = 10000;
var features = new Array(count);
var e = 4500000;
for (var i = 0; i < count; ++i) {
    var coordinates = [2 * e * Math.random() - e, 2 * e * Math.random() - e];
    features[i] = new ol.Feature(new ol.geom.Point(coordinates));
```

```
}
//矢量要素数据源
var source = new ol.source.Vector({
    features: features
});
//聚合标注数据源
var clusterSource = new ol.source.Cluster({
    distance: 40, //聚合标注的距离参数，即当标注间距离小于此值时进行聚合
    source: source //聚合标注的数据源，即矢量要素数据源对象
});
//添加聚合标注的矢量图层
var styleCache = {};
var clusters = new ol.layer.Vector({
    source: clusterSource,
    style: function (feature, resolution) {
        var size = feature.get('features').length;
        var style = styleCache[size];
        if (!style) {
            style = [new ol.style.Style({
                image: new ol.style.Circle({
                    radius: 10,
                    stroke: new ol.style.Stroke({
                        color: '#fff'
                    }),
                    fill: new ol.style.Fill({
                        color: '#3399CC'
                    })
                }),
                text: new ol.style.Text({
                    text: size.toString(),
                    fill: new ol.style.Fill({
                        color: '#fff'
                    })
                })
            })];
            styleCache[size] = style;
        }
        return style;
    }
});
```

代码说明：通过添加矢量要素方式实例化ol.source.Vector对象，设置随机创建的10000个矢量要素；然后实例化ol.source.Cluster对象，将之前创建的矢量数据源对象作为ol.source.Cluster的数据源，并设置聚合标注距离参数distance；最后将ol.source.Cluster对象作为ol.layer.Vector的数据源，将矢量图层对象添加到地图容器中。

ol.source.Cluster的关键参数如下：

- source：聚合标注的数据源，本示例设置的是添加 10000 个随机矢量要素的矢量数据源对象；
- distance：聚合标注距离参数，当标注间距离小于此值时进行聚合，本示例设置的参数是 40 个像素。

（4）实现“添加聚合标注”与“移除聚合标注”按钮的处理函数，即通过addLayer与removeLayer方法添加与移除包含聚合标注数据源的矢量图层。

程序代码 8-13　聚合标注按钮控制代码

```
//添加聚合标注
document.getElementById('addFeatures').onclick = function () {
    var currentFeatrues = clusterSource.getSource().getFeatures();    //当前聚合标注数据源中的要素
    //如果聚合标注数据源中没有要素，则重新添加要素
    if (currentFeatrues.length == 0) {
        clusterSource.getSource().addFeatures(features);
        clusters.setSource(clusterSource);
        map.addLayer(clusters);
    }
};
//移除聚合标注
document.getElementById('removeFeatures').onclick = function () {
    //当前聚合标注数据源中的要素
    var currentFeatrues = clusterSource.getSource().getFeatures();
    //如果聚合标注数据源中没有要素，则重新添加要素
    if (currentFeatrues.length != 0) {
        //移除聚合标注数据源中的所有要素
        clusterSource.getSource().clear();
        //移除含聚合标注的矢量图层
        map.removeLayer(clusters);
    }
};
```

代码说明：在实现添加与移除聚合标注功能时，可以调用getSource()获取其数据源对象。在添加聚合标注时，先设置矢量图层的数据源，即设置为含有矢量要素的聚合数据源对象（clusterSource），然后添加矢量图层；在移除聚合标注时，则在移除矢量图层前通过数据源的clear()移除所有矢量要素。

8.2　投影转换

在Web端加载显示地图数据时，都要设置地图数据的投影坐标系。OpenLayers 5在地图视图对象中有一个投影坐标系参数（projection），在加载地图时可通过此参数设置地图的投影坐标系。在实际应用中，叠加图层数据需要确保在统一的投影坐标系下，有时候需要对坐标点、地图数据进行投影转换操作等。OpenLayers 5针对地图投影坐标系的操作，如地图投影转换等，均由ol.proj.Projection类实现。例如，提供的ol.proj.transform()方法可以对坐标

点进行投影转换。

目前，OpenLayers 5已定义了两种常用的投影坐标系，即地理经纬度的EPSG:4326和Web墨卡托的EPSG:3857，EPSG:3857为CRS:84等，EPSG:4326则包括EPSG:102100、EPSG:102113、EPSG:900913。本示例将一个投影坐标系为EPSG:3857的矢量地图转换到自定义的投影坐标系（如ESRI:53009）中显示，即在另一个地图容器中显示，如图8-3所示。

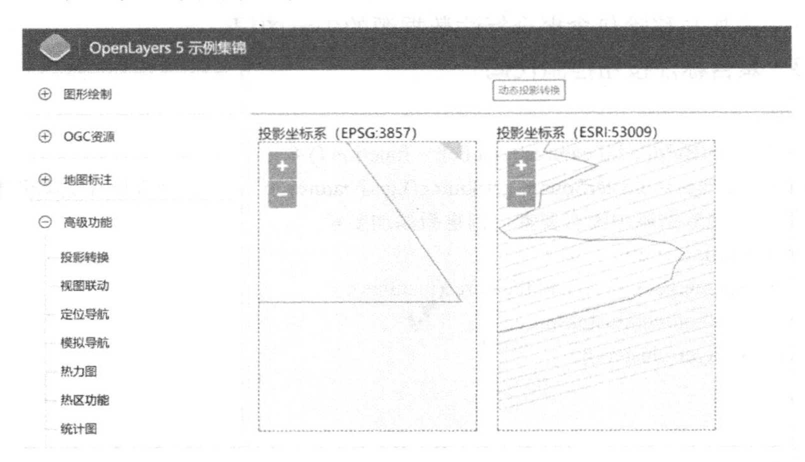

图 8-3　投影坐标系转换的示例

主要实现步骤如下：

（1）在OL5Demo网站的Others目录下新建一个ProjectionTransformation.htm页面，引用OpenLayers 5的开发库与级联样式表，引用Proj4开发库。

（2）添加页面元素，即分别创建两个div层作为地图容器，一个默认加载EPSG:3857的矢量地图，另一个则通过功能按钮动态加载ESRI:53009的矢量地图。

程序代码 8-14　矢量地图页面代码

```
<body>
    <div id="menu">
        <label class="title" for="projection">
            地图投影转换演示：<button id="projection">投影转换</button>
        </label>
    </div>
    <div class="container">
        <lable>投影坐标系（EPSG:3857）</lable>
        <div id="map1" class="map" ></div>
    </div>
    <div class="container">
        <lable>投影坐标系（ESRI:53009）</lable>
        <div id="map2" class="map" ></div>
    </div>
</body>
```

（3）在脚本中编写功能代码。第一个地图容器默认加载天地图的瓦片地图与GeoJSON格式的矢量地图，设置视图的projection参数为EPSG:3857的投影坐标系对象；另一个地图容器动态加载GeoJSON格式的矢量地图，设置视图的projection参数为自定义的ESRI:53009的投影坐标系对象，并通过ol.Graticule加载显示参考系标线。

程序代码 8-15　动态投影示例的脚本代码

```
var transformMap;
var vectLayer = new ol.layer.Vector({
    source: new ol.source.Vector({
        url: ' ../../data/geojson/countries.geojson,
        format: new ol.format.GeoJSON()
    })
});
var map = new ol.Map({
    layers: [
        new ol.layer.Tile({
            title: "天地图矢量图层",
            source: new ol.source.XYZ({
              url: "http://t0.tianditu.com/DataServer?T=vec_w&x={x}&y={y}&l={z}&tk=您的天地图密钥",
              wrapX: false
            })
        }),
        vectLayer,
        new ol.layer.Tile({
            title: "天地图矢量注记图层",
            source: new ol.source.XYZ({
              url: "http://t0.tianditu.com/DataServer?T=cva_w&x={x}&y={y}&l={z}&tk=您的天地图密钥",
              wrapX: false
            })
        })
    ],
    target: 'map1',                              //地图容器 div 层的 ID
    view: new ol.View({
        projection: ol.proj.get('EPSG:3857'),    //投影坐标系
        center: [0, 0],
        zoom: 1
    })
});
//定义球形摩尔魏特投影坐标系，对应 ESRI 的编号为 53009
proj4.defs('ESRI:53009', '+proj=moll +lon_0=0 +x_0=0 +y_0=0 +a=6371000 ' +
        '+b=6371000 +units=m +no_defs');
ol.proj.proj4.register(proj4);
var sphereMollweideProjection = new ol.proj.Projection({
    code: 'ESRI:53009',                          //编号
    extent: [-9009954.605703328, -9009954.605703328,9009954.605703328, 9009954.605703328], //范围
    worldExtent: [-179, -90, 179, 90]            //地理经纬度范围
});

//开始投影坐标系的转换
```

```
document.getElementById('projection').onclick = function () {
    if (transformMap == null || transformMap == undefined) {
        transformMap = new ol.Map({
            layers: [
                new ol.layer.Vector({
                    source: new ol.source.Vector({
                        url: ' ../../data/geojson/countries.geojson',
                        format: new ol.format.GeoJSON()
                    })
                })
            ],
            target: 'map2',
            view: new ol.View({
                projection: sphereMollweideProjection,      //投影坐标系
                center: [0, 0],
                zoom:1
            })
        });
        //参考系标线
        var graticule = new ol.Graticule({
            map: transformMap                               //显示参考系标线的地图
        });
    }
};
```

代码说明：上述代码的关键是创建自定义投影坐标系对象，先通过proj4.defs()定义球形摩尔魏特投影坐标系（ESRI:53009），然后实例化ol.proj.Projection对象，创建ESRI:53009对应的投影坐标系对象。基于创建的投影坐标系对象，将加载的矢量地图投影到此投影坐标系中显示。

8.3 视图联动

视图联动一般是指两个以上的地图实现地图的视图联动操作，即操作其中一个地图时，联动的地图可以响应操作，跟随操作地图的视图而变化。多视图联动功能，可以在加载不同地图数据的地图容器中联动操作，查看不同地图视窗中当前地图数据内容，辅助GIS进行相关操作分析。

本示例实现两个地图的视图联动功能，两个地图分别加载不同的地图数据，即第一个为采用Canvas渲染方式的天地图的交通地图，第二个为采用WebGL渲染方式的天地图的标准瓦片地图。

主要实现步骤如下：

（1）在OL5Demo网站的Others目录下新建一个MultiViewLinkage.htm页面，引用OpenLayers 5的开发库与级联样式表。

（2）分别在页面中创两个div层作为地图容器，一个加载采用Canvas渲染方式的地图，另一个则加载采用WebGL渲染方式的地图，两个地图实现视图联动。

程序代码 8-16　视图联动示例页面代码

```
<body>
    <div class="container">
        <lable>Canvas</lable>
        <div id="canvasMap" class="map" ></div>
    </div>
    <div class="container">
        <lable>WebGL</lable>
        <div id="webglMap" class="map" ></div>
    </div>
</body>
```

代码说明：针对OpenLayers 5的两种渲染方式分别创建两个地图容器，在这两个地图容器中实现地图的视图联动。其中，Canvas渲染方式已被主流浏览器所支持，而针对WebGL渲染方式只被IE11版本浏览器和其他非IE内核浏览器所支持。

（3）在脚本中编写功能代码。分别创建不同渲染方式的地图对象，并关联到对应的地图容器。实现两个地图的视图联动，需要将一个地图设置为主图，在另一个地图中将其视图对象设置为主图的视图对象，即联动图。

程序代码 8-17　视图联动示例脚本代码

```
//加载 Canvas 渲染方式的地图并设置为主图，默认情况下为 Canvas 渲染方式
var canvasMap = new ol.Map({
    layers: [
      new ol.layer.Tile({
            title: "天地图矢量图层",
            source: new ol.source.XYZ({
                url: "http://t0.tianditu.com/DataServer?T=vec_w&x={x}&y={y}&l={z}&tk=您的天地图密钥",
                wrapX: false
            })
        }),
        new ol.layer.Tile({
            title: "天地图矢量注记图层",
            source: new ol.source.XYZ({
                url: "http://t0.tianditu.com/DataServer?T=cva_w&x={x}&y={y}&l={z}&tk=您的天地图密钥",
                wrapX: false
            })
        })
    ],
    target: 'canvasMap', //地图容器 div 层的 ID
    view: new ol.View({
        center: [12723048, 3575638], //地图初始中心点
        minZoom: 2,
        zoom: 6
    })
});
//加载 WebGL 渲染方式的地图作为联动图
```

```
    var webglMap = new ol. WebGLMap({
        layers: [
            new ol.layer.Tile({
                title: "天地图矢量图层",
                source: new ol.source.XYZ({
                    url: "http://t0.tianditu.com/DataServer?T=img_w&x={x}&y={y}&l={z}&tk=您的天地图
密钥",
                    crossOrigin: "anonymous",
                    wrapX: false
                })
            }),
            new ol.layer.Tile({
                title: "天地图矢量注记图层",
                source: new ol.source.XYZ({
                    url: "http://t0.tianditu.com/DataServer?T=cva_w&x={x}&y={y}&l={z}&tk=您的天地图
密钥",
                    crossOrigin: "anonymous",
                    wrapX: false
                })
            })
        ],
        target: 'webglMap', //地图容器 div 层的 ID
        view: canvasMap.getView()    //设置为主图的视图对象
    });
```

代码说明：视图联动的关键是为每个地图设置同一个视图对象（ol.View），一般将一个地图设置为主图，在其他地图中将其视图对象设置为主图的视图对象。在上述代码中，通过ol.Map（默认情况下为Canvas渲染方式）将Canvas渲染方式的地图作为主图，通过ol.WebGLMap实例化另一个采用WebGL渲染方式地图时，将view参数设置为主图的view对象，即通过主图对象的getView()得到主图视图对象，并且在采用WebGL渲染方式的地图容器中渲染瓦片数据源时，必须设置crossOrigin属性为anonymous，否则会报跨域的错误。

8.4 地图定位导航

地图定位导航功能不仅能在PC上应用，还支持各类平板电脑、手机等智能移动终端，应用非常广泛。针对地图定位导航功能，OpenLayers 5提供了实现此功能的定位导航控件（ol.Geolocation），可以根据当前终端设备的GPS接口等实现实时地图定位导航功能，也可以基于数据库或本地的导航数据动态模拟导航轨迹。

本示例基于定位导航控件（ol.Geolocation）实现Web端的实时定位功能，主要实现步骤如下：

（1）在OL5Demo网站的Others目录下新建一个Geolocation.htm页面，引用OpenLayers 5的开发库与级联样式表、jQuery库，并加载天地图。

（2）在页面上添加定位功能控制按钮，以及创建定位信息面板，并设置其样式。

程序代码 8-18 定位功能示例页面代码

```
<body>
    <div id="menu">
        <label class="title" for="track">
            导航定位演示：<input id="track" type="checkbox"/>开启定位
        </label>
        <div id="info" class="alert alert-error" style="display: none;"></div>
    </div>
    <div id="map" >
        <div id="container">
            <p>位置精度（position accuracy）: <code id="accuracy"></code></p>
            <p>海拔高度（altitude）: <code id="altitude"></code></p>
            <p>海拔精度（altitude accuracy）: <code id="altitudeAccuracy"></code></p>
            <p>航向（heading）: <code id="heading"></code></p>
            <p>速度（speed）: <code id="speed"></code></p>
        </div>
    </div>
</body>
```

（3）在脚本中编写功能代码。创建一个定位导航对象，即实例化定位导航控件（ol.Geolocation），调用此对象的setTracking接口启动位置跟踪，在地图上添加定位标注点，并将定位详细信息更新至右上角的定位信息面板中。

程序代码 8-19 定位功能的实现代码

```
//创建一个定位导航对象
var geolocation = new ol.Geolocation({
    projection: map.getView().getProjection(),            //设置投影参考系
    //追踪参数
    trackingOptions: {
        maximumAge: 10000,                                 //最大周期
        enableHighAccuracy: true,                          //启用高精度
        timeout: 600000                                    //超时
    }
});
//为定位功能按钮绑定 change 事件，控制定位导航控件的开启与关闭
$('#track').bind('change', function () {
    geolocation.setTracking(this.checked);                //启动位置跟踪
    if (this.checked) {
        map.addLayer(featuresOverlay);                     //添加定位点标注（矢量层标注）
    }
    else {
        map.removeLayer(featuresOverlay);                  //移除定位点标注（矢量层标注）
    }
});
//添加定位导航控件的导航位置变更事件（更新定位信息面板中的导航位置信息）
geolocation.on('change', function () {
```

```
        $('#accuracy').text(geolocation.getAccuracy() + ' [m]');
        $('#altitude').text(geolocation.getAltitude() + ' [m]');
        $('#altitudeAccuracy').text(geolocation.getAltitudeAccuracy() + ' [m]');
        $('#heading').text(geolocation.getHeading() + ' [rad]');
        $('#speed').text(geolocation.getSpeed() + ' [m/s]');
    });
    //定位错误事件处理
    geolocation.on('error', function (error) {
        $('#info').html(error.message);
        $('#info').css('display', '');
    });
    //精确模式定位点要素（在一定的分辨率下显示）
    var accuracyFeature = new ol.Feature();
    geolocation.on('change:accuracyGeometry', function () {
            accuracyFeature.setGeometry(geolocation.getAccuracyGeometry());
    });
    //定位点要素
    var positionFeature = new ol.Feature();
    positionFeature.setStyle(new ol.style.Style({
        image: new ol.style.Circle({
            radius: 6,
            fill: new ol.style.Fill({
                color: '#3399CC'
            }),
            stroke: new ol.style.Stroke({
                color: '#fff',
                width: 2
            })
        })
    }));
    //添加定位导航控件的导航位置变更事件处理
    geolocation.on('change:position', function () {
        var coordinates = geolocation.getPosition();
        positionFeature.setGeometry(coordinates ? new ol.geom.Point(coordinates) : null);
        flyLocation(coordinates);                                   //飞行动画模式定位到定位点
    });
    function flyLocation(center) {
    var duration = 4000;                                            //动画的持续时间（以毫秒为单位）
            var zoom = map.getView().getZoom();
            var parts = 2;
            var called = false;
            //动画完成后的回调函数
            function callback(complete) {
                --parts;
                if (called) {
                    return;
                }
```

```
            if (parts === 0 || !complete) {
                called = true;
                done(complete);
            }
        }
        //第一个动画
        map.getView().animate({
            center: center,
            duration: duration
        }, callback);
        //第二个动画
        map.getView().animate({
            zoom: zoom - 1,
            duration: duration / 2
        }, {
            zoom: zoom,
            duration: duration / 2
        }, callback);
    }
//创建定位点矢量图层（featuresOverlay）
var featuresOverlay = new ol.layer.Vector({
    source: new ol.source.Vector({
        features: [accuracyFeature, positionFeature]
    })
});
```

代码说明：实现实时定位功能的关键是加载定位导航控件（ol.Geolocation），调用定位导航控件对象的setTracking方法来启动位置跟踪功能，同时为此控件对象绑定以下三个事件。

- 导航位置变更事件（change:position）：当导航位置变更事件被触发时，在事件的回调函数中获取当前定位坐标点，在地图上添加矢量标注点，并以此定位点为地图中心进行定位。
- 定位导航控件变更事件（change）：当控件信息变更时，更新页面右上角定位信息面板中的导航位置等相关信息。
- 精确模式定位事件（change:accuracyGeometry）：当缩放到一定分辨率时，响应此事件，在事件回调函数中设置精确定位点要素的几何信息。

上述示例实现了一个最简单的PC端定位导航功能。除了单点定位导航，还可以动态模拟某实物的实时运动轨迹，以及标绘其导航路线等。定位点的显示实现原理比较简单，即通过计时器控制定位点的更新频率，在地图上动态添加当前定位点图标，并销毁前一个定位点图标。其中的关键为定位点的方向，要根据当前定位点的方向得到角度值，以此来设置地图的旋转角度。在此，我们基于本地JSON格式的模拟运动轨迹的数据，沿着模拟运动轨迹实现动态定位导航的功能。

主要实现步骤如下：

（1）在OL5Demo网站的Others目录下新建一个SimulateGeolocation.htm页面，引用OpenLayers 5的开发库与级联样式表、jQuery库，并加载天地图。

（2）参照实时定位功能示例，在功能页面加载导航功能按钮，以及导航定位点信息面板，并设置其样式。

（3）在脚本中编写功能代码。即加载定位导航控件，根据模拟运动轨迹实现动态定位导航功能，主要通过如下步骤实现。

① 加载定位导航控件与定位标注对象。

程序代码 8-20　加载定位导航控件与定位标注对象

```
//用 LineString 存储轨迹点的地理信息（XYZM，Z 维度用来存储角度，M 为时间维度）
var positions = new ol.geom.LineString([],/** @type {ol.geom.GeometryLayout} */('XYZM'));
//加载定位导航控件（Geolocation Control）
var geolocation = new ol.Geolocation(/** @type {olx.GeolocationOptions} */({
    projection: view.getProjection(),           //投影坐标系
    trackingOptions: {                          //追踪参数
        maximumAge: 10000,                      //最大周期
        enableHighAccuracy: true,               //启用高精度
        timeout: 600000                         //超时
    }
}));
//创建导航定位标识的标注，添加到地图中
var markerEl = document.getElementById('geolocation_marker');
var marker = new ol.Overlay({
    positioning: 'center-center',
    element: markerEl,
    stopEvent: false
});
map.addOverlay(marker);
```

代码说明：实现定位导航功能的关键是实例化ol.Geolocation，即加载定位导航控件，设置其投影坐标系（projection）和追踪参数（trackingOptions）。在本示例中，通过叠加层标注来标识定位点，因此要添加一个图片标注，即实例化ol.Overlay，并关联页面中设置的标注元素。

② 加载模拟运动轨迹的数据，为导航功能按钮添加单击事件，根据模拟运动轨迹的数据设置定位导航控件的各项参数值，以便实现定位导航功能。

程序代码 8-21　加载模拟运动轨迹的数据以及为导航功能按钮添加单击函数

```
//加载模拟运动轨迹的数据（本地 JSON 格式的数据）
var simulationData;
var client = new XMLHttpRequest();
client.open('GET', '../../data/geolocation-orientation.json');
client.onload = function () {
simulationData = JSON.parse(client.responseText).data;
};
client.send();//添加导航功能按钮的单击事件，实现导航功能
var simulateBtn = document.getElementById('simulate');
simulateBtn.addEventListener('click', function () {
    if (simulationData == null || simulationData == undefined) {
        alert("未成功加载模拟数据！");
```

```
            return;
        }
        var coordinates = simulationData;           //模拟运动轨迹数组
        var first = coordinates.shift();            //删除数组第一个元素并返回第一个元素
        simulatePositionChange(first);              //执行模拟位置变换功能
        var prevDate = first.timestamp;             //默认第一个定点位的时间戳
        //定位导航功能函数
        function geolocate() {
            var position = coordinates.shift();     //删除数组第一个元素并返回第一个元素
            if (!position) {
                simulateBtn.disabled = '';          //开启导航功能按钮
                return;
            }
            var newDate = position.timestamp;  //当前定位点的时间戳
            simulatePositionChange(position);  //进行模拟位置变换
            //创建一个定时器，每隔一定时间执行定位导航功能函数
            window.setTimeout(function () {
                prevDate = newDate;
                geolocate();
            }, (newDate - prevDate) / 0.5);
        }
        geolocate();                                //进行定位导航
        map.on('postcompose', render);              //为地图容器添加 postcompose 监听事件
        map.render();                               //渲染地图
        simulateBtn.disabled = 'disabled';                    //禁用导航功能按钮
    }, false);
    //模拟位置变换功能函数
    function simulatePositionChange(position) {
        var coords = position.coords;                         //定位点的坐标
        geolocation.set('accuracy', coords.accuracy);         //设置位置精度
        geolocation.set('heading', degToRad(coords.heading)); //设置当前航向值
        var position_ = [coords.longitude, coords.latitude];
        var projectedPosition = ol.proj.transform(position_, 'EPSG:4326', 'EPSG:3857');
        geolocation.set('position', projectedPosition);       //设置定位点的坐标
        geolocation.set('speed', coords.speed);               //设置当前速度
        geolocation.changed();
    }
    //postcompose 监听事件的回调函数
    function render() {
        map.render();                                         //渲染地图
    }
```

代码说明：上述为模拟导航功能实现的关键代码，基于加载的本地模拟轨迹数据，在导航功能按钮的单击事件函数中根据计时器进行动态导航。即根据计时器，每隔一段时间读取一个定位点，通过simulatePositionChange方法将定位点数据分别设置到定位导航控件对象的各项参数中。

③ 为定位导航控件添加change监听事件，当控件的信息发生变化时触发该事件，添加定位点并更新导航定位点信息面板的信息。

程序代码 8-22　定位导航控件信息变化监听事件函数

```
var deltaMean = 500; //地理位置变化采样周期（单位为 ms）
//定位导航控件信息变化监听事件（添加定位点并更新导航定位点信息面板的信息）
geolocation.on('change', function (evt) {
    var position = geolocation.getPosition();               //获取定位点
    var accuracy = geolocation.getAccuracy();               //获取位置精度
    var heading = geolocation.getHeading() || 0;            //获取当前航向
    var speed = geolocation.getSpeed() || 0;                //获取当前速度
    var m = Date.now();
    addPosition(position, heading, m, speed);               //添加定位点
    var coords = positions.getCoordinates();                //定位点的坐标
    var len = coords.length;
    if (len >= 2) {
        deltaMean = (coords[len - 1][3] - coords[0][3]) / (len - 1);
    }
    //更新导航定位点信息面板的信息
    $('#position').text(position[0].toFixed(2) + ', ' + position[1].toFixed(2));
    $('#positionaccuracy').text(accuracy + ' m');
    $('#heading').text(Math.round(radToDeg(heading)) + '&deg;');
    $('#speed').text((speed * 3.6).toFixed(1) + ' km/h');
    $('#delta').text(Math.round(deltaMean) + 'ms');});
//定位导航控件错误事件
geolocation.on('error', function () {
alert('geolocation error');
});
//添加定位点
function addPosition(position, heading, m, speed) {
    var x = position[0];
    var y = position[1];
    var fCoords = positions.getCoordinates();
    var previous = fCoords[fCoords.length - 1];
    var prevHeading = previous && previous[2];
    if (prevHeading) {
        var headingDiff = heading - mod(prevHeading);
        //强制变换角度（旋转角度变化不超过 180°）
        if (Math.abs(headingDiff) > Math.PI) {
            var sign = (headingDiff >= 0) ? 1 : -1;
            headingDiff = -sign * (2 * Math.PI - Math.abs(headingDiff));
        }
        heading = prevHeading + headingDiff;
    }
    positions.appendCoordinate([x, y, heading, m]);
    //只保留最后 20 个定位点坐标
    positions.setCoordinates(positions.getCoordinates().slice(-20));
```

```
        if (heading && speed) {
            markerEl.src = '../../images/geolocation_marker_heading.png';
        } else {
            markerEl.src = '../../images/geolocation_marker.png';
        }
    }
    //弧度转度
    function radToDeg(rad) {
    return rad * 360 / (Math.PI * 2);
    }
    //度转弧度
    function degToRad(deg) {
    return deg * Math.PI * 2 / 360;
    }
    //负值模
    function mod(n) {
    return ((n % (2 * Math.PI)) + (2 * Math.PI)) % (2 * Math.PI);
    }
```

代码说明：当Web端读取本地模拟运动轨迹数据并设置定位导航控件对象时，触发定位导航控件的change事件，在地图上添加定位点，并更新导航定位点信息面板中定位点的相关信息。

④ 为地图对象设置地图渲染前执行的方法（precompose），在地图渲染前更改地图中心点与旋转角度。

程序代码 8-23　地图渲染前的事件处理函数

```
    var previousM = 0;
    //在地图渲染前更改地图中心与旋转角度
    map.on('precompose', function (map) {
    var frameState = map.frameState;
        if (frameState !== null) {
            //利用地理位置变化采样周期平稳变换过渡
            var m = frameState.time - deltaMean * 1.5;
            m = Math.max(m, previousM);
            previousM = m;
            //沿模拟运动轨迹设置当前定位点的 position
            var c = positions.getCoordinateAtM(m, true);
            var view = frameState.viewState;
            if (c) {
                view.center = getCenterWithHeading(c, -c[2], view.resolution);    //设置地图中心
                view.rotation = -c[2];                                            //设置地图旋转角度
                marker.setPosition(c);                                            //设置导航定位点的标注位置
            }
        }
        return true;
    });
```

```
//重新计算地图中心
function getCenterWithHeading(position, rotation, resolution) {
    var size = map.getSize();
    var height = size[1];
    return [
        position[0] - Math.sin(rotation) * height * resolution * 1/4,
        position[1] + Math.cos(rotation) * height * resolution * 1/4
    ];
}
```

代码说明：通过地图容器对象的beforeRender方法，可以在地图渲染前改变地图中心与旋转角度，从而在导航时跟随当前定位点位置与角度同步更新地图的功能。

8.5 热点图

热点图也称为热力图，是一种以特殊高亮的形式显示事物密度分布、变化趋势等地理区域的图示，通常用不同颜色的区块叠加在地图上实时描述，以颜色变化展现事物的状态与变化趋势等。例如，景区人群分布热点图，可以在地图上很直观地表示景区拥挤指数等。

随着互联网地图在大众应用领域的全面铺开，越来越多的人开始使用互联网地图产品，体验GIS给人们生活带来的便利。同时，GIS的大众化应用更为深入，与人们的衣食住行结合得更为紧密。百度地图产品便是典型的例子，其推出的百度地图热点图，一下抓住众人的眼球，成为大家关注的焦点。

在OpenLayers 5中，提供的热点图图层（ol.layer.Heatmap）可以实现热点图功能。本示例以本地KML格式的地震矢量数据为例，实现地震分布的热点图，如图8-4所示。

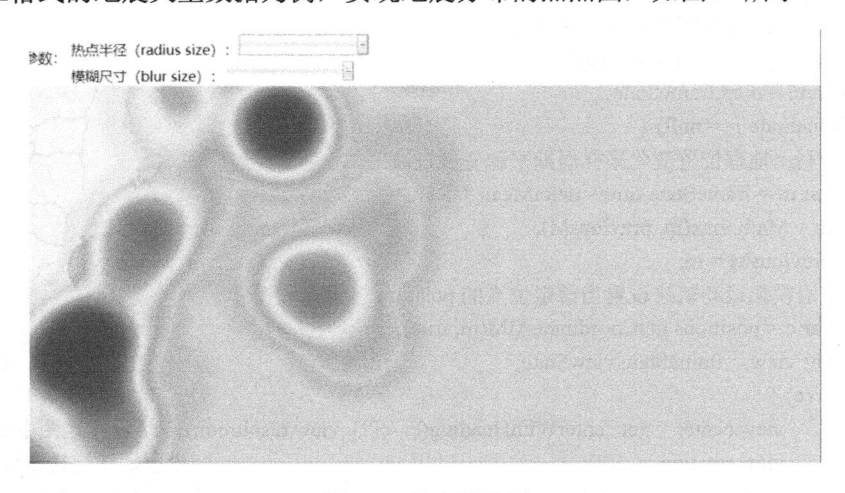

图8-4　热点图示例

主要实现步骤如下：

（1）在OL5Demo网站的Others目录下新建一个Heatmap.htm页面，引用OpenLayers 5的开发库与级联样式表，并加载天地图。

（2）在功能页面添加设置热点图渲染因子的参数项，即热点半径（radius size）和模糊尺寸（blur size），并设置其样式。

程序代码 8-24 热点图示例页面代码

```
<body>
    <div id="menu">
        设置热点图的参数：
        <label >热点半径（radius size）：<input type="range" id="radius" min="1" max="50" step="1" value="10"/></label>
        <label >模糊尺寸（blur size ）：<input type="range" id="blur"  min="1" max="50" step="1" value="15"/></label>
    </div>
    <div id="map" > </div>
</body>
```

（3）在脚本中编写功能代码。实例化一个热点图图层对象（ol.layer.Heatmap），将数据源设置为一个本地KML格式的矢量数据（即地震数据），并将热点半径和模糊尺寸设置为页面参数项的值，在地图初始化时加载到地图容器中。绑定页面参数项的input事件，在修改热点半径和模糊尺寸参数值时，同步更新渲染热点图。

程序代码 8-25 热点图示例的脚本代码

```
var blur = document.getElementById('blur');                    //模糊尺寸
var radius = document.getElementById('radius');                //热点半径
//创建一个热点图图层
var vector = new ol.layer.Heatmap({
    //矢量数据源（读取本地 KML 格式的矢量数据）
    source: new ol.source.Vector({
        url: '../../data/kml/2012_Earthquakes_Mag5.kml',
        format: new ol.format.KML({
            extractStyles: false
        }),
            wrapX:false
    }),
    radius: parseInt(radius.value, 10),                        //热点半径
    blur: parseInt(blur.value, 10)                             //模糊尺寸
});
//为矢量数据源添加 addfeature 监听事件
vector.getSource().on('addfeature', function (event) {
    //示例数据为 2012_Earthquakes_Mag5.kml，可从其地标名称提取地震信息
    var name = event.feature.get('name');                      //矢量要素的名称属性
    var magnitude = parseFloat(name.substr(2));                //得到矢量要素的地震震级属性（magnitude）
    event.feature.set('weight', magnitude - 5);                //设置矢量要素的 weight 属性
});
//创建一个瓦片地图图层作为底图
 var raster = new ol.layer.Tile({
    title: "天地图矢量图层",
    source: new ol.source.XYZ({
```

```
                url: "http://t0.tianditu.com/DataServer?T=vec_w&x={x}&y={y}&l={z}&tk=您的天地图密钥",
                wrapX: false
            })
        });
        //实例化map对象并加载地图（底图+热点图）
        var map = new ol.Map({
            layers: [raster, vector],
            target: 'map',
            view: new ol.View({
                center: [0, 0],
                minZoom: 2,
                zoom: 2
            })
        });
        //分别为另个参数设置控件添加input监听事件，动态设置热点图的参数
        radius.addEventListener('input', function () {
            vector.setRadius(parseInt(radius.value, 10));          //设置热点图的热点半径
        });
        blur.addEventListener('input', function () {
            vector.setBlur(parseInt(blur.value, 10));              //设置热点图的模糊尺寸
        });
```

代码说明：实现热点图的关键是基于ol.layer.Heatmap创建热点图图层对象，根据热点图层的热点半径（radius）、模糊尺寸（blur）等渲染热点图。在本示例中，分别通过调用热点图层的setRadius、setBlur接口，设置渲染热点图因子——热点半径与模糊尺寸。另外，还通过热点图层数据源的addfeature事件，在加载热点图层矢量要素时根据地震震级属性设置矢量要素的weight属性值。

8.6 热区功能

热区用于描述人们感兴趣的区域。构成热区需具备的要素有名称、描述（属性）信息、坐标信息等。基于坐标信息可将热区在地图上标识出来，用户可查看热区的位置、名称和描述信息。热区与单独的兴趣点不同，热区描述的是一个区域，兴趣点描述的是一个点，因此，热区具备了更多的延伸功能。在具体的GIS应用中，热区通常用于标识某一特殊区域，当鼠标移动到该区域时，可根据热区的坐标信息在地图上标绘相应区域，并显示该区域的名称及相关属性信息。热区还可实现类似于专题图的功能，即可根据热区中某一属性值设置其区域的颜色。例如，根据地震的等级（即强、中、低三级），标识对应地震区域为红、橙、黄三种颜色。

热区功能，其实质为区域标注，是复合标注的一种。区域标注结合客户端图形绘制功能和鼠标事件，通过触发鼠标事件弹出Popup标注，用于描述绘制区域的详细信息。热区功能展现了丰富的标注信息，具有较好的用户体验，是WebGIS应用的热点之一。

热区功能的实现过程如下：

- 基于空间坐标点，在客户端绘制几何图形，同时添加鼠标监听事件对绘图进行控制；

- 在鼠标事件的回调函数中，需要判断鼠标当前点是否在绘制的区域图形内，若是则加载文字标注和 toolTip 标注信息，否则不做任何操作。

本示例结合关系数据库（以SQL Server为例）中的省级行政区域几何数据，实现简单的热区功能，包括显示热区、绘制热区、删除热区功能。先在地图上加载省级行政区域的几何图形，然后通过鼠标的移动事件进行控制，当鼠标移入相应省级行政区域时高亮显示绘制的标注区域（即省级行政区域），并弹出Popup标注，显示省名与指定三年GDP。绘制热区是指在地图上用鼠标交互绘制一个省级行政区域的多边形，将此多边形的几何与属性信息存储到数据库。删除热区是指移除地图上选中的省级行政区域的图形。

主要实现步骤如下：

（1）在OL5Demo网站的Others目录下新建一个HotSpots.htm页面，引用OpenLayers 5的开发库与级联样式表、jQuery库、jQuery UI库、Bootstrap库等，并加载天地图。

（2）在功能页面上添加热区功能按钮，Popup标注的目标容器，以及绘制热区和删除热区所需的弹出对话框等，并分别设置这些元素的样式。

程序代码 8-26　热区功能示例的页面代码

```
<body>
    <div id="menu">
        <label class="title" > 热区功能：</label>
        <button id="showReg" class="btn" title="加载热区后请将鼠标移动到热区范围显示其信息">显示热区</button>
        <button id="drawReg" class="btn" title="单击绘制热区按钮后请用鼠标在地图上绘制热区">绘制热区</button>
        <button id="deleteReg" class="btn" title="单击删除热区按钮后请用鼠标在地图上选中删除要素操作">删除热区</button>
    </div>
    <div id="dialog-confirm" title="图形属性信息设置">
        <label>信息类别(infoType):省 GDP</label><br />
        <label>省名：</label>
        <input type="text" value="" id="name" /><br />
        <label>编号：</label>
        <input type="text" value="" id="ID" /><br />
        <label>2015 年 GDP：</label>
        <input type="text" value="" placeholder="亿元" id="2015_GDP" /><br />
        <label>2016 年 GDP：</label>
        <input type="text" value="" placeholder="亿元" id="2016_GDP" /><br />
        <label>2017 年 GDP：</label>
        <input type="text" value="" placeholder="亿元" id="2017_GDP" />
    </div>
    <div id="dialog-delete" title="删除热区要素确认">
        <label>请确认是否删除该要素</label><br />
    </div>
    <div id="map" >
        <!-- Popup -->
        <div id="popup" class="ol-popup" ></div>
```

```
    </div>
</body>
```

代码说明：上述代码在地图容器id为map的div层中，添加了一个Popup标注的目标容器，以实现热区的Popup标注。另外，id为dialog-confirm的div层是绘制热区时弹出的图形属性信息设置对话框容器，id为dialog-delete的div层是删除热区时弹出的确认对话框容器。

程序代码 8-27　热区功能示例的样式设置

```
<style type="text/css">
    body,html,div,ul,li,iframe,p,img{ border:none;padding:0;margin:0;
            font-size:14px; font-family:"微软雅黑";   }
    #menu{ width:100%; height:45px; padding:5px 10px; left:10px;   }
    .btn{   margin-right:15px;   }
    #map{ width:100%; height:570px; }
    .ui-widget-header { border: 1px solid #aaaaaa; background: #cccccc url(images/ui-bg_highlight-soft_
75_cccccc_1x100.png) 50% 50% repeat-x; color: #222222; font-weight: bold; }
    .ui-widget, .ui-widget input, .ui-widget select{font-size:14px;font-family:"微软雅黑";}
    .ui-widget .ui-widget{font-size:14px; font-family:"微软雅黑"; color: #222222;}
</style>
```

代码说明：本示例使用jQuery UI库实现对话框功能，上述代码设置了对话框的样式。

（3）在脚本中编写功能代码。热区功能的关键是绘制图形，结合鼠标监听事件控制绘制热区时的高亮图形和Popup标注。

① 在地图上添加矢量图层（vectLayer）与绘制热区图层（hotSpotsLayer），并创建加载ol.Overlay对象，初始化Popup标注。

程序代码 8-28　加载相关图层的代码

```
var flashFeature;                                   //热区要素
var preFeature;                                     //前一个热区要素
var flag = false;                                   //是否是同一个要素的标识
var feature;                                        //当前鼠标选中要素
var draw;                                           //绘制热区
var geoStr = null;                                  //当前绘制热区的坐标
var currentFeature = null;                          //当前绘制热区的几何要素
/* 在地图容器中添加矢量图层、绘制热区图层*/
//绘制热区的样式
var flashStyle = new ol.style.Style({
    fill: new ol.style.Fill({
        color: 'rgba(255, 102, 0, 0.2)'
    }),
    stroke: new ol.style.Stroke({
        color: '#cc3300',
        width: 2
    }),
    image: new ol.style.Circle({
        radius: 7,
        fill: new ol.style.Fill({
```

```
                color: '#cc3300'
            })
        })
    });
    //矢量数据源
    var vectSource = new ol.source.Vector({    });
    //矢量图层
    var vectLayer = new ol.layer.Vector({
        source: vectSource,
        style: flashStyle,
        opacity: 0.5
    });
    map.addLayer(vectLayer);                    //将矢量图层加载到地图容器中
    //矢量数据源（热区）
    var hotSpotsSource = new ol.source.Vector({    });
    //矢量图层（热区）
    var hotSpotsLayer = new ol.layer.Vector({
        source: hotSpotsSource,
        style: flashStyle,
        opacity: 1
    });
    map.addLayer(hotSpotsLayer);                //将热区图层加载到地图容器中
    /* 在地图容器中创建一个 Overlay*/
    var element = document.getElementById('popup');
    var popup = new ol.Overlay(/** @type {olx.OverlayOptions} */({
        element: element,
        positioning: 'bottom-center',
        stopEvent: false
    }));
    map.addOverlay(popup);                      //将 Popup 标注叠加层添加到地图容器中
```

代码说明：矢量图层（vectLayer）用于加载省级行政区域的多边形矢量要素；绘制热区图层（hotSpotsLayer）则用于加载绘制的热区要素。

② 为页面上的功能按钮分别添加鼠标单击监听事件，并实现鼠标单击监听事件函数，即功能按钮的处理函数。

程序代码 8-29　热区功能按钮代码

```
    /* 显示热区功能按钮处理函数*/
    document.getElementById('showReg').onclick = function () {
        map.un('pointermove', pointermoveFun, this);        //移除鼠标移动监听事件
            selectRegData();                                //通过后台查询热区要素显示并实现热区功能
        };
    /* 绘制热区功能按钮处理函数*/
    document.getElementById('drawReg').onclick = function () {
        map.removeInteraction(draw);                        //移除交互式图形绘制控件
        map.un('pointermove', pointermoveFun, this);        //移除鼠标移动监听事件
        map.un('singleclick', singleclickFun, this);        //移除鼠标单击监听事件
```

```
        //实例化交互式图形绘制控件对象并添加到地图容器中
        draw = new ol.interaction.Draw({
            source: vectLayer.getSource(),                    //绘制热区图层数据源
            type: /** @type {ol.geom.GeometryType} */"Polygon"     //几何图形类型
        });
        map.addInteraction(draw);
        //添加绘制结束监听事件，在绘制结束后保存信息到数据库
        draw.on('drawend', drawEndCallBack, this);
    };
    /* 删除热区功能按钮处理函数*/
    document.getElementById('deleteReg').onclick = function () {
        map.un('pointermove', pointermoveFun, this);              //移除鼠标移动监听事件
        map.un('singleclick', singleclickFun, this);              //移除鼠标单击监听事件
        map.on('singleclick', singleclickFun, this);              //添加鼠标单击监听事件
    };
```

代码说明：上述代码分别添加三个功能按钮的单击函数，实现了以下三个功能。

显示热区功能：主要通过调用selectRegData()查询关系数据库中的省级行政区域的要素信息（几何与属性信息），基于查询结果实现热区功能。

绘制热区功能：主要加载交互式图形绘制控件（ol.interaction.Draw）来绘制热区，通过添加绘制结束监听事件，在绘制结束后保存其热区信息到数据库。

删除热区功能：主要通过添加鼠标单击监听事件，在singleclick事件的回调函数中移除选中的热区，并同步删除数据库中存储的对应热区的信息记录。

③ 显示热区功能：通过selectRegData函数，在客户端发送查询数据请求的，可基于返回的查询结果实现显示热区功能。

说明：本示例涉及关系数据库的操作，即对数据库GDPChartInfo进行增、删、查操作，这些操作均由后台的RegDataHandler.ashx实现。客户端与后台交互的关键是：客户端请求的参数拼接为字符串形式发送到后台，后台则将数据转换成JSON格式的字符串后返回到客户端。

程序代码 8-30　显示热区功能的关键代码

```
    /* 通过后台查询热区要素*/
    function selectRegData() {
        var opType = "select";                                    //查询数据
        var tableName = "GDPChartInfo";                           //数据表名称
        $.ajax({
            url: 'RegDataHandler.ashx',                           //请求地址
            type: 'POST',                                         //请求方式为 POST
            data: { 'type': opType, 'table': tableName },         //传入参数
            dataType: 'json',                                     //返回数据格式
            //请求成功完成后要执行的方法
            success: showRegCallBack,
            error: function (err) {
                alert("执行失败");
            }
```

```
        });
    }
    /* 显示热区查询请求的回调函数
    * @param {json} data 查询返回的数据*/
    function showRegCallBack(data) {
        preFeature = null;
        flag = false;                                   //还原要素判断标识
        hotSpotsSource.clear();                         //清空绘图层数据源
        hotSpotsLayer.setVisible(true);                 //显示热区图层
        vectSource.clear();                             //清空矢量图层数据源
        var resultData = data;                          //查询结果 JSON 格式的字符串
        $.each(resultData, function (i, item) {
            //解析结果集中的几何字符串，并转换为多边形的几何数组
            var polyCoords = item.Geometry.split(";");
            var coordinates = new Array();
            coordinates[0] = new Array();
            for (var i = 0; i < polyCoords.length; i++) {
                coordinates[0][i] = polyCoords[i].split(",");
            }
            //创建一个新的要素，并添加到数据源中
            var feature = new ol.Feature({
                geometry: new ol.geom.Polygon(coordinates),
                name: item.name,
                gdp2015: item.GDP_2015,
                gdp2016: item.GDP_2016,
                gdp2017: item.GDP_2017,
                id: item.ID
            });
            vectSource.addFeature(feature);
        });
        map.on('pointermove', pointermoveFun,this); //添加鼠标移动监听事件，在捕获要素时添加热区功能
    }
```

代码说明：客户端通过jQuery的ajax方法与后台负责数据库操作的RegDataHandler.ashx进行交互，查询关系数据库GDPChartInfo中的省级行政区域的GDP信息，在回调函数（showRegCallBack）中遍历查询结果，即解析JSON格式的结果数据；创建多边形要素对象并加载到矢量图层中，添加鼠标移动监听事件，在捕获要素时添加热区功能。

程序代码 8-31　RegDataHandler.ashx 的关键代码

```
//获取 POST 请求的参数
  string type = context.Request.Form["type"];
  string tableName = context.Request.Form["table"];
  string resulte = "";
  try
  {
      //建立连接对象
      SqlConnection conn = new SqlConnection();
```

```
        string dbName = "statisticalChart";
        string p_strUser = "sa";
        string p_strPWD = "dhq666666";
        string ConnectionString = String.Format("Data Source={0};Initial Catalog={1};User ID={2};PWD=
{3}", "(local)", dbName, p_strUser, p_strPWD);
        conn.ConnectionString = ConnectionString;                    //连接数据库
        conn.Open();                                                 //打开数据库
        if (type == "select")
        {
            string sql = string.Format("SELECT * FROM {0}", tableName);    //选择查询
            SqlCommand cmd = new SqlCommand(sql, conn);                    //定义 SQL 操作命令对象
            SqlDataReader Reader = cmd.ExecuteReader();                    //执行 SQL 语句
            //遍历查询结果
            while (Reader.Read())
            {
                string id = Reader["ID"].ToString().Trim();
                string name = Reader["省名"].ToString();
                string Geometry = Reader["Geometry"].ToString();
                string GDP_2015 = Reader["GDP_2015"].ToString();
                string GDP_2016 = Reader["GDP_2016"].ToString();
                string GDP_2017 = Reader["GDP_2017"].ToString();
                resulte += string.Format("{{\"ID\":\"{0}\",\"name\":\"{1}\",\"Geometry\":\"{2}\",\"GDP_
2015\":\"{3}\",\"GDP_2016\":\"{4}\",\"GDP_2017\":\"{5}\"}}", id, name, Geometry, GDP_2015, GDP_2016,
GDP_2017) + ","; //将查询结果拼接成 JSON 格式的字符串
            }
            resulte = "[" + resulte.Remove(resulte.Length - 1, 1) + "]";
            cmd = null;
        }
        else if (type == "insert")
        {
            string geo = context.Request.Form["geo"];
            string att = context.Request.Form["att"];
            string sql = string.Format("INSERT into {0} values('{1}','{2}',{3},{4},{5},'{6}')", tableName,
att.Split(',')[0], att.Split(',')[1], Convert.ToDecimal(att.Split(',')[2]), Convert.ToDecimal(att.Split(',')[3]), Convert.
ToDecimal (att.Split(',')[4]), geo);                               //插入查询
            SqlCommand cmd = new SqlCommand(sql, conn);                    //定义 SQL 操作命令对象
            if (cmd.ExecuteNonQuery() == 1)
            {
                resulte = "添加成功！";
            }
        }
        else if (type == "delete")
        {
            string id = context.Request.Form["fID"];
            string sql = string.Format("DELETE from {0} where ID='{1}'", tableName, id); //删除查询
            SqlCommand cmd = new SqlCommand(sql, conn);                    //定义 SQL 操作命令对象
            if (cmd.ExecuteNonQuery() == 1)
```

```
            {
                resulte = "删除成功！";
            }
        }
        conn.Close();                                                 //关闭连接
        conn.Dispose();                                               //释放对象
    }
    catch (Exception ex)
    {
        throw ex;                                                     //抛出异常
    }
    //返回结果到客户端
    context.Response.ContentType = "text/plain";
context.Response.Write(resulte != "" ? resulte : "[{}]");
```

代码说明：上述代码是RegDataHandler.ashx中ProcessRequest的关键代码，主要用于接收和处理从客户端传递过来的参数，然后通过.NET的数据库操作对象与方法存储客户端传递过来的数据。数据存储主要分为如下几个步骤，更新数据与删除数据与之类似。

（1）使用SqlConnection创建数据库连接对象，基于SqlCommand命令的Connection参数设置其连接对象。

（2）创建SQL语句（本示例使用insert语句将图形信息存储到数据库表），通过SqlCommand命令的CommandText设置SQL语句。

（3）调用数据库连接对象的Open打开数据库，与目标数据库建立连接。

（4）调用SqlCommand命令的ExecuteReader执行选择查询，调用ExecuteNonQuery命令执行插入、删除、查询等操作，并返回操作结果。

（5）调用数据库连接对象的Close关闭数据库，断开连接。

程序代码 8-32　鼠标移动监听事件的处理函数（添加热区功能）

```
/* 鼠标移动监听事件的处理函数（添加热区功能）*/
function pointermoveFun(e) {
    var pixel = map.getEventPixel(e.originalEvent);
    var hit = map.hasFeatureAtPixel(pixel);
    map.getTargetElement().style.cursor = hit ? 'pointer' : '';     //改变鼠标光标的状态
    if (hit) {
        //当前鼠标位置选中要素
        var feature = map.forEachFeatureAtPixel(e.pixel,
            function (feature, layer) {
                return feature;
            });
        //如果当前存在热区要素
        if (feature) {
            //显示热区图层
            hotSpotsLayer.setVisible(true);
            //控制添加热区要素的标识（默认为 false）
            if (preFeature != null) {
```

```
                if (preFeature === feature) {
                    flag = true;                     //当前鼠标选中的要素与前一个选中的要素相同
                }
                else {
                    flag = false;                    //当前鼠标选中的要素不是前一个选中的要素
                    hotSpotsSource.removeFeature(preFeature);        //移除前一热区要素
                    preFeature = feature;                            //更新前一个热区要素
                }
            }
            //如果当前选中的要素与前一个选中的要素不同，则在绘制热区图层中添加当前要素
            if (!flag) {
                $(element).popover('destroy');                       //销毁 Popup 标注
                flashFeature = feature;                              //当前热区要素
                flashFeature.setStyle(flashStyle);                   //设置要素样式
                hotSpotsSource.addFeature(flashFeature);             //添加要素
                hotSpotsLayer.setVisible(true);                      //显示热区图层
                preFeature = flashFeature;                           //更新前一个选中的要素
            }
            //弹出 Popup 标注，显示热区信息
            popup.setPosition(e.coordinate);                         //设置 Popup 标注的位置
            $(element).popover({
                placement: 'top',
                html: true,
                content: '省名：' + feature.get('name') + '</br>' +
                         '2015 年 GDP：' + feature.get('gdp2015') + '</br>' +
                         '2016 年 GDP：' + feature.get('gdp2016') + '</br>' +
                         '2017 年 GDP：' + feature.get('gdp2017')
        });
            $(element).css("width", "200px");
            $(element).popover('show');                              //显示 Popup 标注
        }
        else {
            hotSpotsSource.clear();                                  //清空热区图层数据源
            flashFeature = null;                                     //置空热区要素
            $(element).popover('destroy');                           //销毁 Popup 标注
            hotSpotsLayer.setVisible(false);                         //隐藏热区图层
        }
    }
    else {
        $(element).popover('destroy');                               //销毁 Popup 标注
        hotSpotsLayer.setVisible(false);                             //隐藏热区图层
    }
}
```

代码说明：上述代码主要通过调用map的forEachFeatureAtPixel捕获要素，当鼠标移入省级行政区域并捕获到此多边形要素时，在绘制热区图层添加一个热区矢量要素，同时调用Popup标注对象的setPosition方法设置其位置，再结合Bootstrap库的popover方法，在弹出Popup

标注中显示当前省名与指定三年的GDP统计数据；当鼠标移出省级行政区域时，销毁Popup标注，置空热区数据源并隐藏热区图层。

④ 绘制热区功能：在绘制结束事件处理函数（drawEndCallBack）中，获取当前绘制的省级行政区域要素，弹出其属性信息设置对话框，通过对话框中的“提交”按钮将绘制的省级行政区域多边形信息保存到后台数据库中。

程序代码 8-33　绘制热区功能并保存信息到后台的关键代码

```
/* 绘制结束事件的回调函数
* @param {ol.interaction.DrawEvent} evt 绘制结束事件*/
function drawEndCallBack(evt) {
    map.removeInteraction(draw);                              //移除交互式图形绘制控件
    var geoType = "Polygon";                                  //绘制图形类型
    $("#dialog-confirm").dialog("open");                      //打开属性信息设置对话框
    currentFeature = evt.feature;                             //当前绘制的要素
    var geo = currentFeature.getGeometry();                   //获取要素的几何信息
    var coordinates = geo.getCoordinates();                   //获取几何坐标
    //将几何坐标拼接为字符串
    if (geoType == "Polygon") {
        geoStr = coordinates[0].join(";");
    }
    else {
        geoStr = coordinates.join(";");
    }
}
//初始化绘制热区要素属性信息设置对话框
$("#dialog-confirm").dialog({
    modal: true,                                              //创建模态对话框
    autoOpen: false,                                          //默认隐藏对话框
    //对话框打开时的默认设置
    open: function (event, ui) {
        $(".ui-dialog-titlebar-close", $(this).parent()).hide();  //隐藏默认的关闭按钮
    },
    //对话框的功能按钮
    buttons: {
        "提交": function () {
            submitData();                                     //提交几何与属性信息到后台处理
            $(this).dialog('close');                          //关闭对话框
        },
        "取消": function () {
            $(this).dialog('close');                          //关闭对话框
            vectLayer.getSource().removeFeature(currentFeature);  //删除当前绘制图形
        }
    }
});
/* 将绘制的几何数据与对话框设置的属性信息数据提交到后台处理*/
function submitData() {
```

```
        var ID = $("#ID").val();
        var name = $("#name").val();                                        //名称
        var gdp2015 = $("#2015_GDP").val();                                 //2015 年 GDP
        var gdp2016 = $("#2016_GDP").val();                                 //2016 年 GDP
        var gdp2017 = $("#2017_GDP").val();                                 //2017 年 GDP
        var attData = ID + "," + name + "," + gdp2015 + "," + gdp2016 + "," + gdp2017;
        if (geoStr != null) {
            saveData(geoStr, attData);                        //将数据提交到后台处理（保存到后台数据库中）
            currentFeature = null;                            //置空当前绘制图形的几何要素
            geoStr = null;                                    //置空当前绘制图形的 geoStr
        }
        else {
            alert("未得到绘制图形几何信息！");
            vector.getSource().removeFeature(currentFeature);     //删除当前绘制的图形
        }
    }
    /* 提交数据到后台保存
    * @param {string} geoData 当前绘制图层的几何数据
    * @param {string} attData 当前绘制图层的属性数据*/
    function saveData( geoData, attData) {
        //通过 ajax 请求将数据传到后台文件进行保存
        var opType = "insert";                                        //插入数据
        var tableName = "GDPChartInfo";                               //数据库名称
        $.ajax({
            url: 'RegDataHandler.ashx',                               //请求地址
            type: 'POST',                                             //请求方式为 POST
            //传入参数
            data: { 'type': opType, 'table': tableName, 'geo': geoData, 'att': attData },
            dataType: 'text',                                         //返回数据格式
            //请求成功完成后要执行的方法（回调函数）
            success: function (response) {
                alert(response);
                selectRegData();                                      //查询数据库中热区要素，实现热区功能
            },
            error: function (err) {
                alert("执行失败");
            }
        });
    }
```

代码说明：在地图上绘制热区图形完成后执行drawEndCallBack，在此回调函数中得到绘制的图形要素，而得到几何图形的坐标并将其拼接为字符串，然后结合属性信息设置对话框中设置的属性信息，通过saveData将数据提交到后台保存，即进行SQL的insert操作，将省级行政区域要素信息（包括几何坐标串和属性字段）保存到GDPChartInfo中。

⑤ 删除要素功能：通过鼠标单击监听事件的处理函数（singleclickFun），将鼠标选中的热区要素删除，包括地图上绘制的多边形与数据库中存储的对应热区的信息记录。

程序代码 8-34 删除要素功能的关键代码

```
/* 鼠标单击监听事件的处理函数*/
function singleclickFun(e) {
    var pixel = map.getEventPixel(e.originalEvent);
    var hit = map.hasFeatureAtPixel(pixel);
    map.getTargetElement().style.cursor = hit ? 'pointer' : '';
    //当前鼠标位置选中的要素
    var feature = map.forEachFeatureAtPixel(e.pixel, function (feature, layer) { return feature; });
    //如果当前存在热区要素
    if (feature) {
        $("#dialog-delete").dialog("open");                //打开删除要素属性信息设置对话框
        currentFeature = feature;                          //当前绘制热区的要素
    }
}
//初始化删除要素提示对话框
$("#dialog-delete").dialog({
    modal: true,                                           //创建对话框
    autoOpen: false,                                       //默认隐藏对话框
    //对话框打开时默认设置
    open: function (event, ui) {
        $(".ui-dialog-titlebar-close", $(this).parent()).hide(); //隐藏默认的关闭按钮
    },
    //对话框的功能按钮
    buttons: {
        "删除": function () {
            deleteData(currentFeature); //通过后台删除数据库中的热区要素数据并同时删除客户端图形
            $(this).dialog('close');                       //关闭对话框
        },
        "取消": function () {
            $(this).dialog('close');                       //关闭对话框
        }
    }
});
/* 通过后台删除热区要素*/
function deleteData(feature) {
    var regID = feature.get('id');                         //要素的 ID
    //通过 ajax 方法请求将数据并传到后台进行删除处理
    var opType = "delete";                                 //删除数据
    var tableName = "GDPChartInfo";                        //数据库名称
    $.ajax({
        url: 'RegDataHandler.ashx',                        //请求地址
        type: 'POST',                                      //请求方式为 POST
        data: { 'type': opType, 'table': tableName, 'fID': regID },     //传入参数
        dataType: 'text',                                  //返回数据的格式
        //请求成功完成后要执行的方法
        success: function (response) {
```

```
                alert(response);                              //提示删除成功
                vectLayer.getSource().removeFeature(currentFeature);       //删除当前选中的热区
            },
            error: function (err) {
                alert("执行失败");
            }
        });
    }
```

代码说明：在鼠标单击监听事件的处理函数中，通过map的forEachFeatureAtPixel捕获要素，在当前存在热区要素时弹出删除要素提示对话框，通过对话框的“删除”按钮调用deleteData删除热区要素，即发送删除数据请求到后台，进行SQL的delete操作后从GDPChartInfo中删除对应的数据记录，删除成功后再移除地图上的热区矢量要素。

8.7 统计图

统计图是统计分析结果的一种表现形式。GIS中的统计分析是指对满足某一条件的空间要素的某类属性进行的统计分析，统计分析结果以图形化方式表现，形象直观，便于用户分析，并可辅助决策。统计分析结果的图形化表现方式很多，包括直方图、饼图、折线图、区域图等。统计分析功能主要对地理空间要素的属性信息进行分析，借助地图与统计图对真实地理环境及其属性进行抽象分析，广泛应用于多个领域，如区域人口统计、区域犯罪量统计、农业产量统计、资源储藏量统计等，可辅助管理部门进行决策分析。

统计分析实现的一般步骤如下：

（1）确定统计对象，明确统计指标，例如是人口分布统计还是GDP分布统计等。

（2）获取统计分析的数据，一般可通过查询关系数据库或空间数据库的要素属性获取。

（3）处理统计数据，对获取的数据进行统计加工处理，如数据解析、数据计算等。

（4）通过统计图直观展示处理后的数据，一般可调用第三方统计图表插件实现。

基于OpenLayers 5实现统计图功能时，通常要使用Popup标注，在Popup标注内容框中展现统计图。其中，统计图则使用一些主流的统计图插件，如echarts。

例如，本示例使用echarts插件提供的常用统计图（如2D柱状图、2D饼图、折线图等），结合OpenLayers 5的Popup标注，基于省级行政区域的几何数据和指定三年的GDP统计数据，通过查询关系数据库（如SQL Server），实现在地图上叠加显示相关省份近年来GDP数据的统计图功能，效果分别图8-5、图8-6和图8-7所示。

主要实现步骤如下：

（1）在OL5Demo网站的Others目录下新建一个CreatCharts.htm页面，引用OpenLayers 5的开发库与级联样式表、jQuery库、echarts库，并加载天地图的瓦片地图。

（2）在功能页面上添加统计图类型列表（select标签），以及控制加载统计图的功能按钮，并设置其样式。

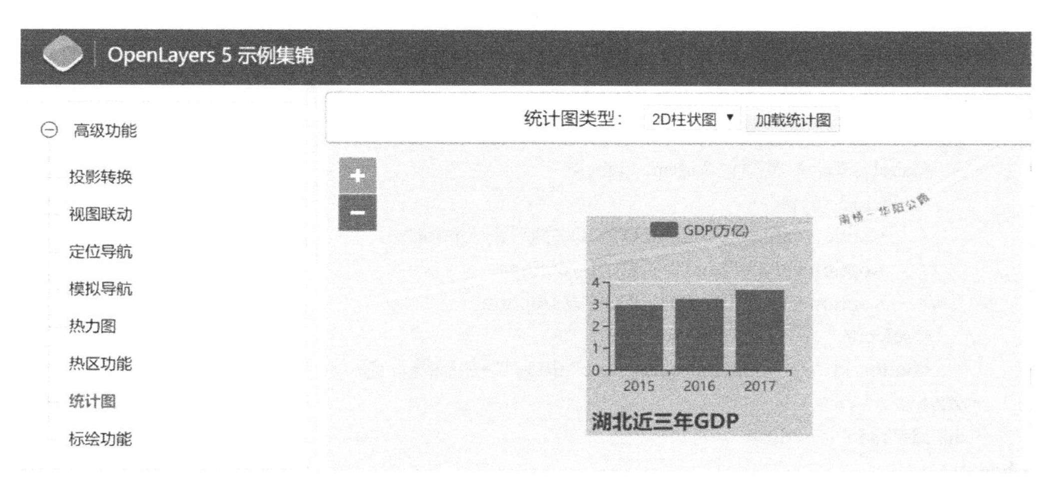

图 8-5　加载统计图示例（2D 柱状图）

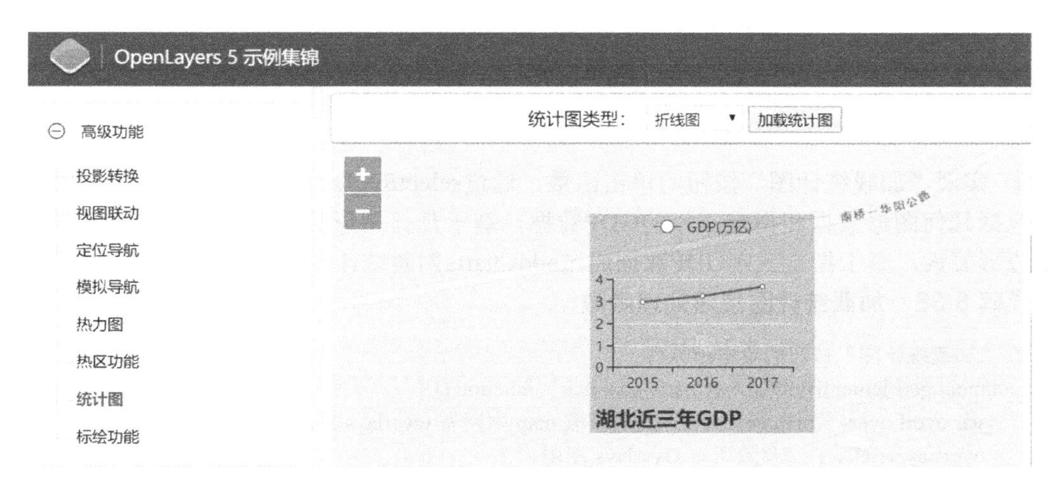

图 8-6　加载统计图示例（折线图）

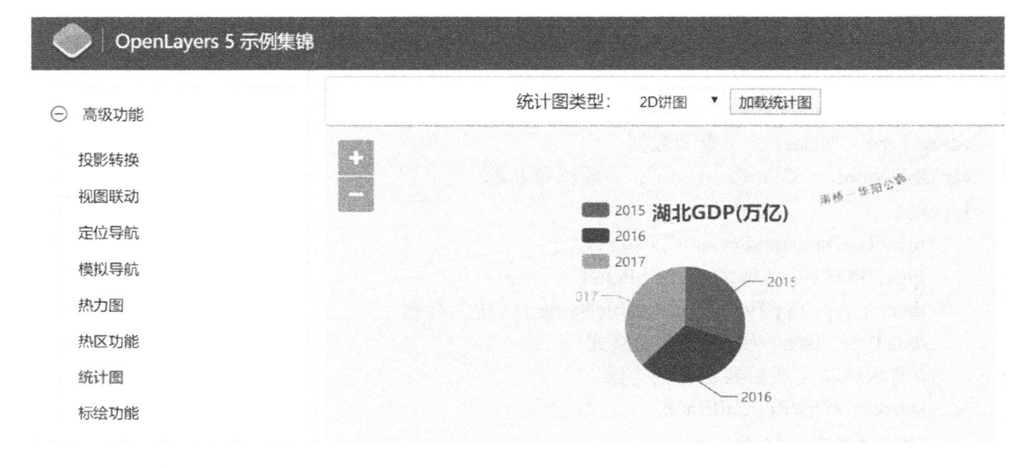

图 8-7　加载统计图示例（2D 饼图）

程序代码 8-35　添加统计图示例的页面代码

```
<body>
    <div id="menu">
        <label>统计图类型： </label>
        <select id="type">
            <option value="Column2D">2D 柱状图</option>
            <option value="Line">折线图</option>
            <option value="Pie2D">2D 饼图</option>
        </select>
        <button id="showCharts" class="btn" title="">加载统计图</button>
    </div>
    <div id="map" > </div>
<body>
```

代码说明：本示例使用echarts插件的统计图，在此仅以常用的2D柱状图、折线图、2D饼图为例，主要由“加载统计图”按钮控制实现创建统计图的功能。

（3）在脚本中编写功能代码。在地图上添加统计图主要有两步，首先通过查询获取统计图数据；然后加载Popup标注，基于获取的统计图数据动态生成统计图，并作为Popup标注的内容。

① 实现“加载统计图”按钮的单击函数，通过selectRegData函数查询省份的相关统计信息，包括几何图形数据和指定三年的GDP数据，基于几何图形数据在地图上加载省级行政区域多边形要素，基于指定三年GDP数据通过addCharts创建统计图。

程序代码 8-36　加载统计图按钮处理函数

```
/* “加载统计图”按钮的单击函数*/
document.getElementById('showCharts').onclick = function () {
    var overLayers = map.getOverlays(); //获取 map 中所有 Overlays 图层
    overLayers.clear(); //移除所有 Overlays 图层
    selectRegData(); //通过后台查询矢量要素显示并加载统计图
};
```

程序代码 8-37　从数据库读取区矢量要素并叠加显示到地图中

```
/* 通过后台查询矢量要素*/
function selectRegData() {
    var opType = "select";   //查询数据
    var tableName = "GDPChartInfo";   //数据库名称
    $.ajax({
        url: 'RegDataHandler.ashx', //请求地址
        type: 'POST',   //请求方式为 POST
        data: { 'type': opType, 'table': tableName }, //传入参数
        dataType: 'json', //返回数据的格式
        //请求成功完成后要执行的方法
        success: showRegCallBack,
        error: function (err) {
            alert("执行失败");
```

```
            }
        });
    }
    /* 查询请求回调函数
    * @param {json} data 查询返回的数据*/
    function showRegCallBack(data) {
        vectSource.clear(); //清空矢量图层数据源
        var resultData = data; //查询结果 JSON 格式的字符串
        $.each(resultData, function (i, item) {
            //解析结果集中的几何字符串，并转换为多边形的几何数组
            var polyCoords = item.geometry.split(";");
            var coordinates = new Array();
            coordinates[0] = new Array();
            for (var i = 0; i < polyCoords.length; i++) {
                coordinates[0][i] = polyCoords[i].split(",");
            }
            //创建一个新的要素，并添加到数据源中
            var feature = new ol.Feature({
                geometry: new ol.geom.Polygon(coordinates),
                name: item.name,
                id: item.ID
            });
            vectSource.addFeature(feature);
            //得到 feature 外包矩形的中心点
            var fGeometry = feature.getGeometry();
            var fExtent = fGeometry.getExtent();
            var centerX = fExtent[0] + (fExtent[2] - fExtent[0]) / 2;
            var centerY = fExtent[1] + (fExtent[3] - fExtent[1]) / 2;
            var center = [centerX, centerY]; //外包矩形的中心点
            //为每个要素加载统计图
            addCharts(item, center);
        });
    }
```

代码说明：查询功能与8.6节所示的热区查询相同，都是通过后台的RegDataHandler.ashx查询GDPChartInfo的，遍历查询结果后解析查询返回的几何图形坐标字符串，创建多边形矢量要素并加载到矢量图层中，同时获取多边形矢量要素（feature）外包矩形的中心点，将此中心点和查询返回的统计数据传入addCharts，实现加载每个省级行政区域的统计图功能。

② 实现addCharts，为每个省级行政区域矢量要素加载统计图。即先创建并加载Popup标注，然后基于通过参数传递过来的统计数据，使用echarts插件创建统计图，并显示在Popup标注中。

程序代码 8-38　加载统计图的关键代码

```
    var mapContainer = document.getElementById('map');     //地图容器对象
    var typeSelect = document.getElementById('type');          //统计图类型对象
    /* 根据数据库中的数据加载统计图
    * @param {json} itemData 查询返回的每条记录数据
```

```
 * @param {ol.coordinate} coordinate 要素的几何外包矩形的中心点*/
function addCharts(itemData,coordinate) {
    //新增 div 层地图容器，用来承载统计图
    var elementDiv = document.createElement('div');
    elementDiv.id = "chart"+itemData.ID;
    elementDiv.className = "chart";
    mapContainer.appendChild(elementDiv); //为 mapContainer 添加 div 层子节点
    //创建一个 Overlay 对象
    var newOverLayer = new ol.Overlay({
        element: elementDiv,
        positioning: 'bottom-center'
    });
    newOverLayer.setPosition(coordinate);
    map.addOverlay(newOverLayer);
    //统计图类型
    var chartType = typeSelect.value;
    //基于准备好的 dom，初始化 echarts 插件
    var myChart = echarts.init(elementDiv);
    //根据不同的统计图类型设置不同的参数信息
    myChart.setOption(initChartOption(itemData, chartType));
}
```

代码说明：在addCharts中，先动态创建承载统计图表的div层地图容器；然后新建一个Popup标注对象（newOverLayer），设置其加载的位置参数（position）为传参过来的省级行政区域要素外包矩形的中心点；最后将到Popup标注初始化成统计图的容器，根据统计图的类型来创建相应的统计图。

程序代码 8-39　设置统计图参数功能函数

```
function initChartOption(itemData, chartType) {
var option = {};
        switch (chartType) {
            case "Column2D":
            option = {
                //设置标题
                title: {
                    text: itemData.name + "指定三年 GDP",
                    x: 'left',
                    y:'bottom'
                },
                //设置提示
                tooltip: {
                    show: true
                },
                backgroundColor: 'rgba(128, 128, 128,0.5)',
                //设置图例
                legend: {
                    data: ["GDP(万亿)"]
```

```
            },
            //X 轴信息
            xAxis: [{
                type: 'category',//默认为类目
                data: ["2015", "2016", "2017"]
            }],
            //Y 轴信息
            yAxis: [
            {
                type: 'value'//默认为值类型
            }
             ],
             //显示的值
             series: [
             {
                 "name": "GDP(万亿)",//图表类型
                 "type": "bar",//图表类型
                 "data": [+itemData.GDP_2015 / 10000, +itemData.GDP_2016 / 10000, +itemData.
GDP_2017 / 10000]//图表数据
             }
             ]
        };
        break;
        case "Line":
        option = {
            //设置标题
            title: {
                text: itemData.name + "指定三年 GDP",
                x: 'left',
                y: 'bottom'
            },
            tooltip: {
                show: true
            },
            backgroundColor: 'rgba(128, 128, 128,0.5)',
            legend: {
                data: ["GDP(万亿)"]
            },
            xAxis: {
                type: 'category',
                data: ["2015", "2016", "2017"]
            },
            yAxis: {
                type: 'value'
            },
            series: [{
                "name": "GDP(万亿)",
```

```
                        "data": [+itemData.GDP_2015 / 10000, +itemData.GDP_2016 / 10000, +itemData.
GDP_2017 / 10000],
                        "type": 'line'
                    }]
                };
                break;
                case "Pie2D":
                option = {
                    title: {
                        text: itemData.name+"GDP(万亿)",
                        x: 'right',
                        y:'top'
                    },
                    tooltip: {
                        trigger: 'item',
                        formatter: "{a} <br/>{b} : {c} ({d}%)"
                    },
                    legend: {
                        orient: 'vertical',
                        left: 'left',
                        data: ['2015', '2016', '2017']
                    },
                    series: [
                    {
                        name: 'GDP',
                        type: 'pie',
                        radius: '55%',
                        center: ['50%', '60%'],
                        data: [
                        { value: +itemData.GDP_2015 / 10000, name: '2015' },
                        { value: +itemData.GDP_2016 / 10000, name: '2016' },
                        { value: +itemData.GDP_2017 / 10000, name: '2017' }
                        ],
                        itemStyle: {
                            emphasis: {
                            shadowBlur: 10,
                            shadowOffsetX: 0,
                            shadowColor: 'rgba(0, 0, 0, 0.5)'
                        }
                    }
                }
            ]
            };
            break;
            default:
            break;
        }
```

```
        return option;
    }
```

8.8 军事标绘功能

OpenLayers 5的交互式图形绘制控件（ol.interaction.Draw）提供了基本的图形绘制接口，可满足大众化应用的需求，同时具备扩展性。对于某些特殊行业而言，若基本的图形绘制接口不能满足需求，可以在此基础上进行相应扩展。例如，GIS领域中常用的军事标绘功能，需要绘制表示相关功能类型的图形，如各种箭头、集结区域、旗帜等，这就需要进行扩展开发。

军事标绘是GIS在军事领域应用的一个方面，可充分利用网络环境进行军事作战模拟、虚拟作战演习等。军事标绘与普通的图形绘制有很大的区别，需要绘制的图形具有种类众多、结构复杂的特性，更重要的是军事标绘图形需表达一定的态势走向，并且需要实现客户端交互操作。常见的军事标绘类型包括简单箭头、燕尾箭头、自定义箭头、自定义燕尾箭头、直箭头、双箭头、集结区域、圆形区域、曲线旗帜、直角旗帜、三角旗帜等。

为实现军事标绘功能，本节将基于OpenLayers 5对原有的基本图形进行扩展，实现常用的军事标绘图形，同时提供了一套集添加、删除、修改于一体的军事标绘图形绘制接口，以满足用户的不同需求。

军事标绘中的各类图形主要是基于贝塞尔曲线原理，通过OpenLayers 5的扩展开发而实现的。

1. 贝塞尔曲线原理

本节采用贝塞尔曲线的原理实现军事标绘操作。贝塞尔曲线最初是由Paul de Casteljau于1959年运用de Casteljau算法开发，以稳定数值的方法求出的，又称为贝兹曲线或贝济埃曲线，是应用于二维图形应用程序的数学曲线。贝性曲线由线段与节点组成，节点是可拖动的。

贝塞尔曲线包含线性、二次方、三次方贝塞尔曲线，在绘图领域较常用的是二次方和三次方贝塞尔曲线，其计算公式为：

（1）二次方贝塞尔曲线。二次方贝塞尔曲线的路径由给定点P_0、P_1、P_2的函数$B(t)$给定，即

$$B(t)=(1-t)^2P_0+2t(1-t)P_1+t^2P_2,\qquad t\in[0,1]$$

（2）三次方贝塞尔曲线。P_0、P_1、P_2、P_3四个点在平面或在三维空间中定义了三次方贝塞尔曲线。曲线起始于P_0走向P_1，并从P_2的方向来到P_3。一般不会经过P_1或P_2，这两个点只是提供方向信息。P_0和P_1之间的间距决定了曲线在转而趋近P_3之前，走向P_2方向的长度有多长。

三次方贝塞尔曲线的参数形式为：

$$B(t)=P_0(1-t)^3+3P_1t(1-t)^2+3P_2t^2(1-t)+P_3t^3,\qquad t\in[0,1]$$

2. 基于 OpenLayers 5 的军事标绘图形扩展原理

基于OpenLayers 5扩展新类方法可编写多种贝塞尔曲线算法，同时，还须扩展OpenLayers 5提供的OpenLayers.Handler.Point、Geometry等类和ModifyControl、SelectFeature等控件资源，以实现军事标绘、指北针等特殊图形的绘制、编辑、删除等功能。军事标绘功能扩展原理如图8-8所示。

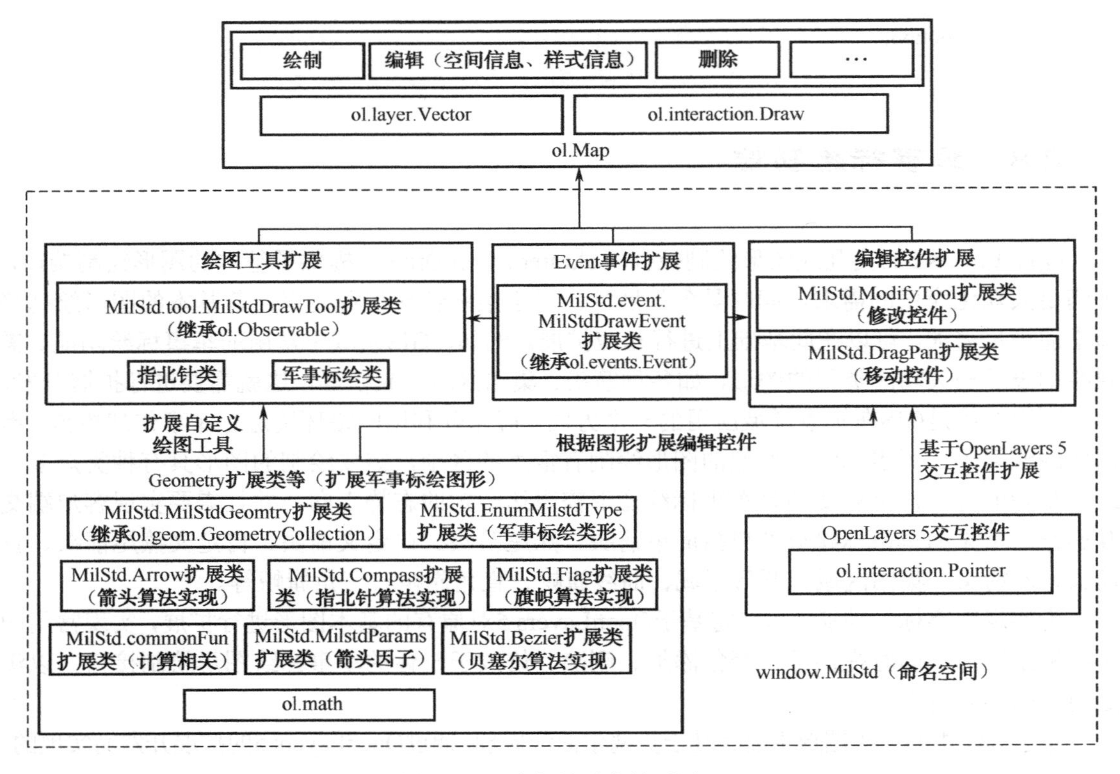

图 8-8　军事标绘功能扩展原理

基于上述扩展原理，OpenLayers 5扩展封装了军事标绘绘制工具（MilStd. Tool、MilStdDrawTool）和其编辑工具（MilStd.ModifyTool、MilStd.DragPan等），分别封装到功能脚本文件MilStdDraw.js和MilStdModify.js中。

基于扩展封装的军事标绘（军标）的工具，在客户端调用实现军事标绘功能，可结合第三方UI框架实现军事标绘的绘制、编辑、删除功能，效果如图8-9所示。

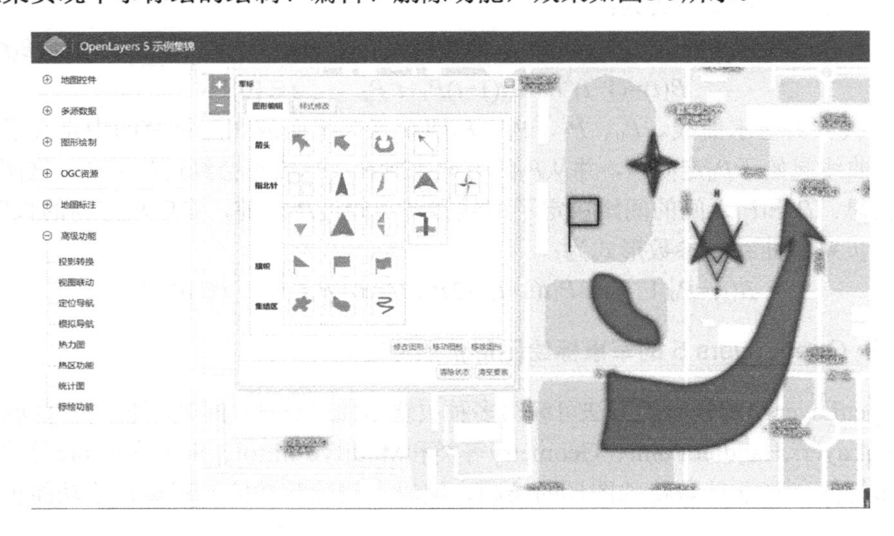

图 8-9　军事标绘功能示例

（1）在OL5Demo网站的Others目录下新建一个MilitaryPlotting.htm页面，引用OpenLayers 5的开发库与级联样式表、扩展封装的军事标绘的功能库，以及其他的第三方插件库，并加载天地图。

程序代码 8-40　引用相关脚本与样式文件

```
<link href="../../css/ol.css" rel="stylesheet" type="text/css" />
<script src="../../libs/ol5/ol.js"></script>
<script src="../../libs/ol5/extend/MilStd.js"></script>
<!--引入第三方插件库 -->
<script src="../../libs/jquery-1.11.2.min.js" type="text/javascript"></script>
<link href="../../libs/jqueryEasyui/themes/default/easyui.css" rel="stylesheet" type="text/css" />
<link href="../../libs/jqueryEasyui/themes/icon.css" rel="stylesheet" type="text/css" />
<link href="../../libs/jqueryEasyui/themes/color.css" rel="stylesheet" type="text/css" />
<script src="../../libs/jqueryEasyui/jquery.easyui.min.js" type="text/javascript"></script>
<link href="../../libs/colorPicker/js_color_picker_v2.css" rel="stylesheet" type="text/css" />
<script src="../../libs/colorPicker/js_color_picker_v2.js" type="text/javascript"></script>
<script src="../../libs/colorPicker/color_functions.js" type="text/javascript"></script>
```

（2）在功能示例的脚本中，编写调用封装的军事标绘功能接口，实现军事标绘功能，包括图形绘制、编辑、删除功能。

① 在示例的初始化函数init()中，添加绘图层（ol.layer.Vector）与封装的军事标绘绘制工具（MilStd.tool.MilStdDrawTool），并添加绘制结束监听事件。

程序代码 8-41　在初始化函数中添加军事标绘图层与军事标绘绘制工具

```
var map;                                //地图容器
var drawLayer;                          //军事标绘图层
var source;                             //矢量资源
var drawTool;                           //绘制工具
var modifyTool;                         //修改工具
var dragTool                            //移动工具
var selectTool;                         //选择工具
var boxSelectTool;                      //拉框选择工具
var selectedFeatures;                   //选中的要素数组
var styles;                             //样式数组
function init() {
//添加绘图层
source = new ol.source.Vector({ wrapX: false });
drawLayer = new ol.layer.Vector({
    source: source,
    style: new ol.style.Style({
        fill: new ol.style.Fill({
            color: $('#FillClr').val()
        }),
        stroke: new ol.style.Stroke({
            color: $('#LinClr').val(),
            lineCap: $('#LinHeadType').val(),
```

```
                    lineJoin: $('#LinJointType').val(),
                    lineDash: [parseInt($('#LinDash').val()), parseInt($('#LinDot').val())],
                    width: parseInt($('#LinWidth').val())
                }),
                image: new ol.style.Circle({
                    radius: parseInt($('#PntRadius').val()),
                    fill: new ol.style.Fill({
                        color: $('#FillClr').val()
                    })
                })
            })
        });
        map = new ol.Map({
            target: 'map',
            layers: [bingMap, drawLayer],
            view: new ol.View({
                center: ol.proj.transform([-93.27, 44.98], 'EPSG:4326', 'EPSG:3857'),
                zoom: 3
            })
        });
        drawTool = new MilStd.tool.MilStdDrawTool(map);
        drawTool.on(MilStd.event.MilStdDrawEvent.DRAW_END, onDrawEnd, false, this);
    }
```

代码说明：在上述代码中，客户端使用了封装的军事标绘绘制工具，其关键是实例化MilStd.tool.MilStdDrawTool，并添加其绘制结束监听事件（MilStd.event.MilStdDrawEvent.DRAW_END），在回调函数中根据军事标绘类型添加相应军事标绘图形。

② 实现功能页面的各类军事标绘图形按钮单击函数，即根据选择的军事标绘类型，调用drawArrow激活军事标绘绘制工具；再实现绘制结束监听事件的回调函数，在回调函数中加载图形要素。

程序代码 8-42　绘制军标的关键代码

```
    //绘制军事标绘
    function drawArrow(type) {
        removeInteractions();
        switch (type) {
            case "SimpleArrow":                              //简单箭头
                var milParam = new MilStd.MilstdParams({
                    headHeightFactor: 0.15,
                    headWidthFactor: 0.4,
                    neckHeightFactor: 0.75,
                    neckWidthFactor: 0.1,
                    tailWidthFactor: 0.1,
                    hasSwallowTail: true,
                    swallowTailFactor: 0.5
                });
```

```
            drawTool.activate(MilStd.EnumMilstdType.SimpleArrow, milParam, "drawSimpleArrow");
            break;
        case "DoubleArrow":                                 //燕尾箭头
            var milParam = new MilStd.MilstdParams({
                headHeightFactor: 0.15,
                headWidthFactor: 0.8,
                neckHeightFactor: 0.7,
                neckWidthFactor: 0.4
            });
            drawTool.activate(MilStd.EnumMilstdType.DoubleArrow, milParam, "drawDoubleArrow");
            break;
        case "StraightArrow":                               //直线箭头
            var milParam = new MilStd.MilstdParams({
                headHeightFactor: 0.1,
                headWidthFactor: 1.3,
                neckHeightFactor: 1.0,
                neckWidthFactor: 0.7,
                tailWidthFactor: 0.07,
                hasSwallowTail: false,
                swallowTailFactor: 0
            });
            drawTool.activate(MilStd.EnumMilstdType.StraightArrow, milParam, "drawStraightArrow");
            break;
        case "SingleLineArrow":                             //单线箭头
            var milParam = new MilStd.MilstdParams({
                headHeightFactor: 0.1,
                headWidthFactor: 1.3
            });
            drawTool.activate(MilStd.EnumMilstdType.SingleLineArrow,                        milParam,
"drawdrawSingleLineArrow");
            break;
        case "TriangleFlag":                                //三角形旗帜
        case "RectFlag":                                    //长方形旗帜
        case "CurveFlag":                                   //弧形旗帜
            drawTool.activate(type, null, "drawFlag");
            break;
        case "ArrowCross":                                  //十字箭头指北针
        case "CircleClosedangle":                           //圆形尖角指北针
        case "Closedangle":                                 //尖角指北针
        case "DoubleClosedangle":                           //双向尖角指北针
        case "Fourstar":                                    //四角指北针
        case "Rhombus":                                     //菱形指北针
        case "SameDirectionClosedangle":                    //同向尖角指北针
        case "Triangle":                                    //三角指北针
        case "Vane":                                        //风向标指北针
            drawTool.activate(type, null, "drawCompass");
            break;
```

```
        case "Bezier":                              //贝塞尔曲线构成多边形
        case "BezierLine":                          //贝塞尔曲线
        case "AssemblyArea":                        //集结区
            drawTool.activate(type, null, "drawBazier");
            break;
        default:
    }
};
```

代码说明：上述代码关键为根据选择的图形类型设置相应参数，然后调用军事标绘绘制工具对象的activate方法激活该工具，该工具在激活后即可用鼠标在地图上交互绘制图形。

程序代码 8-43　绘制军标的回调函数

```
//绘制完成后的回调函数
function onDrawEnd(event) {
    var drawStyle = new ol.style.Style({
        fill: new ol.style.Fill({
            color: $('#FillClr').val()
        }),
        stroke: new ol.style.Stroke({
            color: $('#LinClr').val(),
            lineCap: $('#LinHeadType').val(),
            lineJoin: $('#LinJointType').val(),
            lineDash: [parseInt($('#LinDash').val()), parseInt($('#LinDot').val())],
            width: parseInt($('#LinWidth').val())
        }),
        image: new ol.style.Circle({
            radius: parseInt($('#PntRadius').val()),
            fill: new ol.style.Fill({
                color: $('#FillClr').val()
            })
        })
    });
    var feature = event.feature;
    feature.setStyle(drawStyle);
    source.addFeature(feature);
}
```

代码说明：从绘制结束的回调函数（onDrawEnd）中获取当前绘制图形的要素，根据绘制图形的类型设置其样式，并调用矢量图层数据源对象的addFeature方法添加此要素。

③ 实现军事标绘编辑功能，即实现功能页面上相应的编辑功能按钮的单击函数，分别实现修改军标图形几何信息、移动军事标绘图形、删除军事标绘图形功能。其中，修改军事标绘使用封装的修改工具（MilStd.ModifyTool），移动军事标绘则使用封装的移动工具（MilStd.DragPan）。

程序代码 8-44　军标编辑功能

```
//修改军事标绘
function modifyArrow() {
    removeInteractions();
    modifyTool = new MilStd.ModifyTool(map);
    modifyTool.activate();
};
//移动军事标绘
function moveArrow() {
    removeInteractions();
    dragTool = new MilStd.DragPan(map);
    dragTool.activate();
};
//移除选中的军事标绘
function removeArrow() {
    removeInteractions();
    boxSelectTool = new ol.interaction.DragBox({
        style: new ol.style.Style({
            stroke: new ol.style.Stroke({
                color: [0, 0, 255, 1]
            })
        })
    });
    map.addInteraction(boxSelectTool);
    boxSelectTool.on('boxend', function (e) {
        selectedFeatures = new Array();
        var extent = boxSelectTool.getGeometry().getExtent();
        source.forEachFeatureIntersectingExtent(extent, function (feature) {
            selectedFeatures.push(feature);
        });
        if (selectedFeatures && selectedFeatures.length > 0) {
            for (var i = 0; i < selectedFeatures.length; i++) {
                source.removeFeature(selectedFeatures[i]);
            }
        }
    });
}
```

代码说明：

- 修改军事标绘图形，使用修改工具（MilStd.ModifyTool），即实例化此工具并激活；
- 移动军事标绘图形，使用移动工具（MilStd.DragPan），即实例化此工具并激活；
- 删除军事标绘图形，使用 ol.interaction.DragBox 拉框选择要删除的军事标绘图形，调用绘图层数据源的 removeFeature 方法移除军事标绘图形。

④ 修改军事标绘图形样式的功能可通过editGeom函数实现，即结合拉框选择控件选择要修改的军事标绘图形，通过getEditStyle获取页面表单中设置的图形样式，再调用图形要素的

setStyle方法更新图形要素的样式。

程序代码 8-45　军事标绘编辑功能（修改样式）

```
var inputObjStyleEx = null;
//设置颜色选择器
function showcolors(ids) {
    var o = document.getElementById(ids);
    inputObjStyleEx = o;
showColorPicker(o, o, colorchangStyleEx);
}
function colorchangStyleEx(e) {
inputObjStyleEx.style.background = inputObjStyleEx.value;
}
//修改样式
function editGeom() {
    removeInteractions();
    selectTool = new ol.interaction.Select();
    map.addInteraction(selectTool);
    //拉框选择控件
    boxSelectTool = new ol.interaction.DragBox({
        style: new ol.style.Style({
            stroke: new ol.style.Stroke({
                color: [0, 0, 255, 1]
            })
        })
    });
    map.addInteraction(boxSelectTool);
    boxSelectTool.on('boxend', function (e) {
        selectedFeatures = new Array();
        styles = new Array();
        var extent = boxSelectTool.getGeometry().getExtent();
        source.forEachFeatureIntersectingExtent(extent, function (feature) {
            styles.push(feature.getStyle());
            selectedFeatures.push(feature);
            var editStyle = getEditStyle();
            feature.setStyle(editStyle);
            $('#cancelEditBtn').linkbutton({ disabled: false })
        });
    });

    selectTool.on('select', function (e) {
        styles = new Array();
        selectedFeatures = e.selected;
        if (selectedFeatures && selectedFeatures.length > 0) {
            for (var i = 0; i < selectedFeatures.length; i++) {
                styles.push(selectedFeatures[i].getStyle());
                var editStyle = getEditStyle();
```

```
                selectedFeatures[i].setStyle(editStyle);
            }
        }
        $('#cancelEditBtn').linkbutton({ disabled: false })
    });
}
//获取表单样式信息
function getEditStyle() {
    var style = new ol.style.Style({
        fill: new ol.style.Fill({
            color: $('#FillClr').val()
        }),
        stroke: new ol.style.Stroke({
            color: $('#LinClr').val(),
            lineCap: $('#LinHeadType').val(),
            lineJoin: $('#LinJointType').val(),
            lineDash: [parseInt($('#LinDash').val()), parseInt($('#LinDot').val())],
            width: parseInt($('#LinWidth').val())
        }),
        image: new ol.style.Circle({
            radius: parseInt($('#PntRadius').val()),
            fill: new ol.style.Fill({
                color: $('#FillClr').val()
            })
        })
    });
    return style;
}
//撤销样式的修改
function cancelEditGeom() {
    if (selectedFeatures && selectedFeatures.length > 0) {
        for (var i = 0; i < selectedFeatures.length; i++) {
            selectedFeatures[i].setStyle(styles[i]);
        }
    }
    selectedFeatures = new Array();
    styles = new Array();
    $('#cancelEditBtn').linkbutton({ disabled: true })
}
//移除所有的控件
function removeInteractions() {
$('#cancelEditBtn').linkbutton({ disabled: true });
        if (drawTool) {
        drawTool.deactivate();
    }
    if (modifyTool) {
        modifyTool.deactivate();
```

```
        }
        if (dragTool) {
            dragTool.deactivate();
        }
        if (selectTool) {
            map.removeInteraction(selectTool);
        }
        if (boxSelectTool) {
            map.removeInteraction(boxSelectTool);
        }
    }
    //清除所有的要素
    function removeAllFeatures() {
    removeInteractions();
    source.clear();
    }
```

代码说明：上述代码先加载拉框选择控件（ol.interaction.DragBox），通过拉框选择控件选择要修改的图形要素，然后进行样式更新处理。即先通过getEditStyle方法获取功能页面上设置样式信息，然后通过图形要素对象调用此方法得到新样式对象，最后调用setStyle方法将图形要素的图形样式更新为新样式。

8.9 练习

练习1：结合关系数据库的兴趣点信息，实现 Popup标注功能。

练习2：结合热点图功能，尝试实现反映某范围内人口密集程度的分布图。

练习3：基于关系数据库的景区门票信息，尝试结合拉框查询与统计图功能，实现拉框区域内景区的门票价格统计图功能。

第9章 OpenLayers之项目实战——水利信息在线分析服务系统

9.1 建设背景

水利工程建设对国民经济发展和社会稳定的意义重大，防汛则是其中一个重要方面。水情、雨情等防汛预警工作，可为防灾减灾争取宝贵的时间，有效保障人民生命财产的安全。

由于水利工程的信息化覆盖程度不高，在汛期或旱季大部分是通过人工方法进行现场数据采集的。在这种工作环境下，数据采集有很大的延迟，一旦遇上异常状况，信息传递的准确性和高效性将严重受限，大大影响了广大居民的生命财产安全。因此，近年来国家提出了建设“数字水利”的目标，全面实施水利信息化建设。一方面加快水利工程的信息化进程，提高其建设的效率；另一方面将防汛抗旱的工作逐步从被动转为主动，通过完善的预警机制和应急指挥系统，最大限度降低灾害的影响。例如，在汛期相关工作人员可以移动式地巡查水库水坝的运作状况，通过自动监测系统与人工交互系统，将信息清晰准确地在第一时间传送到监控中心；监控中心可以实时地对可能或正在发生的汛情、险情、灾情进行动态监视，随时了解现场情况，以便采取相应的预防和补救措施，确保水库、水坝的安全运行。由此可见，水利预警信息系统建设对减少洪水灾害、排除汛期隐患、缓解防洪压力、保障人民生命财产的安全等具有重要的作用。

水利信息化建设与地理信息系统（GIS）密切相关，GIS在水利基础设施、水资源的信息化管理与监测等方面具有不容忽视的重要作用。通过GIS的应用，可以更好地从空间、时间上了解各方面的现状与变化发展，以及其规范管理，便于各级水利行政部门开展水情监测与管理、水利基础设施与水资源管理等多方面工作。

水利信息化建设内容丰富，范围较广。本章仅从防汛预警应用角度出发，在水利信息在线发布与监测等业务应用中选择一些常用功能，构建水利信息在线分析服务系统，包括水情、雨情信息的发布与统计，以及台风监测预警等。本章介绍的水利信息在线分析服务系统，采用广西壮族自治区的水利信息相关数据，结合GIS应用，通过地图标注、图表与动态推演等方式，直观模拟展现广西壮族自治区当前的水情、雨情状况，以及台风情况。

9.2 系统需求

在实际应用中，要做好防汛预警工作，就需要通过对各种数据进行监测，以及对历史数据进行分析，做出相应的决策。其中，在内陆地区，河道、水库等相关数据是最基本的数据，根据对河流、水库的流量、水位，以及各地区雨量等进行的监测，做好防旱防涝减灾工作，确保人民的生命财产安全。而对于沿海地区，则经常有台风影响，台风的来临会给沿海地区的经济及生活带来严重的损坏，需要靠台风路径、风力等级、方向等数据确定群众疏散方案，并作出防汛备战决策。这些数据的实时呈现以及快速查询分析，有助于及时响应与高效决策，可很大程度上提高办事效率，保障人民的生活财产安全。

针对防汛预警的实际需求，水利信息在线分析服务系统主要包括以下功能模块：

（1）工情查询。水情信息、雨情信息的实时查询统计，以及地图标注定位，可以直观掌握每个水/雨情监测站点的水/雨情数据，全面掌握各地区的水情以及降雨状况。

（2）台风管理。查询区域范围相关的台风信息，即台风路径的查询以及线路的轨迹回放，根据台风数据确定相应的应对方案。

（3）气象信息。气象信息是影响水利工作的一个重要内容，相关部门可以对区域气象预报、卫星云图变化走势等数据进行分析，为防旱防涝等工作决策提供依据和指导。

9.3 系统设计

9.3.1 系统开发模式

在实际开发过程中，我们所需的 GIS 功能通常是有限的，采用直接引入整个 OpenLayers 5 脚本的传统方法进行开发，会导致项目体量变得很大，严重影响文件加载的效率。为了解决该问题，本系统基于 OpenLayers 5 框架，采用模块化开发方式实现所需的功能。在开发过程中，根据需求只导入所需的功能模块，实现所需即所用、所用即所得，从而使项目变得更灵活、更轻便，提升系统的浏览效率。当功能开发完成后，用流行的 Parcel 打包工具来打包整个项目，只需编辑配置文件即可，无须编写新的代码，操作简单易用。打包之后的项目体量明显减少，并且在一定程度上起到保护代码的作用。

9.3.2 系统体系架构

水利信息在线分析服务系统的整体架构如图 9-1 所示。该系统以公共地图数据服务、水利信息相关的业务数据为基础，客户端使用 OpenLayers 5 框架，后台使用.NET 或 Java 体系框架，从而构建一个涵盖地图显示与基本操作、水/雨情信息的工情管理、台风监测功能，以及卫星云图气象信息功能的 WebGIS 系统。

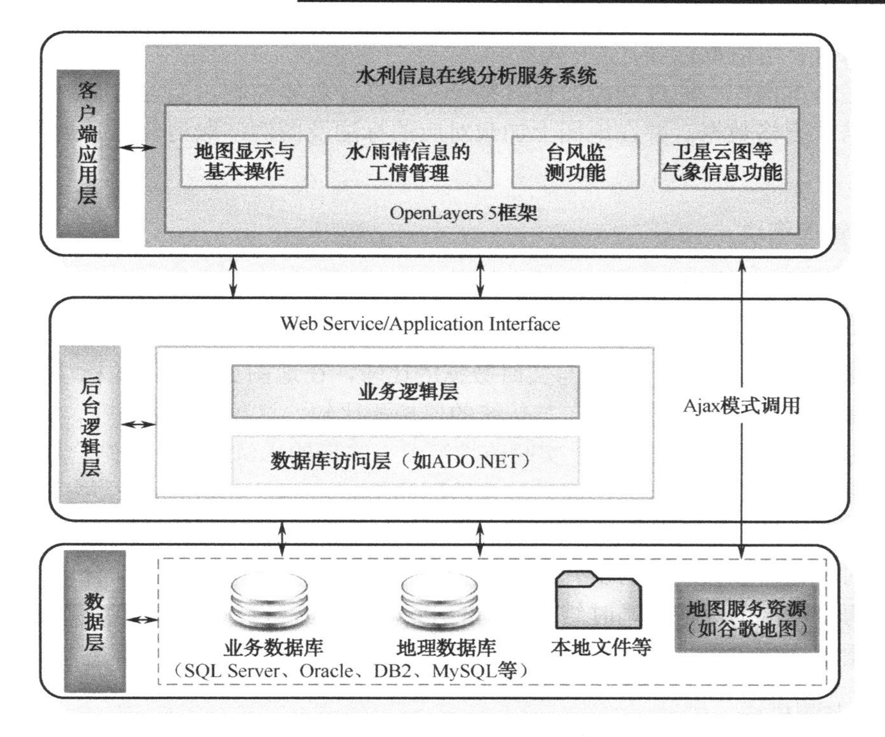

图 9-1　水利信息在线分析服务系统的整体架构

9.3.3　系统功能设计

水利信息在线分析服务系统提供的各种水利信息能够使监控人员掌握实时信息，结合其他相关数据，及时做出汛期预测及应对方案，提高工作效率。提供的水利信息包括水/雨情信息、台风信息、卫星云图等。根据系统需求，在此仅从信息发布与监测预警应用的角度出发，构建一个简单的水利信息在线分析服务系统，其功能模块如图 9-2 所示。

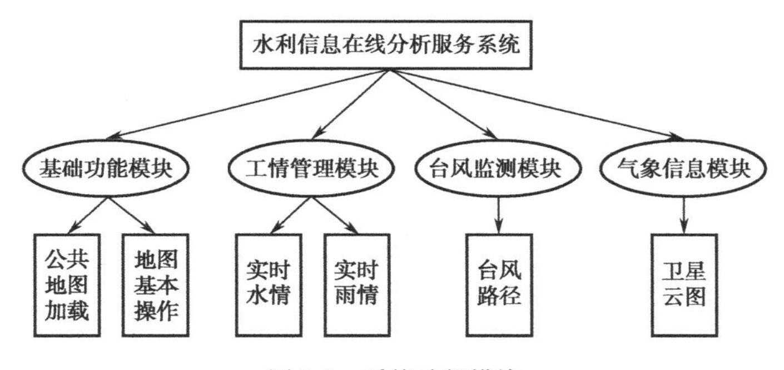

图 9-2　系统功能模块

1．基础功能模块

（1）公共地图加载。本系统的地图选用天地图在线地图，默认加载天地图的矢量图作为底图，实现天地图各类型图层的切换功能。以天地图的矢量图为底图，上层则动态叠加并显示各类实时水情、雨情数据等。

（2）地图基本操作。通过功能面板对整个系统进行总体控制，当勾选某一功能模块时显示其对应的结果表格数据，并在地图上加载对应的标注及图例；取消勾选时则关闭该模块所对应的功能。

2. 工情管理模块

通过查询系统业务数据库中的河流、水库等监测站点基本信息（如站名、地址、联系方式等），联合查询当前水/雨情数据（如水位、流量、降雨量等），实现实时水/雨情的信息展示，实现对水/雨情的监控。根据正常值与实时数据的比较，在地图上用不同的标注给出警示，直观地显示了每个地点或地区的状况。与传统的监控相比较，这种方式更直观，效率更高。

（1）实时水情。在系统的首页，实时监控河流、水库的水位信息，并结合地图定位功能，直观地监控每个监测站点的水情；同时结合地图的 Popup 标注，以统计图方式直观展现当前监测站点的当天水情变化趋势。

（2）实时雨情。在系统的首页，实时监控每个地区的雨量信息，并结合地图定位功能，直观地监控每个地区的雨情；同时结合地图的 Popup 标注，以统计图方式直观展现当前监测站点的当天雨量变化趋势。

3. 台风监测模块

台风监测模块主要是记录台风基本信息、台风路径信息，以及台风的风力与风速等信息，根据台风的风力、风速、气压等因素预测台风的线路，提示预警并预测出未来的台风路径及风力等。

本系统基于台风路径实现台风监测功能，即包括台风基本信息和台风路径绘制功能，可查询区域范围相关台风的基本信息，在地图上动态绘制出台风路径的轨迹，并根据台风的风力大小在地图上使用不同标注颜色标绘出各个台风点。结合地图的 Tooltip 标注，当鼠标悬浮在该标注点上时，冒泡显示台风的风力、风速、方向、气压等信息。

4. 气象信息模块

针对气象信息的需求，选择实现卫星云图功能。卫星云图是实时的云图数据，根据需要手动显示某一时段的云图分布情况，或根据时间自动播放云图的变化走势。一般通过气象系统发布的在线数据服务接口实时动态读取某时段的卫星云图，本系统仅以缓存的卫星云图数据为例，实现最简单的卫星云图展示与动态轮播功能。

9.3.4 数据组织设计

水利信息在线分析服务系统涉及两大类数据，即空间数据与业务数据。根据该系统的具体应用，分别对这两类数据进行组织设计，数据之间的关联如图 9-3 所示。

1. 空间数据

系统使用天地图的公共地图（矢量地图）作为底图，上层叠加水利信息相关的矢量点数据。本系统直接调用天地图在线发布的地图服务，水利信息相关的业务数据则存储在关系数据库中。

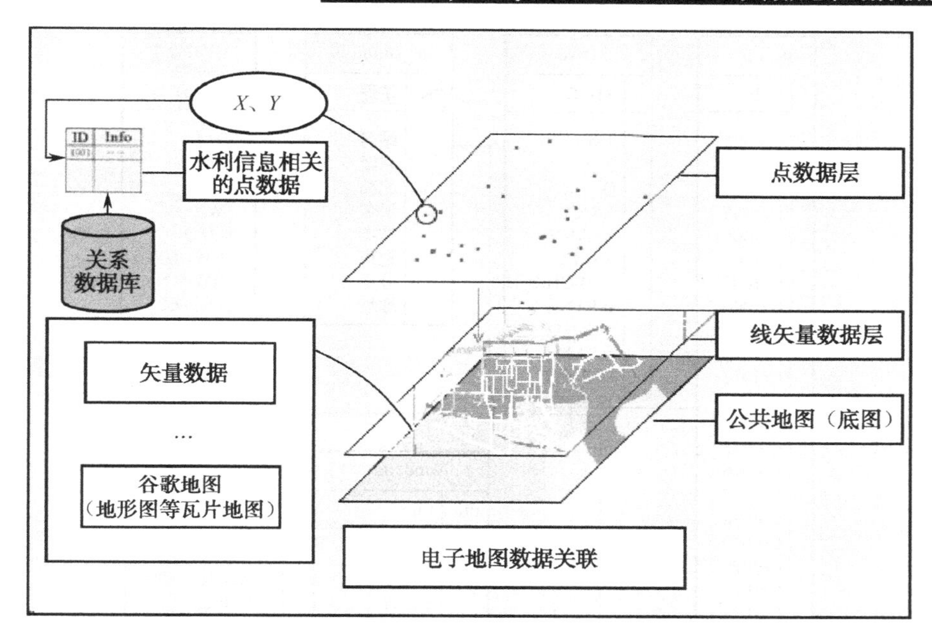

图 9-3　数据之间的关联

2．业务数据

根据水利信息在线分析服务系统的功能需求，其业务数据具体如下：

（1）监测站点信息：监测站点的站号、名称、坐标、地址等基本信息，主要实现监测站点的地图定位等功能。

（2）水位信息：河流、水库站点的实时数据、历史数据，用于实时数据展示、历史数据统计分析及防汛工作。

（3）雨情信息：不同地区的实时及历史降雨量数据，用于降雨等值线和分布图的分析及生成等。

（4）台风信息：台风基本信息、台风路径、风力大小等数据，用于实现台风路径查询与轨迹回放等功能。

（5）卫星云图：获取地区某时段的卫星云图，一般可通过气象系统发布的在线数据服务实时动态读取，此示例使用缓存的卫星云图数据，仅为简单的功能演示所用。

本系统的业务数据使用 Microsoft SQL Server 2008 关系数据库存储，整个系统采用了 MVC 框架，客户端通过 Ajax 向.NET 服务器发送数据服务请求，服务器采用 ADO.NET 技术访问业务数据库，将数据结果以 JSON 格式返回到客户端。

9.3.5　数据库设计

1．数据库 E-R 图

数据库 E-R 图如图 9-4 所示。

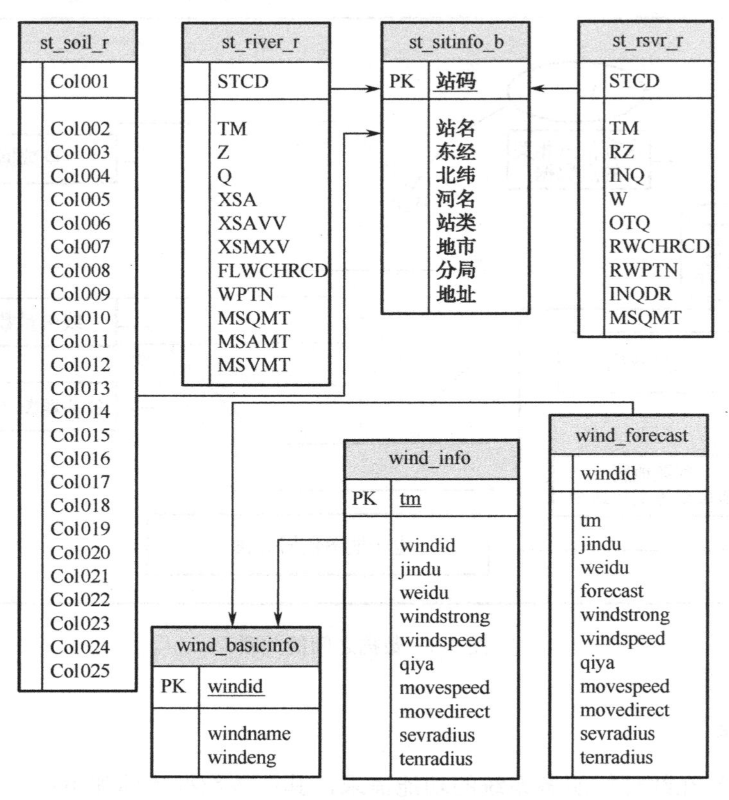

图 9-4　数据库 E-R 图

2. 数据表设计

系统功能数据表设计，其关键的数据如表 9.1 到表 9.7 所示。

（1）监测站点信息表。

表名：st_sitinfo_b。

说明：记录监测站点的详细信息。

表 9.1　监测站点信息表

名　称	注　释	数 据 类 型
站码	监测站点编码，主键	nvarchar(255)
站名	监测站点的名称	nvarchar(255)
东经	监测站点位置的经度	nvarchar(255)
北纬	监测站点位置的纬度	nvarchar(255)
河名	所属河流（系）名称	nvarchar(255)
站类	监测站点的类别	nvarchar(255)
地市	监测站点所属地市	nvarchar(255)
分局	监测站点所属分局	nvarchar(255)
地址	监测站点的具体地址	nvarchar(255)

（2）水库信息表。

表名：st_rsvr_r。

说明：记录水库的监测信息。

表 9.2　水库信息表

名　　称	注　　释	数 据 类 型
STCD	站码	nvarchar(255)
TM	时间	datetime
RZ	水位（WaterPos）	float
INQ	流量（FlowNum）	float
OTQ	保证/正常（NorNum）	float
W	警戒（WarnNum）	float

（3）河流信息表。

表名：st_river_r。

说明：记录河流的监测信息。

表 9.3　河流信息表

名　　称	注　　释	数 据 类 型
STCD	站码	nvarchar(255)
TM	时间	datetime
Z	水位（WaterPos）	float
Q	保证/正常（NorNum）	float

（4）雨量信息表。

表名：st_soil_r。

说明：记录监测站点的雨量信息。

表 9.4　雨量信息表

名　　称	注　　释	数 据 类 型
Col001	站码	nvarchar(255)
Col002	时间	datetime
Col007	雨量	float

（5）台风基本信息表。

表名：wind_basicinfo。

说明：记录台风基本信息。

表 9.5　台风基本信息表

名　　称	注　　释	数 据 类 型
windid	台风编号	char(10)
windname	台风中文名称	char(10)
windeng	台风英文名称	char(10)

（6）台风详细信息表。

表名：wind_info。

说明：记录台风详细信息。

表 9.6　台风详细信息表

名　称	注　释	数 据 类 型
windid	台风编号	int
tm	时间	datetime
jindu	经度	float
weidu	纬度	float
windstrong	风力	char(10)
windspeed	风速	char(10)
qiya	气压	char(10)
movespeed	移动风速	char(10)
movedirect	风向	char(10)
sevradius	半径 1	int
tenradius	半径 2	int

（7）台风预测信息表。

表名：wind_forecast。

说明：记录台风预测信息。

表 9.7　台风预测信息表

名　称	注　释	数 据 类 型
windid	台风编号	int
forecast	预报国家	char(10)
tm	时间	datetime
jindu	经度	float
weidu	纬度	float
windstrong	风力	char(10)
windspeed	风速	char(10)
qiya	气压	char(10)
movespeed	移动风速	char(10)
movedirect	风向	char(10)
sevradius	半径 1	int
tenradius	半径 2	int

9.4　系统实现

水利信息在线分析服务系统基于 OpenLayers 5 实现，主要功能包括地图数据的显示操作、水利信息的查询定位，以及防汛预警数据的统计与分析等。本系统使用 JavaScript 的客户端方式，结合.NET 开发模式实现。

本系统开发环境如下：

- 操作系统：Windows 7、Windows 8、Windows 10 等。
- 开发工具：Microsoft Visual Studio 2015。
- Web 服务器：Internet 信息服务（IIS）管理器 7 版本。
- WebGIS API：OpenLayers 5.3.0。
- 数据库：Microsoft SQL Server 2008。
- 浏览器：Firefox、Google、Safari 等支持 HTML5 的主流浏览器。
- 第三方资源：jQuery、Bootstrap、echart、Bootstrap-table、jQueryUI 等。

该系统的客户端使用 Bootstrap 前端开源框架，并采用 Bootstrap-table 创建数据表格，采用 echarts 插件绘制统计图，改进了系统的可用性和用户体验，让客户端的呈现效果更加丰富，交互更加友好。系统的后台数据服务采用 ADO.NET 实现数据库的交互，通过 Ajax 技术实现客户端与后台的数据交互，使用 JSON 格式的数据进行传输。

根据 9.3 节介绍的系统设计，采用上述实现模式进行开发，实现包括地图基本功能、雨情查询、水情查询、台风路径监测和卫星云图功能模块在内的系统，系统功能效果图如图 9-5 所示。本节将详细介绍上述几个功能模块实现的基本思路和关键代码。

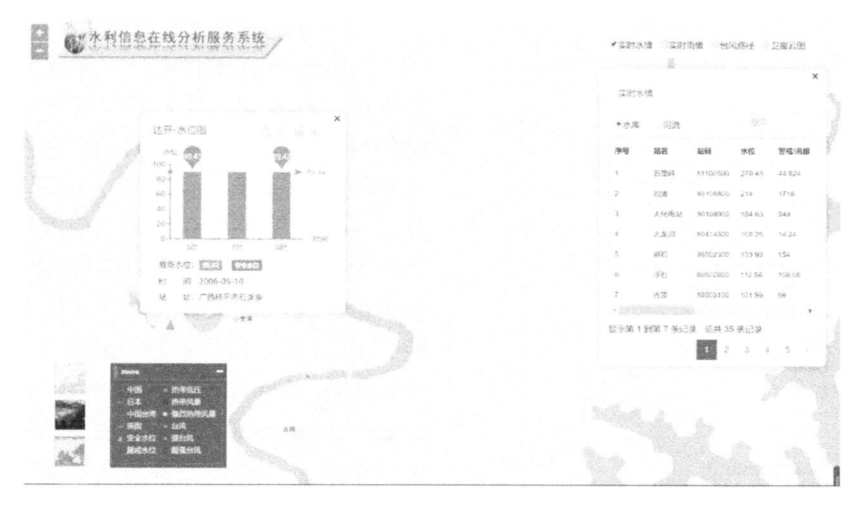

图 9-5　系统功能效果图

9.4.1　环境部署

本系统基于 OpenLayers 5 框架，采用模块化的方式进行开发，需要在 NodeJS 环境下开发并调试代码，另外还需在 NodeJS 环境中安装 Parcel 打包工具。有关 NodeJS 的环境配置方法请参见 3.3.2 节，此处不再赘述。完成环境部署后，即可进行具体的功能实现。

9.4.2 系统框架

根据系统的架构设计、功能设计与数据库设计，在集成开发环境（如 VS2015）中进行系统的具体开发。按照该系统的功能模块划分，采用 JavaScript(jQuery)、HTML5、CSS3、Bootstrap 等前端技术搭建系统主框架，其页面框架设计如图 9-6 所示。

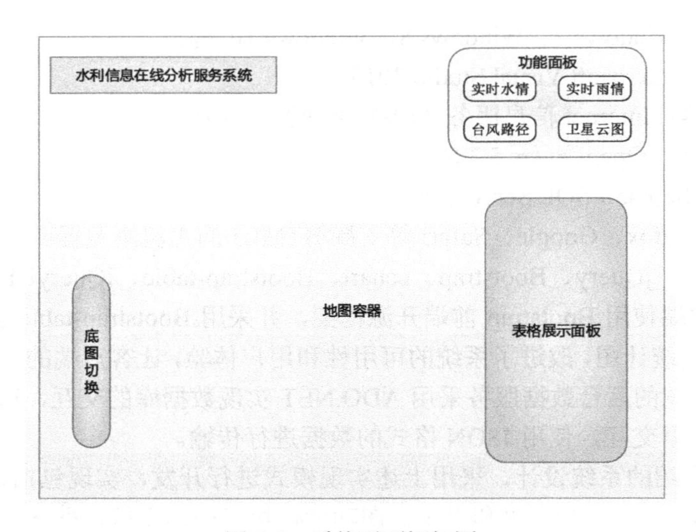

图 9-6 系统页面框架图

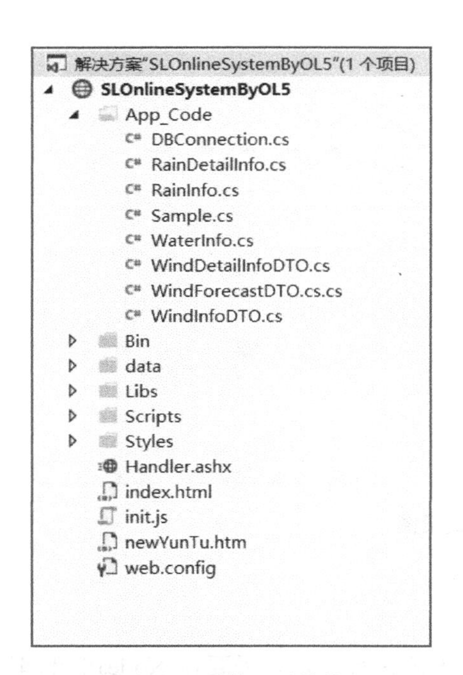

图 9-7 系统目录结构

（1）在 VS2015 中创建一个项目工程（SLOnlineSystemByOL5），新建资源目录，将脚本库、样式表、图片等资源文件放到对应的文件夹中。其中，App_Code 文件夹中存放的是系统后台关于数据操作的处理文件（.cs 文件），data 文件夹中存放的是广西壮族自治区边界坐标数据，Libs 文件夹中存放的是第三方开发资源，Scripts 文件夹中存放的是卫星云图功能的 JS 文件，Styles 文件夹中存放的是所有的样式文件，Handler.ashx 文件为一般处理程序，index.html 和 newYunTu 分别为系统的首页及卫星云图页面，init.js 为系统的页面交互及功能实现脚本，web.config 为本系统的配置文件。系统目录结构如图 9-7 所示。

（2）新建的 index.html 页面为系统的首页，该页面设计按照页面框架设计图进行搭建，效果如图 9-8 所示。

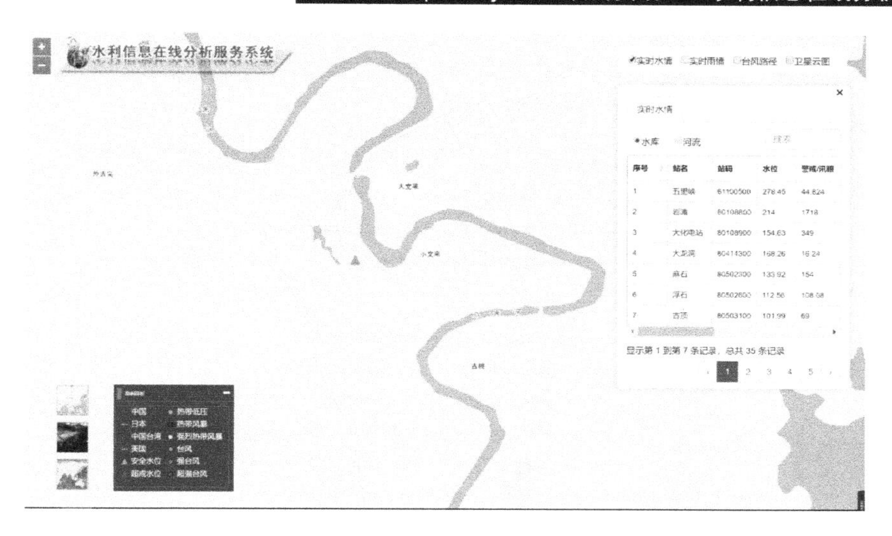

图 9-8　index.html 页面效果

index.html 页面主要使用 div 层来搭建和实现框架，其页面设计如图 9-9 所示。整个框架使用层叠的 div 层搭建，地图容器的 div 层为 map，用于加载地图；网站 logo 和功能面板采用 Bootstrap 的栅格系统来创建；右侧的结果展示表格采用 Bootstrap-table 来创建，并根据功能模块做了对应的 Tab 分页显示。

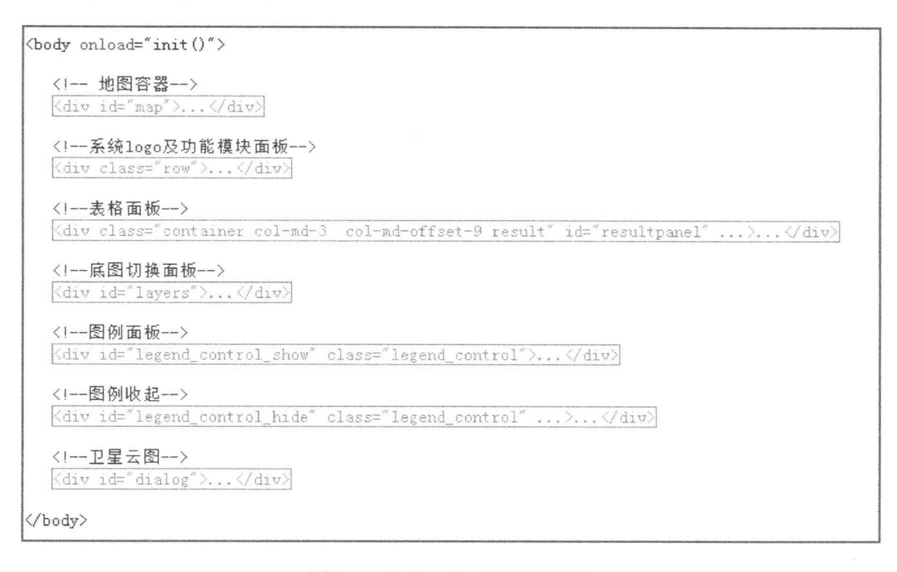

```
<body onload="init()">

    <!-- 地图容器-->
    <div id="map">...</div>

    <!--系统logo及功能模块面板-->
    <div class="row">...</div>

    <!--表格面板-->
    <div class="container col-md-3  col-md-offset-9 result" id="resultpanel" ...>...</div>

    <!--底图切换面板-->
    <div id="layers">...</div>

    <!--图例面板-->
    <div id="legend_control_show" class="legend_control">...</div>

    <!--图例收起-->
    <div id="legend_control_hide" class="legend_control" ...>...</div>

    <!--卫星云图-->
    <div id="dialog">...</div>

</body>
```

图 9-9　index.html 页面设计

此外，在 index.html 页面中采用在线 CDN 的方式导入第三方资源库（可在 BootCDN 官网中查找所需资源的 CDN 链接），如 jQuery、Bootstrap、echart、jQueryUI 等，在线 CDN 导入第三方资源如图 9-10 所示。通过 CDN 的方式导入插件资源，无须手动编辑任何配置文件，即可在调试、打包项目时自动完成对这些第三方资源的加载。

网站的具体搭建方法请参见 index.html 代码，在此不再详细说明。下面将详细介绍水利信息在线分析服务系统中的基础功能、实时水情、实时雨情、台风路径、卫星云图的实现方法。

```
index.html
1   <!DOCTYPE HTML PUBLIC "-//W3C//DTD XHTML 1.0 Transitional//EN" "http://www.w3.org/TR/xhtml1/DTD/xhtml1-transitional.dtd">
2
3   <html xmlns="http://www.w3.org/1999/xhtml">
4   <head>
5       <meta http-equiv="Content-Type" content="text/html; charset=utf-8" />
6       <meta name="viewport" content="width=device-width, initial-scale=1.0, maximum-scale=1.0, user-scalable=0" />
7       <title>水利信息在线分析服务系统</title>
8       <!--当前网页的样式文件-->
9       <link href="Styles/style.css" rel="stylesheet" type="text/css" />
10      <!--bootstrap样式表-->
11      <link rel="stylesheet" href="https://cdn.bootcss.com/bootstrap/3.3.7/css/bootstrap.min.css" />
12      <!--bootstrap-table样式表-->
13      <link href="https://cdn.bootcss.com/bootstrap-table/1.13.1/bootstrap-table.min.css" rel="stylesheet" />
14      <!--jQueryUI样式表-->
15      <link href="https://cdn.bootcss.com/jqueryui/1.12.1/jquery-ui.css" rel="stylesheet" />
16
17      <!--jQuery脚本库-->
18      <script src="https://cdn.bootcss.com/jquery/2.1.1/jquery.min.js"></script>
19      <!--bootstrap脚本库-->
20      <script src="https://cdn.bootcss.com/bootstrap/3.3.7/js/bootstrap.min.js"></script>
21      <!--bootstrap-table脚本库-->
22      <script src="https://cdn.bootcss.com/bootstrap-table/1.13.1/bootstrap-table.min.js"></script>
23      <!--bootstrap-table汉化脚本库-->
24      <script src="https://cdn.bootcss.com/bootstrap-table/1.13.1/locale/bootstrap-table-zh-CN.min.js"></script>
25      <!--echart脚本库-->
26      <script src="https://cdn.bootcss.com/echarts/4.2.0-rc.2/echarts.min.js"></script>
27      <!--jQueryUI脚本库-->
28      <script src="https://cdn.bootcss.com/jqueryui/1.12.1/jquery-ui.js"></script>
29  </head>
```

图 9-10　在线 CDN 导入第三方资源

9.4.3　数据库查询

水利信息在线分析服务系统的绝大部分功能都会涉及关系数据库中的业务数据，因此关系数据库的查询是本系统中的重要部分，非常关键。

本系统中的数据库查询操作在前台统一采用 Ajax 模式请求，即使用 jQuery 的方法发送数据请求；后台则由 Handler.ashx 统一处理前台发送的查询数据请求，再调用 Sample.cs 中封装的方法进行查询，即调用 DBConnection.cs 中的数据查询方法查询，将查询结果序列化为 JSON 格式的数据返回。

（1）由 Handler.ashx 统一处理各类查询数据请求，即由 slOnlineAnalyse 方法根据查询类别进行处理，如图 9-11 所示。

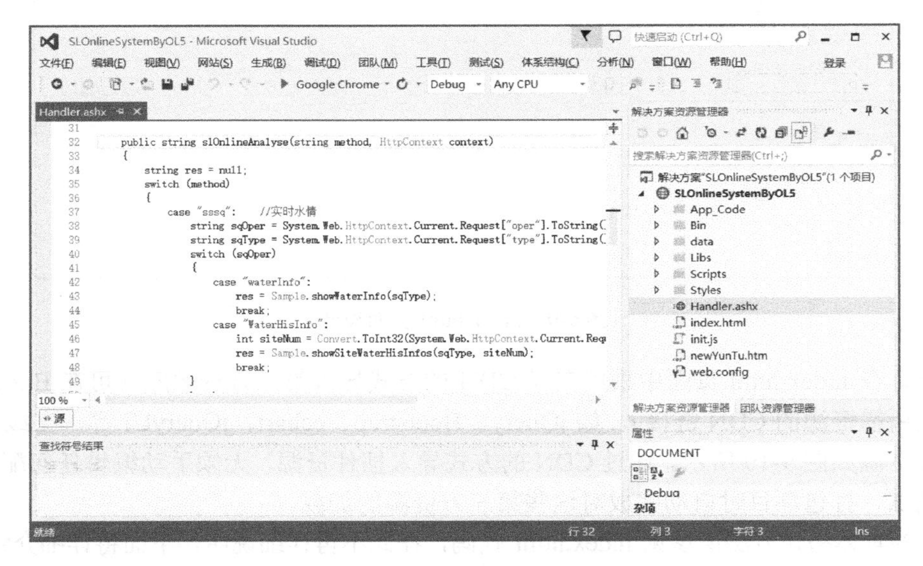

图 9-11　Handler.ashx 对各类查询数据请求的处理

（2）由 Sample.cs 作为查询中间层，分类封装查询方法，在其查询方法中调用 DBConnection.cs 中的数据查询操作方法，并将结果序列化为 JSON 格式的数据返回，如图 9-12 所示。

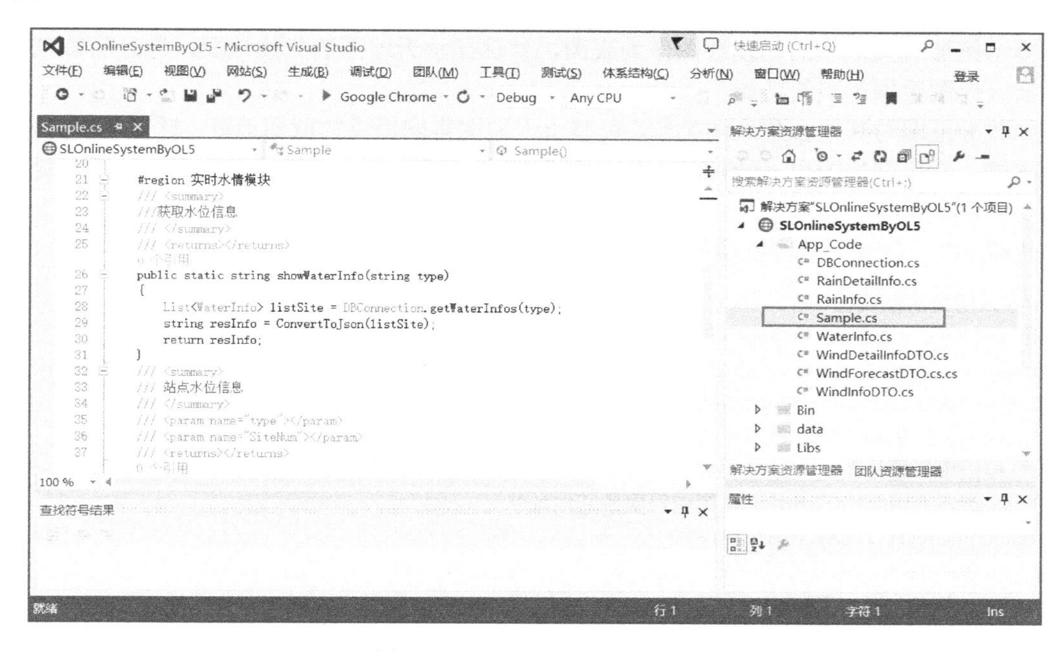

图 9-12　Sample.cs 的查询处理

（3）数据库的查询操作最终由 DBConnection.cs 实现，使用 ADO.NET 的数据访问接口（如 SqlConnection、SqlCommand、SqlDataAdapter 等）实现，如图 9-13 所示。

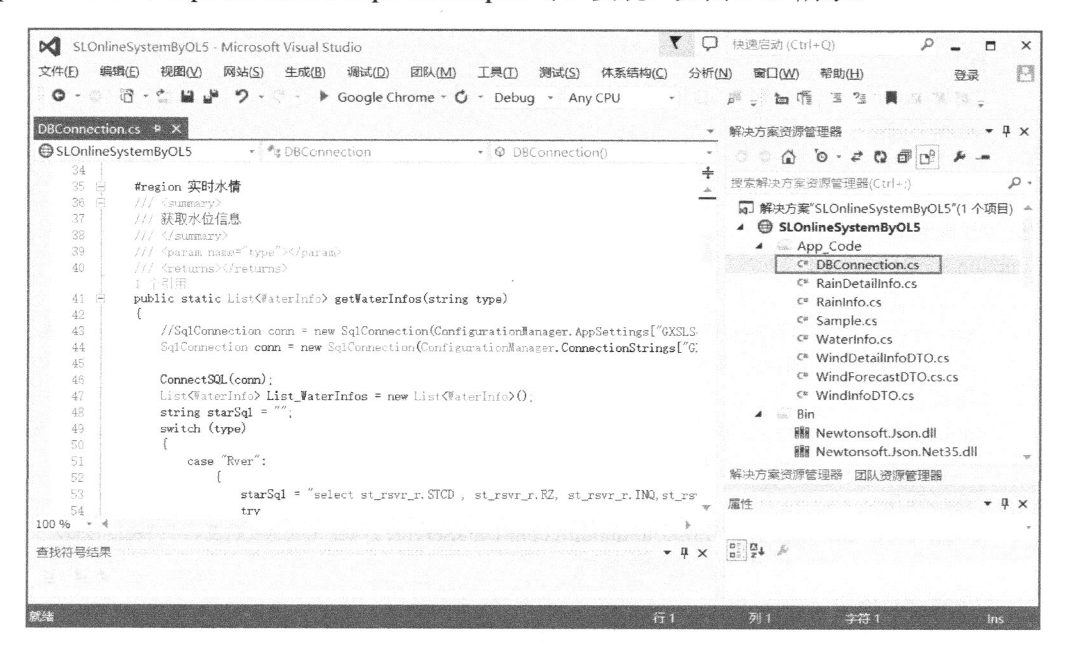

图 9-13　DBConnection.cs 实现数据库的查询操作

9.4.4 基本功能

1. 添加底图

本示例加载天地图的在线地图作为底图，默认显示天地图的矢量地图，通过底图列表实现切换天地图数据类型的功能。

加载天地图与其他公共地图类似，可基于天地图官网提供的取图地址，通过 new XYZ 创建数据源，然后创建图层 newTileLayer，并将图层加载到 map 中显示，实现方法请参见程序代码 9-1 和程序代码 9-2。

程序代码 9-1　创建天地图图层的代码

```
//导入所需的模块包
import TileLayer from 'ol/layer/Tile';
import XYZ from 'ol/source/XYZ';
import {getWidth,getTopLeft} from "ol/extent";
import {get} from "ol/proj";
/* 根据服务地址创建天地图图层
* @param {string} baseurl 天地图图层服务基地址*/
function CreteTDTLayer(baseurl) {
    //初始化天地图的矢量地图
    var layer = new TileLayer ({
        //设置图层透明度
        opacity: 1,
        //数据源
        source: new XYZ ({
            url:baseurl
        })
    })
    //返回 layer
    return layer;
}

/* 加载天地图图层*/
function addBaseLayer() {
    //矢量图层
    vecLayer = CreteTDTLayer("http://t0.tianditu.com/DataServer?T=vec_w&x={x}&y={y}&l={z}&
                    tk=您的天地图密钥");
    //影像图层
    imgLayer = CreteTDTLayer("http://t0.tianditu.com/DataServer?T=img_w&x={x}&y={y}&l={z}&
                    tk=您的天地图密钥");
    //地形图层
    terLayer = CreteTDTLayer("http://t0.tianditu.com/DataServer?T=ter_w&x={x}&y={y}&l={z}&
                    tk=您的天地图密钥");
    //矢量注记图层
    vecZjLayer = CreteTDTLayer("http://t0.tianditu.com/DataServer?T=cva_w&x={x}&y={y}&l={z}&
                    tk=您的天地图密钥");
```

```
        //影像注记图层
        imgZjLayer = CreteTDTLayer("http://t0.tianditu.com/DataServer?T=cia_w&x={x}&y={y}&l={z}&
                        tk=您的天地图密钥");
        //地形注记图层
        terZjLayer = CreteTDTLayer("http://t0.tianditu.com/DataServer?T=cta_w&x={x}&y={y}&l={z}&
                        tk=您的天地图密钥");
        //图层组
        LayerArr = [vecLayer, imgLayer, terLayer, vecZjLayer, imgZjLayer, terZjLayer];
}
```

程序代码 9-2　加载天地图底图并进行显示

```
    //导入所需的模块包
    import {Map, View} from 'ol';
    //初始化地图容器
    map = new Map({
        //目标 DIV
        target: 'map',
        view: new View({
            //投影坐标系
            projection: get('EPSG:3857'),
            center: center,
            maxZoom: 16,
            minZoom: 2,
            zoom: 6
        })
    });
    map.addLayer(vecLayer);
    map.addLayer(vecZjLayer);
```

以上是加载天地图地图的核心代码，具体可参见 Init.js 脚本。

在页面左下角的地图类型切换列表中，通过 changeLayer 方法可实现图层切换功能。该功能的实现思路为：取出地图中的图层组，将图层组中的底图更换为新图层，设置完成后重新渲染地图。实现方法如程序代码 9-3 所示的底图切换实现代码。

程序代码 9-3　底图切换实现代码

```
    //导入模块包
    import LayerGroup from 'ol/layer/Group';
    /*  切换底图
    * @param {int} index  底图索引*/
    function changeLayer(index) {
        //获取所选底图的索引
        var layerIndex= parseFloat(index);
        //取出地图中的图层组
        var group = map.getLayerGroup();
        //0 索引为底图，将底图换成新图层
        group.values_.layers.array_[0] = LayerArr[layerIndex];
        group.values_.layers.array_[1] = LayerArr[layerIndex + 3];
```

```
    //将图层组重新设置到map
    map.setLayerGroup(group);
    //刷新地图，不可省略，否则无法看到变更后的底图
    map.renderSync();
}
```

2．绘制轮廓线

调用天地图提供的API接口，可得到广西壮族自治区边界线的坐标数组（大致范围），将该数组存在“data/data.json”文件中。通过jQuery读取该文件，构造一个边界线坐标数组，再创建一个GeoJSON对象，指定要素的几何类型和坐标，并将其作为图层的数据源。最后设置图层的显示样式，加载到地图中显示。可参见程序代码9-4绘制广西壮族自治区边界线。

程序代码9-4　绘制广西壮族自治区边界线

```
//导入相关模块包
import VectorLayer from 'ol/layer/Vector';
import VectorSource from 'ol/source/Vector';
import Feature from 'ol/Feature';
import Point from 'ol/geom/Point';
import Style from 'ol/style/Style';
import Stroke from 'ol/style/Stroke';
//定义坐标数组
var finaldots = new Array();
    //获取图形边界范围
    $.getJSON("data/data.json", function (data) {
        //获取JSON格式的数据
        var boundary = data[0].boundary;
        var result = boundary.split(",");
        for (var i = 0; i < result.length; i++) {
            //按照空格分隔字符串
            var dot = result[i].split(" ");
            var mktdot = lonLat2Mercator(parseFloat(dot[0]), parseFloat(dot[1]));
            //将坐标存入结果数组
            finaldots.push([mktdot.x, mktdot.y]);
        }
        var styles = [
            new Style({
                //边界线颜色
                stroke: new Stroke({
                    color: '#ffcc33',
                    width: 2
                })
            })
        ];
        var geojsonObject = {
```

```
                'type': 'FeatureCollection',
                'features': [{
                    'type': 'Feature',
                    'geometry': {
                        'type': 'Polygon',
                        'coordinates': [finaldots]
                    }
                }]
            };
            //实例化一个矢量图层 Vector 作为绘制图层
            var source = new VectorSource({
                features: (new GeoJSON()).readFeatures(geojsonObject)
            });
            //创建一个图层
            boundaryVectorLayer = new VectorLayer({
                source: source,
                style:styles
            });
            //将绘制图层添加到地图容器中
            map.addLayer(boundaryVectorLayer);
        });
    /* 将 WGS-84 坐标转换为 Web 墨卡托坐标，主要用于将坐标单位为度的值转为单位为米的值
    * @param {double} lon 经度
    * @param {double} lat 纬度*/
    function lonLat2Mercator(lon, lat) {
        var x = lon * 20037508.34 / 180;
        var y = Math.log(Math.tan((90 + lat) * Math.PI / 360)) / Math.PI * 20037508.34;
        y = Math.max(-20037508.34, Math.min(y, 20037508.34));
        return { 'x': x, 'y': y };
    }
```

代码说明：边界范围坐标点存放在 data 文件夹下的 data.json 文件中，根据逗号分隔读取数据并存放在数组中；调用 lonLat2Mercator 函数将经纬度（WGS-84）坐标转成 Web 墨卡托坐标，使其能在地图上叠加显示；构造一个 geojsonObject 要素对象，通过 readFeatures 读取数据并设置为数据源；最后通过 new VectorLayer 方法创建矢量图层，设置图层的数据源和显示样式，加载到地图中显示。

3. 页面功能交互

本示例中涉及较多的交互功能，例如，当勾选功能面板某个选项时，其对应的表格数据和地图标注也随之显示；当取消勾选时，对应的表格、标注、Popup 标注、图例等也随之消失。通过表格内部的 radio 标签切换不同的表格时，对应的标注及表格数据也会跟随变化。当单击结果面板上的关闭按钮时，示例恢复至初始化时的状态，所有功能均关闭。此部分代码较为烦琐，在此不给出具体的代码，具体可参见 Init.js 脚本。

9.4.5 实时水情

实时水情，即水情查询功能，可查询水库、河流两类的水情信息（如站码、站名、水位、地址以及站点的地理坐标等），并在地图上用标注点显示，同时在右侧结果列表中显示其详细信息，效果如图 9-14 所示。当用户勾选功能面板上的“实时水情”复选框时，会显示水情信息表格和地图标注；当单击地图上的某个标注点，或者选择右侧结果列表中某个信息项时，可将地图中心移动至标注点的坐标位置处，同时在上方弹出 Popup 标注，并在 Popup 标注框中显示当前监测站点的水位信息统计图及文字描述，如图 9-15 所示。

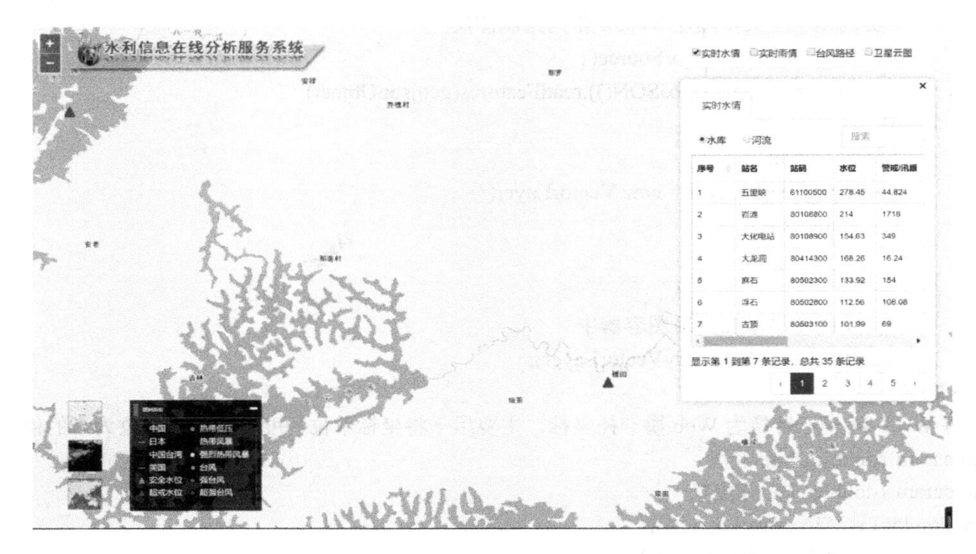

图 9-14 水情信息展示

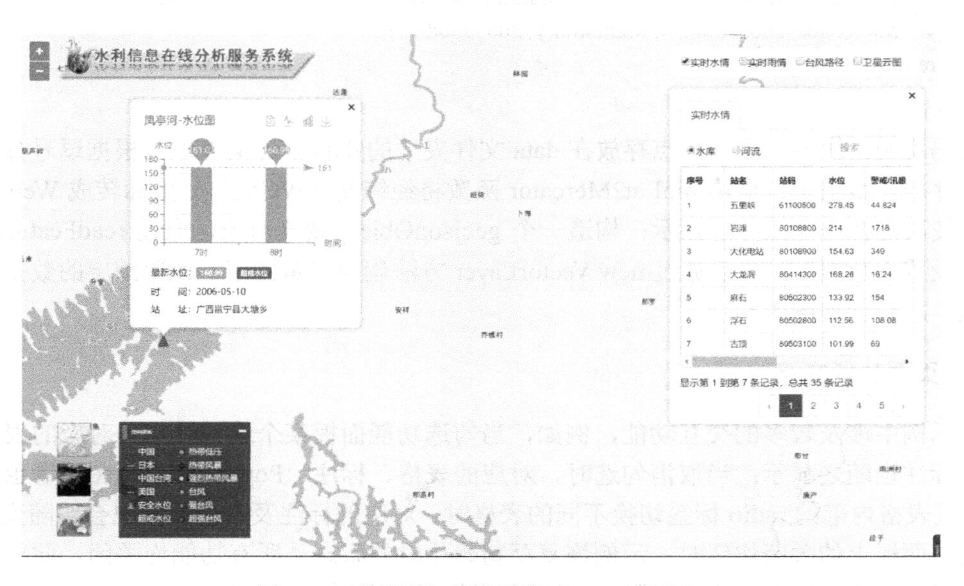

图 9-15 水情详细信息展示（Popup 标注）

实现实时水情模块的关键流程有三个步骤：

（1）通过查询关系数据库中的系统业务数据库（guangxi），可获取水库或河流监测站点的实时水情数据，以及监测站点的详细信息（站名、地址等）。

（2）解析查询结果数据，在地图上添加标注点；利用 Bootstrap-table 创建结果表格，将监测站点的基本水情信息加载到表格中显示。

（3）以 Popup 标注实现查看监测站点详细信息的功能，需要再次查询数据库得到监测站点的详细水情数据。

1．实现水情查询与表格创建

水情查询，包括水库与河流两种类型监测站点的信息查询，需要分别将水库信息表（st_rsvr_r）、河流信息表（st_river_r）与监测站点信息表（st_sitinfo_b）联合起来查询。此联合查询由 DBConnection.cs 的 getWaterInfos 实现，客户端只需要向 Handler.ashx 发送水情信息类别（即 method 为 sssq，oper 为 waterInfo）的 Ajax 查询请求，然后由查询逻辑处理层 Sample.cs 中对应方法调用底层的 getWaterInfos 实现。

右侧的水情结果列表采用 Bootstrap-table 进行创建，通过 url 属性向 Handler.ashx 发送 Ajax 查询请求，查询完成后在 responseHandler 响应函数中解析查询结果，将结果赋值给全局变量数组 sqsk_InfoArray 和 sqhl_InfoArray，用于后续在地图上添加对应类型的标注点。此外，Bootstrap-table 的 filed 字段要同返回的 JSON 结果的字段保持一致，这样可自动将数据添加至表格中。添加单击选择表格某一行的监听事件（onClickRow），当单击某行数据时，可获取该数据的坐标，并将地图中心设置到该标注位置处，同时在上方显示该标注位置所对应的 Popup 标注。

创建水情表格（水库、河流）的核心代码如下所示。

程序代码 9-5　查询水情并创建结果表格

```
//创建结果表格
Table_shuiqing = function (nameid) {
    var oTableInit = new Object();
    var type;
    if (nameid == "tb_shuiku") {
        type = "Rver";
    }
    if (nameid == "tb_heliu") {
        type = "river";
    }
    //初始化 Table
    oTableInit.Init = function () {
        $('#' + nameid).bootstrapTable({
            toolbar: '#toolbar',                //工具按钮使用的显示容器
            method: 'get',                      //请求方式
            url: encodeURI("Handler.ashx?method=sssq&oper=waterInfo&type=" + type + "&" +
Math.random()),                                 //请求后台的 URL
            dataType: 'json',
            cache: false,
            striped: true,                      //是否显示行间隔色
```

```
sidePagination: "client",        //分页方式：client 为客户端分页，server 为服务器分页
showColumns: true,
sortable: true,                  //是否启用排序
sortClass: "id",                 //排序方式
sortName: '序号',
sortOrder: "desc",               //排序方式
minimumCountColumns: 2,
pagination: true,
pageNumber: 1,                   //初始化加载第一页，默认第一页
pageSize: 7,                     //每页的记录行数
pageList: [7],                   //可供选择的每页的行数
uniqueId: "id",                  //每行的唯一标识，一般为主键列
showExport: true,
exportDataType: 'all',
search: true,                    //是否显示查询面板
showColumns: false,              //是否显示所有的列
showRefresh: false,              //是否显示刷新按钮
showToggle: false,               //是否显示详细视图的切换按钮
minimumCountColumns: 2,          //最少允许的列数
clickToSelect: true,             //是否启用单击选中行
uniqueId: "ID",                  //每行的唯一标识，一般为主键列
cardView: false,                 //是否显示详细视图
detailView: false,               //是否显示父子表
responseHandler: oTableInit.responseHandler,
                                 //Ajax 已请求到数据，在表格加载数据之前调用此函数
columns: [{
    checkbox: false,
    visible: false
}, {
    field: 'no',
    title: '序号',
    sortable: true,
    formatter: function (value, row, index) {
        //获取每页显示的数量
        var pageSize = $('#tb_shuiku').bootstrapTable('getOptions').pageSize;
        //获取当前是第几页
        var pageNumber = $('#tb_shuiku').bootstrapTable('getOptions').pageNumber;
        //返回序号，注意 index 是从 0 开始的，所以要加上 1
        return index + 1;
    }
},
{
    field: 'SiteName',
    title: '站名',
    class: 'w70'
}, {
    field: 'SiteNum',
```

```
        title: '站码',
        class: 'w70'
    }, {
        field: 'WaterPos',
        title: '水位',
        class: 'w60'
    },
    {
        field: 'WarnNum',
        title: '警戒/汛眼',
        class: 'w90'
    },
    {
        field: 'NorNum',
        title: '保证/正常高',
        class: 'w90'
    },
    {
        field: 'FlowNum',
        title: '流量',
        class: 'w60'
    },
    {
        field: 'tm',
        title: '时间',
        class: 'w120'
    },
    {
        field: 'SiteAddress',
        title: '地址',
        class: 'w200'
    }],
    //选中行单击监听事件，加载对应的 Popup 标注
    onClickRow: function (row, element) {
        $(".success").removeClass('success');
        $(element).addClass('success'); //添加当前选中的样式
        var coordinate = [parseFloat(row.SitePntX), parseFloat(row.SitePntY)]; //获取要素点坐标
        map.getView().setZoom(7);
        map.getView().setCenter(coordinate); //设置地图中心点
        map.once("moveend", function () {
            if (nameid == "tb_shuiku") {
                //添加水库的 Popup
                showSssqPopup(row, "Rver");
            }
            if (nameid == "tb_heliu") {
                //添加河流的 Popup 标注
                showSssqPopup(row, "river");
```

```
                        }
                    });
                }
            });
        };
        //加载服务器数据之前的处理程序
        oTableInit.responseHandler = function (res) {
            var temp = {
                "rows": [],
                "total": 0
            };
            if (!!res) {
                if (res.code == '1') {
                    temp.rows = JSON.parse(res.list);
                    temp.total = parseInt(res.total);
                }
            }
            if (nameid == "tb_shuiku") {
                sqsk_InfoArray = res;
            }
            if (nameid == "tb_heliu") {
                sqhl_InfoArray = res;
            }
            return res;
        };
        return oTableInit;
    };
```

代码说明：在 url 中通过 Ajax 的 get 方式发送查询请求，将查询请求发送至 Handler.ashx 中处理。其中，必须设置 url 中的 method 参数与 oper 参数，method 参数表示查询的功能模块，oper 参数则表示查询的具体类别。当数据请求完成后，在 responseHandler 响应函数中将数据存储到全局变量数组中，供后续添加地图标注时使用。

2. 加载水情地图标注

当用户勾选功能面板中的“实时水情”时，先将图例面板与水情结果表格设为可见（display:block）；接着通过 addWaterMarker(resInfoArray,type)方法在地图上添加水情监测站点的标注点，包括水库与河流两种类别。resInfoArray 为 responseHandler 响应函数中存储的水情结果数组，type 用于表示标注的类型是水库还是河流。在此，使用矢量图层的矢量点要素方式实现添加标注点功能，即统一创建一个矢量图层（sssqMarkerLayer），在矢量图层中分别加载水库与河流两种类别的矢量要素，并分别将两种类别的矢量要素存储到对应的缓存数组（即全局变量）中，便于后续的清除操作。

程序代码 9-6　查询水情结果处理：添加标注

```
    //导入相关模块包
    import VectorLayer from 'ol/layer/Vector';
```

```
import VectorSource from 'ol/source/Vector';
import Feature from 'ol/Feature';
import Point from 'ol/geom/Point';
/* 根据后台返回的实时水情数据添加标注*/
function addWaterMarker(resInfoArray,type) {
    if (sssqMarkerLayer == null) {
        //实时水情标注的矢量图层
        sssqMarkerLayer = new VectorLayer ({
            source: new VectorSource()
        });
        map.addLayer(sssqMarkerLayer);
    }
    var markerFeature; //标注（矢量要素）
    if (type == "marker_sk") {
        for (var i = 0; i < resInfoArray.length; i++) {
            var lon = resInfoArray[i].SitePntX;
            var lat = resInfoArray[i].SitePntY;
            var coordinate = [parseFloat(lon), parseFloat(lat)];    //坐标点（ol.coordinate）
            var imgURL = imgBaseUrl+"/sssq-green.8bf4239c.png";
            var _WaterPos = parseFloat(resInfoArray[i].WaterPos);
            var _WarnNum = parseFloat(resInfoArray[i].WarnNum);
            if (_WaterPos > _WarnNum) {
                imgURL = imgBaseUrl+"/sssq-red.52dbbf91.png";
            }
            //新建标注（矢量要素），通过矢量图层添加到地图容器中
            markerFeature = new Feature({
                geometry: new Point(coordinate),            //几何信息（坐标点）
                name: resInfoArray[i].SiteName,             //名称属性
                type: "Rver",                               //类型（河流）
                info: resInfoArray[i],                      //标注的详细信息
                imgURL: imgURL,                             //标注图标的 URL 地址
                fid: "Rver" + i.toString()
            });
            markerFeature.setStyle(createLabelStyle(imgURL, 0.8));
            sssqMarkerLayer.getSource().addFeature(markerFeature);

            if (sssqRverMarkerArray == null) {
                sssqRverMarkerArray = new Array();
            }
            sssqRverMarkerArray.push(markerFeature);
        }
    }
    //实时水情，河流信息可显示
    if (type == "marker_hl") {
        for (var i = 0; i < resInfoArray.length; i++) {
            var lon = resInfoArray[i].SitePntX;             //X 值
            var lat = resInfoArray[i].SitePntY;             //Y 值
```

```
            var coordinate = [parseFloat(lon), parseFloat(lat)];          //坐标点（ol.coordinate）
            var imgURL = imgBaseUrl+"/sssq-green.8bf4239c.png";   //正常类型标注图标
            if (resInfoArray[i].WaterPos < resInfoArray[i].WarnNum) {
                imgURL = imgBaseUrl+"/sssq-red.52dbbf91.png";    //异常类型标注图标
            }
            //新建标注（矢量要素），通过矢量图层添加到地图容器中
            markerFeature = new Feature({
                geometry: new Point(coordinate),            //几何信息（坐标点）
                name: resInfoArray[i].SiteName,             //名称属性
                type: "river",                              //类型（河流）
                info: resInfoArray[i],                      //标注的详细信息
                imgURL: imgURL,                             //标注图标的 URL 地址
                fid: "river" + i.toString()
            });
            markerFeature.setStyle(createLabelStyle(imgURL, 0.8));
            sssqMarkerLayer.getSource().addFeature(markerFeature);

            if (sssqRiverMarkerArray == null) {
                sssqRiverMarkerArray = new Array();
            }
            sssqRiverMarkerArray.push(markerFeature);
        }
    }
}

//导入相关模块包
import Style from 'ol/style/Style';
import Icon from 'ol/style/Icon';
/* 创建样式函数
* @param {string} imgURL image 图标 URL
* @param {number} image 图标缩放比*/
 var createLabelStyle = function (imgURL, scale) {
    return new Style ({
        image: new Icon ({
            anchor: [0.5, 0.5],
            anchorOrigin: 'top-right',
            anchorXUnits: 'fraction',
            anchorYUnits: 'pixels',
            offsetOrigin: 'top-right',
            //offset:[-7.5,-15],
            scale: scale,           //图标缩放比例
            opacity: 1,             //透明度
            src: imgURL             //图标的 URL
        })
    });
}
```

代码说明：上述代码在地图上添加了图标形式的矢量要素点，注意在实例化 Feature 时，可分别通过属性参数设置矢量点的一些关键信息，如 name、type、info、fid 等属性参数，便于实现水情监测站点的 Popup 标注功能。

3. 实现 Popup 标注

该系统中实时水情、实时雨情以及台风路径模块均涉及 Popup 标注功能。在此，在地图容器中统一使用一个 Popup 标注对象，此对象作为全局变量，根据不同类型信息动态设置 Popup 标注的内容。因此，需要先在首页添加 Popup 标注的目标元素，以及在地图初始化函数中加载这个 Popup 标注对象。

程序代码 9-7　系统首页的 Popup 相关元素

```
<!-- 地图容器-->
<div id="map">
    <!-- Popup -->
    <div id="popup" class="ol-popup" >
        <div id="popup-closer" class="ol-popup-closer"></div>
        <div id="popup-content">
        </div>
    </div>
</div>
```

程序代码 9-8　在图初始化函数中添加 Popup 标注对象

```
/* 为 map 添加 move 监听事件，变更图标大小时实现选中要素的动态效果*/
map.on('pointermove', function (evt) {
    //选中要素时改变鼠标的光标样式
    var pixel = map.getEventPixel(evt.originalEvent);
    var hit = map.hasFeatureAtPixel(pixel);
    map.getTargetElement().style.cursor = hit ? 'pointer' : '';
    var coordinate = evt.coordinate;
    //判断当前鼠标悬停位置处是否有要素，捕获到要素时设置图标样式
    var feature = map.forEachFeatureAtPixel(evt.pixel, function (feature, layer) { return feature; });
    if (feature) {
        movetype = feature.get('type');
        if ((movetype == undefined) || (movetype == "tfMarker") || (movetype == "tfCircle")) {
            return;
        }
        //鼠标移动到台风标注时，显示 tooltip
        if (movetype == "typhoon") {
            var info = feature.get('info');
            showTfljPopup(info);
        }
        if ((preFeature != null) && (preFeature !== feature)) { //如果当前选中的要素与前一个选中
的要素不同，恢复前一个选中要素样式，放大当前要素图标
            var curImgURL = feature.get('imgURL');
            var preImgURL = preFeature.get('imgURL');
```

```
                feature.setStyle(createLabelStyle(curImgURL, 1.2));
                preFeature.setStyle(createLabelStyle(preImgURL, 0.8));
                preFeature = feature;
            }
            if (preFeature == null) { //如果前一个选中的要素为空，即当前选中的要素为首次选中的要素，放大当前要素图标
                var curImgURL = feature.get('imgURL');
                feature.setStyle(createLabelStyle(curImgURL, 1.2));
                preFeature = feature;
            }
        }
        else {
            if (preFeature != null) { //如果鼠标移除前一个要素，则恢复要素图标样式
                var imgURL = preFeature.get('imgURL');
                preFeature.setStyle(createLabelStyle(imgURL, 0.8));
                preFeature = null;
                if (movetype == "typhoon") {
                    PopopOverlay.setPosition(undefined);
                }
            }
        }
    });

//导入相关模块包
import Overlay from 'ol/Overlay';
    /* 在地图容器中创建一个 Overlay*/
    //获取 Popup 标注容器
    container = document.getElementById('popup');
    //创建 Overlay
    PopopOverlay = new Overlay(({
        element: container,
        autoPan: true
    }));
    map.addOverlay(PopopOverlay);
    popupClose = $("#popup-closer");
    /* 添加关闭按钮的单击事件（隐藏 Popup 标注）*/
    popupClose.bind("click", function () {
        PopopOverlay.setPosition(undefined);    //未定义 Popup 标注位置
        popupClose.blur(); //失去焦点
    });
```

代码说明：在实时水情、实时雨情以及台风路径模块中，有两种方式可弹出 Popup 标注：一种为地图监听事件，即由鼠标单击或悬浮某一标注点时触发；另一种则是右侧结果列表中信息项的单击监听事件，在单击某一行数据时触发该事件。因此，在地图初始化函数中为 map 添加 singleclick 监听事件，根据捕获的地图标注点的类型，分别调用相应的方法动态设置 Popup 标注内容并弹出其 Popup 标注。此外，在创建 Bootstrap 表格时，添加 onClickRow 来

注册表格的单击监听事件，当选中某一条数据时可获取到该数据的信息，从而添加不同类型的 Popup 标注。

程序代码 9-9　地图单击事件监听触发时弹出 Popup 标注

```
/* 为 map 添加单击监听事件，渲染并弹出 Popup 标注*/
map.on('singleclick', function (evt) {
    var coordinate = evt.coordinate;
    //判断当前单击处是否有要素，捕获到要素时弹出 Popup 标注
    var feature1 = map.forEachFeatureAtPixel(evt.pixel, function (feature, layer) { return feature; });
    if (feature1) {
        var type = feature1.get('type');
        var info = feature1.get('info');
        if (type == "river") {
            //水情，河流  Popup 标注
            showSssqPopup(info, "river");
        }
        if (type == "Rver") {
            //水情-河流
            showSssqPopup(info, "Rver");
        }
        if (type == "sq") {
            //为雨情要素点添加 Popup 标注的内容
            showSsyqPopup(info);
        }
        if (type == "typhoon") {
            showTfljPopup(info);
        }
        else {
            return;
        }
    }
});
```

代码说明：在地图单击监听事件的处理函数中，分别针对实时水情、实时雨情、台风路径模块的 Popup 标注功能进行处理，即动态设置 Popup 标注内容并弹出其 Popup 标注。

在实时水情模块中，由 showSssqPopup 实现水情监测站点的 Popup 标注功能。在此，需要基于站码查询对应水情监测站点的详细信息，即再次发送数据查询请求，将 method 参数与 oper 参数分别设置为 sssq 与 WaterHisInfo，type 参数设置为监测站点类型（河流/水库），siteNum 参数则设置为站码（监测站点编码），type 与 siteNum 参数值可从矢量标注点要素对象中获取。查询完成后结合 echarts 开源统计图表，将得到的结果信息以统计图的形式展示到 Popup 标注中，并在统计图下方添加文字说明，达到图文结合的展示效果。实现过程如程序代码 9-10 所示。

程序代码 9-10　实现打开 Popup 标注并显示统计图等详细信息

```
/*显示实时水情 Popup 标注*/
function showSssqPopup(data, type) {
```

```
        var type = type;
        var fInfo = data;
        var urlStr = encodeURI("Handler.ashx?method=sssq&oper=WaterHisInfo&type=" + type + "&siteNum=" + fInfo.SiteNum + "&" + Math.random());
        $.ajax({
            type: "get",
            contentType: "application/json",
            url: urlStr,
            async: false,
            success: showSiteDetailInfo
        });
        //获取时间
        var time = formatDate(info[0].TM);
        var labeltext, labelclass;
        //先判断是否为空，防止为 null 时 parseFloat 报错
        if (data.WarnNum == null || parseFloat(data.WaterPos) <= parseFloat(data.WarnNum)) {
            //安全水位
            labeltext = "安全水位";
            labelclass = "label-success";
        }
        else {
            //危险水位
            labeltext = "超戒水位";
            labelclass = "label-danger";
        }
        //Popup 标注中的内容设置
        var html = '<div id="chartzjh" style="width:300px;height:220px;"></div></br>'
                + '<div style="width:300px;height:80px;font-size: 13px;line-height:7px;position:relative; margin-top:-15px"><ul class="list-group" style="width:290px">'
                + '<li class="list-group-item">最新水位：' + '<span class="label label-info">' + info[info.length - 1].WaterPos + '</span>' + '<span class="label '+labelclass+'" style="margin-left:15px">'+labeltext+'</span>'
                + '</li><li class="list-group-item">时  间：' + time
                + '</li><li class="list-group-item">站  址：' + info[info.length - 1].SiteAddress + '</li></ul></div>';
        //获取要素点坐标
        var coordinate = [parseFloat(data.SitePntX), parseFloat(data.SitePntY)];
        //获取 popup-content 标签
        popupCxt = $("#popup-content");
        //设置 Popup 标注中的内容
        popupCxt.html(html);
        var names = new Array();
        var values = new Array();
        for (var i = 0; i < info.length; i++) {
            names[i] = info[i].tm.split(":")[0] + "时";
            values[i] = info[i].WaterPos;
        }
```

```
//初始化图表标签
myChart = echarts.init(document.getElementById('chartzjh'),"macarons");
var subtext;
type=="Rver"?subtext="水库":subtext="河流";
var text=info[0].SiteName+"-水位图";
//去除字符串中间的空格
text=text.replace(/\s/g,'');
var options = {
    //定义一个标题
    title: {
        text: text,
        textStyle:{fontSize: 16}
    },
    //设置图表与显示容器的间隔
    grid:{
        x:33,
        x2:50,
        y:70,
        y2:25
    },
    toolbox: {
    show : true,
    orient: 'horizontal',
    x:'175',
    feature : {
        mark : {show: true},
        dataView : {show: true, readOnly: false},
        magicType : {show: true, type: ['line', 'bar']},
        saveAsImage : {show: true}
    }
},
tooltip : {
    trigger: 'axis'
},
//X 轴设置
xAxis: {
    type: 'category',
    data: names,
    name:"时间"
},
yAxis: {
    name:"水位",
    type: 'value'
},
//当 name=legend.data 时才能显示图例
series: [{
    name: '水位值',
```

```
            type: 'bar',
            data: values,
            barWidth : 30,//柱图宽度
            markPoint : {
                data : [
                    {type : 'max', name: '最大值'},
                    {type : 'min', name: '最小值'}
                ]
            },
            markLine : {
                data : [
                    {type : 'average', name: '平均值'}
                ]
                }
        }]
    };
    //设置统计图的参数
    myChart.setOption(options);
    //设置 Popup 标注坐标，如果 Popup 标注超出位置，地图显示中心会自动改变
    PopopOverlay.setPosition(coordinate);
}

/* 查询标注对应监测站点的详细信息*/
function showSiteDetailInfo(data) {
    var resInfo = eval('(' + data + ')');
    if (resInfo == null) {
        return;
    }
    info = resInfo;  //将监测站点详细信息写到全局变量数组
}
```

代码说明：上述代码实现了基于站码查询对应水情监测站点详细信息的功能，在查询结果回调函数中将查询到的信息存储至全局变量 info 中，便于读取结果内容设置 Popup 标注。其中，在设置查询请求的 url 时，监测站点类型（type）与站码（siteNum）参数值均通过 get 方法从矢量点要素对象中获取。统计图采用 echarts 进行绘制，支持柱状图与折线图的切换，并提供了将统计图输出为本地图片的功能。在动态设置 Popup 标注的具体内容后，调用 Popup 标注对象的 setPosition 方法设置 Popup 标注的坐标位置，在地图标注上弹出 Popup 标注。

9.4.6 实时雨情

实时雨情，即雨情查询功能，根据选择的雨量范围查询符合条件的地区雨情信息，获取对应地区的站码、站名、雨量值、地址以及监测站点的地理坐标等，在客户端通过地图标注与信息表格形式展示出来。实时雨情功能的实现思路同实时水情功能类似，通过发请求查询获取雨情信息，并在地图上用标注点显示，同时在右侧的结果列表中显示其详细信息，如图 9-16 所示。当单击地图上的某个标注点，或者选择右侧结果列表中某个信息项时，

可对对应的标注点进行定位并弹出 Popup 标注，同时在 Popup 标注框中显示当前监测站点的雨量统计图及文字描述，如图 9-17 所示。

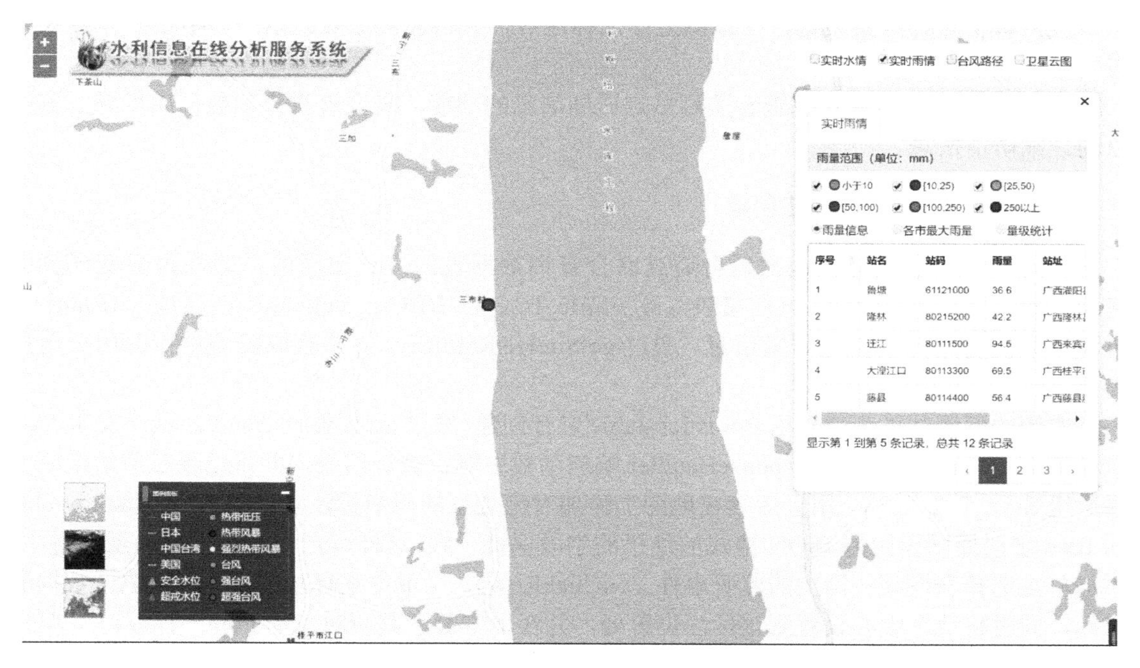

图 9-16　雨情信息展示

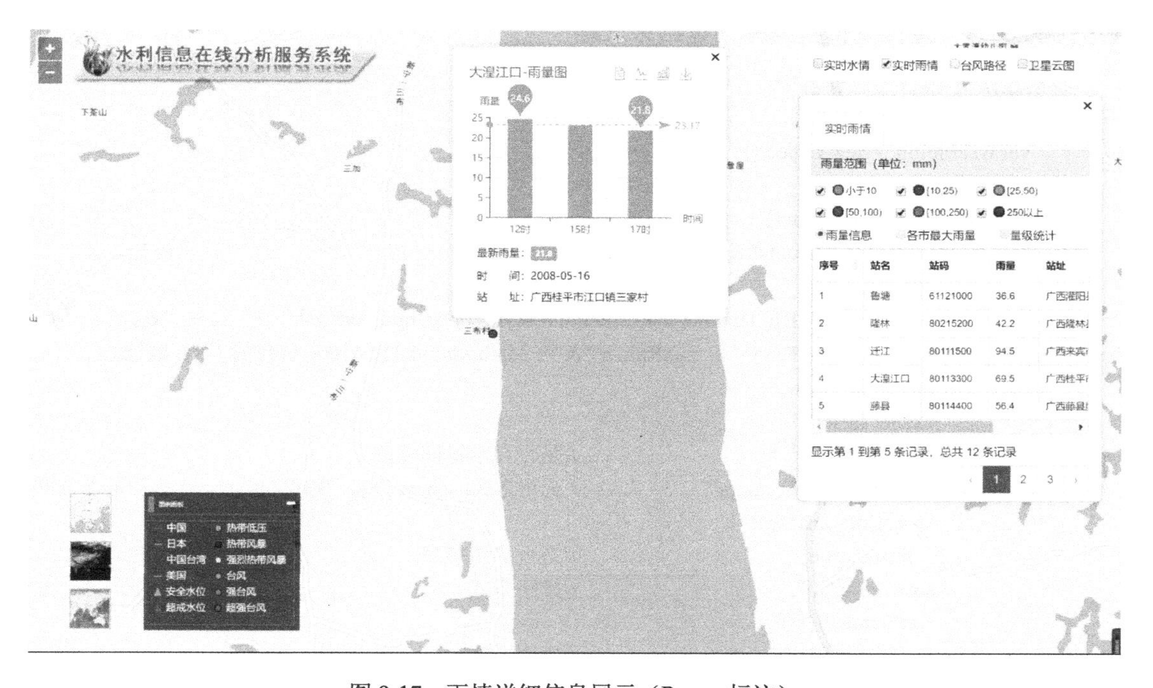

图 9-17　雨情详细信息展示（Popup 标注）

实时雨情信息功能与实时水情功能的实现类似，其关键步骤有三个：

（1）通过查询关系数据库中的系统业务数据库，获取监测站点的实时雨情数据（雨量等），以及监测站点的详细信息（站名、地址等）。

（2）解析查询结果数据，在地图上添加标注点，并将监测站点的基本雨情信息以结果列表的形式显示在右侧。

（3）以 Popup 标注实现查看监测站点详细信息的功能，需要再次查询数据库得到监测站点的详细雨情信息。

1．实时雨情查询与表格创建

实时雨情查询同样也是在后台通过联合查询数据表的方式实现的，即联合查询雨量信息表（st_soil_r）与监测站点信息表（st_sitinfo_b）。在 DBConnection.cs 中通过 getRainInfo 方法获取监测站点的实时雨量信息，通过 getSiteHisRainInfos 方法获取监测站点的历史雨量信息。

右侧的雨情结果列表采用 Bootstrap-table 进行创建，通过 url 属性向 Handler.ashx 发送 Ajax 查询请求，查询完成后在 responseHandler 响应函数中解析查询结果，并将结果赋值给全局变量数组 Ssyq_InfoArray，用于后续在地图上添加对应类型的雨情标注点。此外，Bootstrap-table 的 filed 字段要同返回的 JSON 格式的结果的字段保持一致，这样可自动将数据添加至表格中。添加单击选择表格某一街上的监听事件（onClickRow），当单击某行数据时，可获取该数据的坐标，同时将地图中心设置到该标注位置处，并在上方显示其所对应的 Popup 标注。

此处，需创建雨量信息、各市最大雨量、量级统计三张表格，这三张表格的具体实现方法基本相同，下面以创建雨情-雨量信息表格为例进行介绍，核心代码如下所示。

程序代码 9-11　查询雨情数据并创建结果表格

```
/* 创建雨情-雨量信息表格*/
Table_yqYlxx = function () {
    var oTableInit = new Object();
    //初始化 Table
    oTableInit.Init = function () {
        $('#tb_infoYlxx').bootstrapTable({
            method: 'get',                          //请求方式
            url: encodeURI("Handler.ashx?method=ssyq&oper=rainNum&s=" + s + "&e=" + e +
"&minRain=" + minRain + "&maxRain=" + maxRain + "&" + Math.random()), //请求后台的 URL 地址
            dataType: 'json',
            cache: false,
            striped: true,                          //是否显示行间隔色
            sidePagination: "client",               //分页方式：client 为客户端分页，server 为服务端分页
            showColumns: true,
            sortable: true,                         //是否启用排序
            sortClass: "id",                        //排序方式
            sortName: '序号',
            sortOrder: "desc",                      //排序方式
            minimumCountColumns: 2,
            pagination: true,
            pageNumber: 1,                          //初始化加载第一页，默认第一页
```

```
            pageSize: 5,                           //每页的记录行数
            pageList: [5],                         //可供选择的每页的行数
            search: false,                         //是否显示查询面板
            uniqueId: "id",                        //每行的唯一标识，一般为主键列
            showExport: true,
            exportDataType: 'all',
            showColumns: false,                    //是否显示所有的列
            showRefresh: false,                    //是否显示刷新按钮
            minimumCountColumns: 2,                //最少允许的列数
            clickToSelect: true,                   //是否启用单击选中行
            uniqueId: "ID",                        //每行的唯一标识，一般为主键列
            showToggle: false,                     //是否显示详细视图的切换按钮
            cardView: false,                       //是否显示详细视图
            detailView: false,                     //是否显示父子表
            responseHandler: oTableInit.responseHandler, //Ajax 已请求到数据，在表格加载数据之前调
用此函数
            columns: [{
                checkbox: false,
                visible: false
            }, {
                field: 'no',
                title: '序号',
                sortable: true,
                formatter: function (value, row, index) {
                    //获取每页显示的数量
                    var pageSize = $('#tb_infoYlxx').bootstrapTable('getOptions').pageSize;
                    //获取当前是第几页
                    var pageNumber = $('#tb_infoYlxx').bootstrapTable('getOptions').pageNumber;
                    //返回序号，注意 index 是从 0 开始的，所以要加 1
                    return index + 1;
                }
            }, {
                field: 'SiteName',
                title: '站名',
                class: 'w70'
            }, {
                field: 'SiteNum',
                title: '站码',
                class: 'w80'
            },
            {
                field: 'RainNum',
                title: '雨量',
                class: 'w60'
            },
            {
                field: 'SiteAddress',
```

```
                title: '站址',
                class: 'w220'
            }
        ],
        onClickRow: function (row, element) {
            $(".success").removeClass('success');
            //添加 success 样式，用于突出显示表格中当前选中的一行记录
            $(element).addClass('success');
            //获取要素点坐标
            var coordinate = [parseFloat(row.SitePntX), parseFloat(row.SitePntY)];
            //设置地图中心点
            map.getView().setCenter(coordinate);
            map.once("moveend", function () {
                //添加水情的 Popup 标注
                showSsyqPopup(row);
            });
        }
    });
};
//加载服务器数据之前的处理程序
oTableInit.responseHandler = function (res) {
    var temp = {
        "rows": [],
        "total": 0
    };
    if (!!res) {
        if (res.code == '1') {
            temp.rows = JSON.parse(res.list);
            temp.total = parseInt(res.total);
        }
    }
    Ssyq_InfoArray = res;
    return res;
};
return oTableInit;
};
```

代码说明：上述代码在 url 中通过 Ajax 的 get 方式发送查询请求，将查询请求发送至 Handler.ashx 中处理。其中，必须设置 url 串的 method 参数、oper 参数、minRain 参数、maxRain 参数，method 参数表示查询的功能模块，oper 参数则表示查询的具体类别，minRain 及 maxRain 分别表示最小雨量和最大雨量。当数据请求完成后，在 responseHandler 响应函数中将数据存储到全局变量数组 Ssyq_InfoArray 中，供后续添加地图标注。

2. 加载雨情地图标注

当用户勾选功能面板中的“实时雨情”时，首先通过 callRainInfo 向 Handler.ashx 发送 Ajax

查询请求，在查询回调函数 showRainInfo 中得到雨量信息数据 Ylxx_data。当用户勾选雨量范围（checkbox）进行查询时，都会调用 callRainInfo 方法得到当前状态下的雨量信息数据 Ylxx_data。接着，通过 addRainMarker 方法在地图上添加雨情监测站点的标注点。在此，使用矢量图层的矢量点要素方式实现了添加标注点的功能。统一创建一个矢量图层（ssyqMarkerLayer），在矢量图层中加载矢量要素 ssyqMarkerFeature，并将矢量要素存储到缓存数组（即全局变量）中，便于后续的清除操作。总体实现思路及代码如程序代码 9-12 和程序代码 9-13 所示。

程序代码 9-12　查询雨情信息

```
/*实时查询雨量信息*/
function callRainInfo(minRain, maxRain) {
    var urlStr = encodeURI("Handler.ashx?method=ssyq&oper=rainNum&s=" + s + "&e=" + e +
"&minRain=" + minRain + "&maxRain=" + maxRain + "&" + Math.random());
    $.ajax({
        type: "get",
        contentType: "application/json",
        url: urlStr,
        async: false,
        success: showRainInfo
    });
}

/*得到实时雨情信息回调函数*/
function showRainInfo(data) {
    if (ssyqResInfoArray != null) {
        ssyqResInfoArray = new Array();
    }
    ssyqResInfoArray = eval('(' + data + ')');
    if (Ylxx_data == null || Ylxx_data == undefined || Ylxx_data.length <= 0) {
        Ylxx_data = ssyqResInfoArray;
    }
    else {
        Ylxx_data = Ylxx_data.concat(ssyqResInfoArray);
    }
}
```

程序代码 9-13　添加雨情标注点

```
//导入相关模块包
import VectorLayer from 'ol/layer/Vector';
import VectorSource from 'ol/source/Vector';
import Feature from 'ol/Feature';
import Point from 'ol/geom/Point';
/*添加实时雨情标注，每个雨量值都对应不同的标注，并且在勾选时将所有的标注清空重新进行添加*/
function addRainMarker() {
    if (ssyqMarkerLayer == null) {
```

```
        //实时雨情标注的矢量图层
        ssyqMarkerLayer = new VectorLayer({
            source: new VectorSource()
        });
        map.addLayer(ssyqMarkerLayer);
    }
    var ssyqMarkerFeature;
    for (var i = 0; i < Ylxx_data.length; i++) {
        var ssyqResInfo = Ylxx_data[i];
        var lon = ssyqResInfo.SitePntX;
        var lat = ssyqResInfo.SitePntY;
        var coordinate = [parseFloat(lon), parseFloat(lat)]; //坐标点（ol.coordinate）
        var imgURL = "";
        if (ssyqResInfo.RainNum > 0 && ssyqResInfo.RainNum < 10) {
            imgURL = imgBaseUrl+"/yq01.26345b6d.png";
        } if (ssyqResInfo.RainNum >= 10 && ssyqResInfo.RainNum < 25) {
            imgURL = imgBaseUrl+"/yq02.c4eccaec.png";
        } else if (ssyqResInfo.RainNum >= 25 && ssyqResInfo.RainNum < 50) {
            imgURL = imgBaseUrl+"/yq03.937a892e.png";
        } else if (ssyqResInfo.RainNum >= 50 && ssyqResInfo.RainNum < 100) {
            imgURL = imgBaseUrl+"/yq04.01db3265.png";
        } else if (ssyqResInfo.RainNum >= 100 && ssyqResInfo.RainNum < 250) {
            imgURL = imgBaseUrl+"/yq05.0480b442.png";
        } else if (ssyqResInfo.RainNum >= 250) {
            imgURL = imgBaseUrl+"/yq06.eb44a73c.png";
        }
        //新建标注，并通过矢量图层添加到地图容器中
        ssyqMarkerFeature = new Feature({
            geometry: new Point(coordinate),     //几何信息（坐标点）
            name: Ylxx_data[i].SiteName,         //名称属性
            type: "sq",                          //类型 info: ssyqResInfo, 标注的详细信息
            imgURL: imgURL,                      //标注图标的 URL 地址
            fid: "sq" + i.toString()
        });
        ssyqMarkerFeature.setStyle(createLabelStyle(imgURL, 0.8));
        ssyqMarkerLayer.getSource().addFeature(ssyqMarkerFeature);
        if (ssyqMarkerArray == null) {
            ssyqMarkerArray = new Array();
        }
        ssyqMarkerArray.push(ssyqMarkerFeature);
    }
}
```

代码说明：上述代码在地图上添加了图标形式的矢量要素点，注意在实例化 Feature 时，要分别通过属性参数设置矢量点的一些关键信息，如 name、type、info、fid 等属性参数，便于实现雨情监测站点的 Popup 标注功能。

3．实现 Popup 标注

在实时雨情模块中弹出 Popup 标注的实现方法为 showSsyqPopup，在此需要基于站码查询一定时间范围内的历史雨量信息，即再次发送 Ajax 查询请求，将 method 参数与 oper 参数分别设置为 ssyq 与 rainInfo，siteNum 参数设置为站码（监测站点编码），该参数值可从矢量标注点要素对象中获取，在后台可通过调用 DBConnection.cs 的 getSiteHisRainInfos 方法来查询雨量信息。查询完成后结合 echarts 开源统计图表，将得到的结果信息以统计图的形式展示到 Popup 标注中，并在统计图下方添加文字说明。添加实时雨情 Popup 标注的代码如下所示。

程序代码 9-14　添加实时雨情的 Popup 标注

```
/*显示实时雨情 Popup 标注*/
function showSsyqPopup(data) {
    var fInfo = data;
    var urlStr = encodeURI("Handler.ashx?method=ssyq&oper=rainInfo&s=" + s + "&e=" + e +
"&siteNum=" + fInfo.SiteNum + "&" + Math.random());
    $.ajax({
        type: "get",
        contentType: "application/json",
        url: urlStr,
        async: false,
        success: showssyqRainDetailInfo
    });
    //获取时间
    var time = formatDate(ssyq_info[0].TM);
    //Popup 标注内容设置
    var html = '<div id="chartzjh" style="width:300px;height:220px;"></div></br>'
                + '<div style="width:300px;height:80px;font-size:13px;line-height:7px;position:relative;
margin-top:-15px"><ul class="list-group" style="width:320px">'
                + '<li class="list-group-item ">最新雨量：'+'<span class="label label-info">' + ssyq_info
[ssyq_info.length - 1].RainNum + '</span>'
                + '</li><li class="list-group-item">时  间：' + time
                + '</li><li class="list-group-item">站  址：' + ssyq_info[0].SiteAddress +
'</li></ul></div>';
    //获取要素点的坐标
    var coordinate = [parseFloat(data.SitePntX), parseFloat(data.SitePntY)];
    //获取 popup-content 标签
    popupCxt = $("#popup-content");
    //设置 Popup 标注容器里的内容
    popupCxt.html(html);
    var names = new Array();
    var values = new Array();
    for (var i = 0; i < ssyq_info.length; i++) {
        names[i] = ssyq_info[i].tm.split(":")[0] + "时";
        values[i] = ssyq_info[i].RainNum;
```

```
    }
    //初始化图表标签
    myChart = echarts.init(document.getElementById('chartzjh'),"macarons");
    var text=ssyq_info[0].SiteName+"-雨量图";
    //正则，去除字符串中间的空格
    text=text.replace(/\s/g,'');
    var options = {
        //定义一个标题
        title: {
            text: text,
            textStyle:{fontSize: 16}
        },
        //设置图表与容器的间隔
        grid:{
            x2:50,
            y:70,
            y2:25
        },
        toolbox: {
        show : true,
        orient: 'horizontal',
        x:'175',
        feature : {
            mark : {show: true},
            dataView : {show: true, readOnly: false},
            magicType : {show: true, type: ['line', 'bar']},
            saveAsImage : {show: true}
        }
    },
    tooltip : {
        trigger: 'axis'
    },
    //X 轴设置
    xAxis: {
        type: 'category',
        data: names,
        name:"时间"
    },
    yAxis: {
        name:"雨量",
        type: 'value'
    },
    //name=legend.data 时才能显示图例
    series: [{
        name: '雨量值',
        type: 'bar',
        data: values,
```

```
            barWidth : 30,//柱图宽度
            markPoint : {
                data : [
                {type : 'max', name: '最大值'},
                {type : 'min', name: '最小值'}
                ]
                },
                markLine : {
                    data : [
                    {type : 'average', name: '平均值'}
                    ]
                }
            }]
        };
        //设置图表参数
        myChart.setOption(options);
        //设置 Popup 标注的位置
        PopopOverlay.setPosition(coordinate);
    }

    //显示实时雨情信息框，并记录请求到的数据
    function showssyqRainDetailInfo(data) {
        var resInfo = eval('(' + data + ')');
        if (resInfo == null) {
            return;
        }
        ssyq_info = resInfo;
    }
```

代码说明：上述代码实现了基于站码查询对应雨情监测站点详细信息的功能，在查询结果回调函数中将查询到的信息存储至全局变量 ssyq_info 中，便于读取结果内容并设置 Popup 标注中。其中，在设置查询请求的 url 时，监测站点站码（siteNum）参数值可通过 get 方法从矢量点要素对象中获取。统计图采用 echarts 进行绘制，支持柱状图与折线图的切换，并提供了将统计图输出为本地图片的功能。动态设置 Popup 标注的具体内容后，调用 Popup 标注对象的 setPosition 方法设置 Popup 标注的坐标位置，在地图标注上弹出 Popup 标注。

9.4.7　台风路径

在进行台风路径监测时，首先查询该区域台风的基本信息（如台风 ID、名称等），然后选择查询结果中的一条记录查看对应台风的详细路径与其相关信息，即根据此台风 ID 查询已经过的台风点（如位置、风力、风速等）及预报信息（如预报国家、预测经过点、风力、风速等），并在地图上动态绘制出已经过线路（用实线表示）、预测线路（用虚线表示），根据风力用不同标注标识每个台风点。

在功能面板上勾选“台风路径”选项时，可查询台风的基本信息，在地图上绘制台风路径标线，展开台风图例面板，并在右侧的结果列表中显示台风基本信息，如图 9-18 所示。在

右侧结果列表中选择某一个台风后，可查询其详细信息，并在地图上动态绘制此台风路径，同时也会将详细路径点信息显示到结果列表中，如图 9-19 所示。将鼠标悬浮在绘制的台风路径点上，或者单击右侧结果列表中的台风路径表格中的某一行时，在地图上即可弹出实测路径的 Popup 标注，并显示详细信息，如图 9-20 所示。

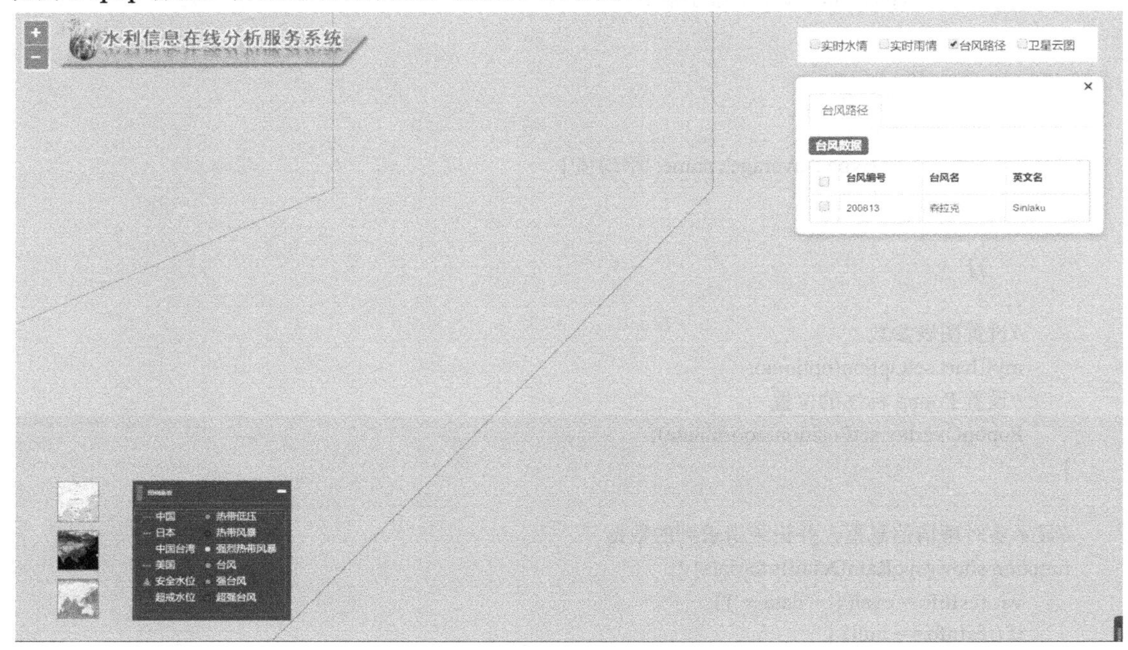

图 9-18　台风路径基本信息

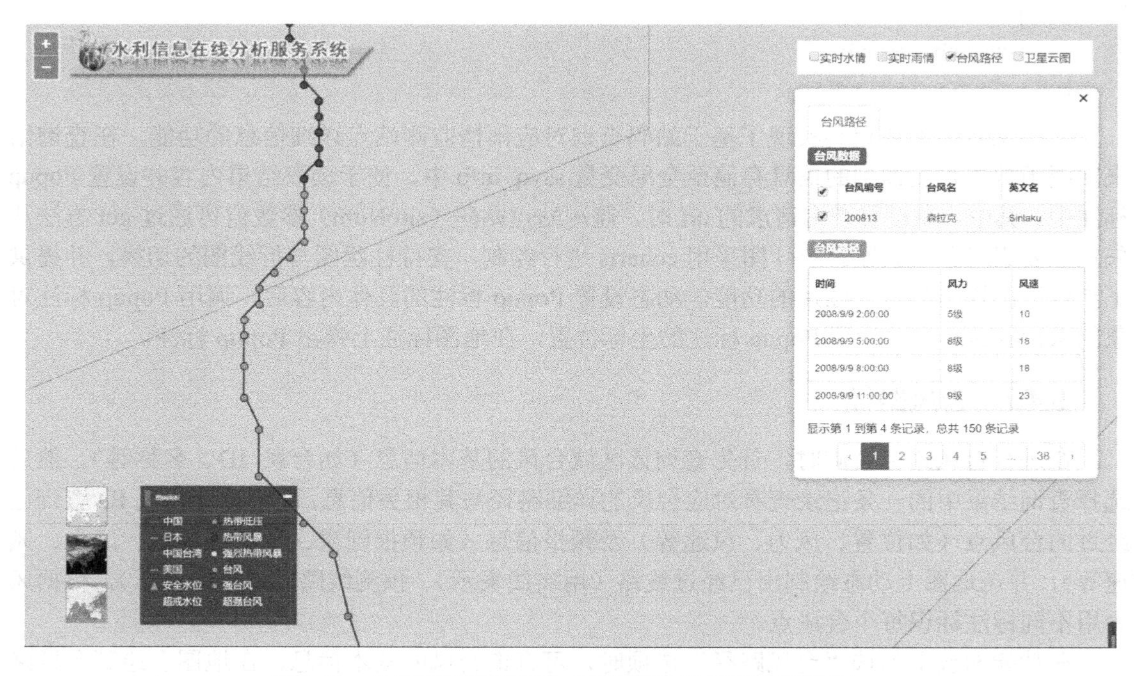

图 9-19　台风路径详细信息（绘制路径并显示结果列表）

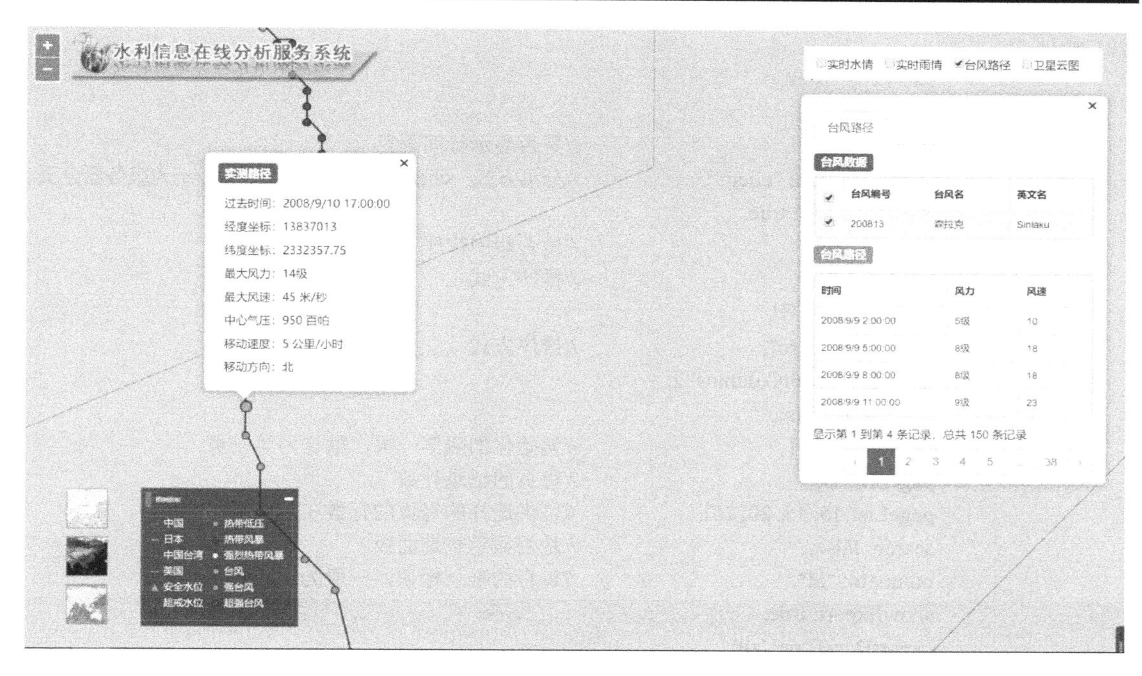

图 9-20　台风路径点的 Popup 标注

实现台风路径功能的方法与实现实时水/雨情功能的方法类似，关键步骤如下：

（1）查询区域范围内的台风基本信息，创建台风基本信息表格来显示基本信息。

（2）在台风基本信息表格中选择数据，根据台风编号查询此台风的详细信息，通过两次查询分别获取台风路径的详细信息、台风预测信息。

（3）解析查询结果数据，创建台风详细信息表格进行显示。

（4）解析查询结果数据，在地图上动态绘制台风路径，包括路径点和路径线。

（5）以 Popup 标注方式查看台风路径的详细信息功能。

1. 台风基本信息的查询与基本信息表格的创建

台风基本信息的查询是在后台通过 DBConnection.cs 中的 ConnectSQLwind_basicinfo 方法查询业务数据库中的信息表（wind_basicinfo）来获取的。通过 Bootstrap-table 创建台风基本信息表格时，要在 url 参数中发送 Ajax 查询请求，注意，filed 字段要同返回的 JSON 格式的结果的字段保持一致，这样结果数据才能添加至基本信息表格中。

程序代码 9-15　查询台风基本信息并创建基本信息表格

```
/* 创建台风基本信息表格*/
Table_taifeng = function () {
    var oTableInit = new Object();
    //初始化基本信息表格
    oTableInit.Init = function () {
        $('#tb_taifeng').bootstrapTable({
            method: 'get',                          //请求方式
            url: encodeURI("Handler.ashx?method=tflj&oper=tfInfo&" + Math.random()), //请求后台的
```

```
URL 地址
                dataType: 'json',
                cache: false,
                striped: true,                          //是否显示行间隔色
                sidePagination: "client",               //分页方式：client 为客户端分页，server 为服务器分页
                showColumns: true,
                sortable: true,                         //是否启用排序
                sortClass: "id",                        //排序方式
                sortName: '序号',
                sortOrder: "desc",                      //排序方式
                minimumCountColumns: 2,
                pagination: false,
                pageNumber: 1,                          //初始化加载第一页，默认为第一页
                pageSize: 5,                            //每页的记录行数
                pageList: [5, 15, 20, 25],              //可供选择的每页的行数
                search: false,                          //是否显示查询面板
                uniqueId: "id",                         //每行的唯一标识，一般为主键列
                showExport: true,
                exportDataType: 'all',
                showColumns: false,                     //是否显示所有的列
                showRefresh: false,                     //是否显示刷新按钮
                minimumCountColumns: 2,                 //最少允许的列数
                clickToSelect: true,                    //是否启用单击选中行
                uniqueId: "ID",                         //每行的唯一标识，一般为主键列
                showToggle: false,                      //是否显示详细视图的切换按钮
                cardView: false,                        //是否显示详细视图
                detailView: false,                      //是否显示父子表
                columns: [{
                    checkbox: true,
                    visible: true
                }, {
                    field: 'windid',
                    title: '台风编号',
                    class: 'w80'
                }, {
                    field: 'windname',
                    title: '台风名',
                    class: 'w80'
                },
                 {
                     field: 'windeng',
                     title: '英文名',
                     class: 'w80'
                 }
                    ],
                onCheck: function (row) {
                    $("#taifeng_lujing").css("display", "block");
```

```
                $(".tflj_label").css("display", "block");
                //查询台风预测信息
                var urlStr = encodeURI("Handler.ashx?method=tflj&oper=forcastInfo&tfID=" + "200813"
+ "&" + Math.random());
                $.ajax({
                    type: "get",
                    contentType: "application/json",
                    url: urlStr,
                    async: false,
                    success: tfljForcastOnsuccess
                });
                tfDetailInfoArray = tfPathInfo;
                drawTFPathInfo(tfPathInfo);
                PopopOverlay.setPosition(undefined);
            },
            onUncheck: function () {
                $("#taifeng_lujing").css("display", "none");
                $(".tflj_label").css("display", "none");
                //清除台风路径
                clearTfljMarker();
                clearTfljPath();
                clearTimer();
                clearTFCurrentCircle();
                PopopOverlay.setPosition(undefined);
            }
        });
    };
    return oTableInit;
}
```

代码说明：上述代码为查询台风基本信息并创建基本信息表格的关键代码，在 Init 初始化函数中调用 Table_taifeng 方法创建表格。当勾选“台风路径”选项时，可将基本信息表格设置为显示状态（display:block），并通过 addTfljLine 添加台风路径标线，其代码如下所示。

程序代码 9-16　添加台风路径标线的关键代码

```
//导入相关模块包
import VectorLayer from 'ol/layer/Vector';
import VectorSource from 'ol/source/Vector';
import Feature from 'ol/Feature';
import Style from 'ol/style/Style';
import Stroke from 'ol/style/Stroke';
import LineString from 'ol/geom/LineString';
/* 显示台风路径标线*/
function addTfljLine() {
    if (tfljDrawLayer == null) {
        //台风路径标线绘制层
        tfljDrawLayer = new VectorLayer ({
```

```
            source: new VectorSource ()
        });
        map.addLayer(tfljDrawLayer);
    }
    //目前需要添加 4 条标线
    var dots1 = new Array();
    dots1.push([11757464.4300438, 2154935.91508589]);
    dots1.push([12474016.8603311, 2154935.91508589]);
    dots1.push([12474016.8603311, 3123471.74910458]);
    var lin1 = new LineString(dots1);
    var linFeature1 = new Feature({
        geometry: lin1 //几何信息（坐标点）
    });
    var fStyle1 = new Style({
        stroke: new Stroke({
            color: '#990000',
            width: 0.5
        })
    });
    linFeature1.setStyle(fStyle1);
    tfljDrawLayer.getSource().addFeature(linFeature1); //添加图形 1
    //通过上述方法分别添加其他 3 条标线（linFeature2、linFeature3、linFeature4）
    //代码略
}
```

代码说明：为了绘制路径标线，代码中创建了一个绘制层（tfljDrawLayer），通过 tfljDrawLayer 数据源的 addFeature 方法将路径标线添加到绘制层中。

2．台风详细信息的查询与台风详细信息表格的创建

选择台风基本信息表中的某个台风时，可根据台风编号查询此台风的详细信息，即先查询台风经过路径点的详细信息，再查询台风预测信息，解析查询结果后将台风详细信息添加在台风详细信息表格中。

程序代码 9-17　查询台风详细信息的关键代码

```
/*创建台风详细信息表格*/
Table_taifenglujing = function () {
    var oTableInit = new Object();
    //初始化台风详细信息表格
    oTableInit.Init = function () {
        $('#tb_taifenglujing').bootstrapTable({
            method: 'get',                          //请求方式（get）
            url: encodeURI("Handler.ashx?method=tflj&oper=detailInfo&tfID=" + "200813" + "&" + 
Math.random()),                                     //请求后台的 URL 地址
            dataType: 'json',
            cache: false,
            striped: true,                          //是否显示行间隔色
```

```
            sidePagination: "client",           //分页方式：client 为客户端分页，server 为服务器分页
            showColumns: true,
            sortable: true,                     //是否启用排序
            sortClass: "id",                    //排序方式
            sortName: '序号',
            sortOrder: "desc",                  //排序方式
            minimumCountColumns: 2,
            pagination: true,
            pageNumber: 1,                      //初始化加载第一页，默认为第一页
            pageSize: 4,                        //每页的记录行数
            pageList: [4],                      //可供选择的每页的行数
            search: false,                      //是否显示查询面板
            uniqueId: "id",                     //每行的唯一标识，一般为主键列
            showExport: true,
            exportDataType: 'all',
            showColumns: false,                 //是否显示所有的列
            showRefresh: false,                 //是否显示刷新按钮
            minimumCountColumns: 2,             //最少允许的列数
            clickToSelect: true,                //是否启用单击选中行
            uniqueId: "ID",                     //每行的唯一标识，一般为主键列
            showToggle: false,                  //是否显示详细视图切换按钮
            cardView: false,                    //是否显示详细视图
            detailView: false,                  //是否显示父子表
            responseHandler: oTableInit.responseHandler, //Ajax 已请求到数据，在表格加载数据之前调
用此函数
            columns: [{
                checkbox: false,
                visible: false
            }, {
                field: 'tm',
                title: '时间',
                class: 'w160'
            }, {
                field: 'windstrong',
                title: '风力',
                class: 'w60'
            },{
                field: 'windspeed',
                title: '风速',
                class: 'w60'
            }
            ],
           onClickRow: function (row, element) {
                $(".success").removeClass('success');
                //添加当前选中的 success 样式，用于高亮当前选中行
                $(element).addClass('success');
                //获取要素点坐标
```

```
                    var coordinate = [parseFloat(row.jindu), parseFloat(row.weidu)];
                    //设置地图的中心点
                    map.getView().setCenter(coordinate);
                    map.once("moveend", function () {
                        showTfljPopup(row);
                    });
                }
            });
        };
        //加载服务器数据之前的处理程序
        oTableInit.responseHandler = function (res) {
            //存储台风详细信息
            tfPathInfo = res;
            return res;
        };
        return oTableInit;
    };

    /* 查询到的预测信息*/
    function tfljForcastOnsuccess(data) {
        var resInfoArray = eval('(' + data + ')');
        tfForcastInfoArray = resInfoArray;   //将查询到的台风预测信息添加到对应缓存数组中
    }
```

代码说明：在查询台风详细信息时，通过 url 属性向 Handler.ashx 发送 Ajax 查询请求，查询完成后在 responseHandler 响应函数中解析查询结果。查询请求 url 中的 method 参数为代表台风路径模块的 tflj，oper 参数为台风详细信息的 detailInfo，tfID 参数为台风编号，后台查询数据库中的台风详细信息表格（wind_info）。注意，filed 字段要同返回的 JSON 格式的结果的字段保持一致，这样结果数据才能添加到台风详细信息表格中。

3. 地图上绘制某个台风的路径

通过 drawTFPathInfo()解析查询结果数据，包括台风经过路径点详细信息和台风预测信息，在地图上通过计时器动态绘制这个台风路径。drawTFPathInfo 方法非常关键，采用矢量图层加载矢量要素的方式添加台风路径点与路径线。

程序代码 9-18　绘制台风路径的关键代码

```
    //导入相关模块包
    import VectorLayer from 'ol/layer/Vector';
    import VectorSource from 'ol/source/Vector';
    /* 绘制台风的路径*/
    function drawTFPathInfo(resInfoArray) {
        if (tfljPathInfoLayer == null) {                    //将台风路径信息图层添加到地图容器中
            tfljPathInfoLayer = new VectorLayer({
                source: new VectorSource()
            });
```

```
        map.addLayer(tfljPathInfoLayer);
    }
    if (tfVectorLayer == null) {                    //将当前台风标识绘制层添加到地图容器中
        tfVectorLayer = new VectorLayer({
            source: new VectorSource()
        });
        map.addLayer(tfVectorLayer);
    }
    if (tfljPntInfoLayer == null) {                 //将台风路径点标注图层添加到地图容器中
        tfljPntInfoLayer = new VectorLayer({
            source: new VectorSource()
        });
        map.addLayer(tfljPntInfoLayer);
    }
    //将地图中心移到第一个点的位置，并将地图级数放大两级
    map.getView().setCenter([resInfoArray[0].jindu, resInfoArray[0].weidu]);
    map.getView().setZoom(7);
    //设置计时器动态绘制台风的实际路径和预测路径
    var i = 0;
    tfInfoTimer = setInterval(function () {
        if (i < resInfoArray.length) {
            addTFPath(i, resInfoArray[i++]);        //绘制台风路径点与路径线
        }
        else {
            drawTFForcastInfo();                    //绘制台风的预测路径
            if (tfInfoTimer != null) {
                clearInterval(tfInfoTimer);
                tfInfoTimer = null;
            }
        }
    }, 300);
}
```

代码说明：上述代码为绘制台风路径的关键代码，首先分别加载台风路径信息图层（tfljPathInfoLayer）、当前台风标识绘制层（tfVectorLayer）、台风路径点标注图层（tfljPntInfoLayer）；然后进行地图定位；最后通过计时器 setInterval 分别调用 addTFPath 与 drawTFForcastInfo 动态绘制台风的实际路径与预测路径。

程序代码 9-19　绘制台风的实际路径（即添加台风路径点与路径线）

```
//导入相关模块包
import Feature from 'ol/Feature';
import Point from 'ol/geom/Point';
import Style from 'ol/style/Style';
import Stroke from 'ol/style/Stroke';
import Icon from 'ol/style/Icon';
import LineString from 'ol/geom/LineString';
/* 添加单个点*/
```

```
function addTFPath(i, simplePntInfo) {
    var typhoonFeature;                                          //台风路径点要素
    var size = map.getSize();                                    //地图容器的大小
    var bound = map.getView().calculateExtent(size);             //当前地图范围
    //根据当前地图范围移动地图
    if (bound[1] > simplePntInfo.jindu || bound[2] > simplePntInfo.weidu || bound[3] < simplePntInfo.jindu ||
bound[0] < simplePntInfo.weidu) {
        map.getView().setCenter([simplePntInfo.jindu, simplePntInfo.weidu]);
        map.getView().setZoom(7);
    }
    var lon = simplePntInfo.jindu;
    var lat = simplePntInfo.weidu;
    var coord = [lon, lat];                                      //台风路径点坐标
    //第一步：绘制当前台风图片，并在台风图片的周围画两个圆圈
    //（1）绘制台风周围的圆圈
    drawTFCircle([lon, lat + 20000]);                            //绘制圆圈
    //（2）添加当前台风图片的标注
    if (tfCurrentMarker != null) {
        tfljPntInfoLayer.getSource().removeFeature(tfCurrentMarker);
    }
    var currentImg = imgBaseUrl+"/taifeng.619c7da2.gif";
    tfCurrentMarker = new Feature({
        geometry: new Point(coord),                              //几何信息（坐标点）
        type: "tfMarker"                                         //类型（当前台风标识）
    });
    var currentMarkerStyle = new Style({
        image: new Icon(/** @type {olx.style.IconOptions} */({
            anchorOrigin: 'bottom-left',
            anchorXUnits: 'fraction',
            anchorYUnits: 'pixels',
            offsetOrigin: 'bottom-left',
            scale: 1,                                            //图标缩放比例
            opacity: 1,                                          //透明度
            src: currentImg                                      //图标的 URL 地址
        }))
    });
    tfCurrentMarker.setStyle(currentMarkerStyle);
    tfljPntInfoLayer.getSource().addFeature(tfCurrentMarker);
    //第二步：绘制台风路径
    var n = 0;
    var tfGrade = 5;                                             //若无台风风力，则默认为热带气压
    if (simplePntInfo.windstrong != null) {
        n = simplePntInfo.windstrong.indexOf("级");
        tfGrade = simplePntInfo.windstrong.slice(0, n);
    }
    var imgURL = "";
    if (tfGrade == 4 || tfGrade == 5 || tfGrade == 6) {
```

```
        imgURL = imgBaseUrl+"/Wind06.abc2d8bd.png";
    }
    if (tfGrade == 7) {                                    //热带气压
        imgURL = imgBaseUrl+"/Wind06.abc2d8bd.png";
    } else if (tfGrade == 8 || tfGrade == 9) {             //热带风暴
        imgURL = imgBaseUrl+"/Wind05.99c53e33.png";
    } else if (tfGrade == 10 || tfGrade == 11) {           //强热带风暴
        imgURL = imgBaseUrl+"/Wind04.64ec73c1.png";
    } else if (tfGrade == 12 || tfGrade == 13) {           //台风
        imgURL = imgBaseUrl+"/Wind03.b4f7b7e4.png";
    } else if (tfGrade == 14 || tfGrade == 15) {           //强台风
        imgURL = imgBaseUrl+"/Wind02.6a5e9ea6.png";
    } else if (tfGrade == 16) {                            //超强台风
        imgURL = imgBaseUrl+"/Wind01.0c638630.png";
    }
    //台风路径点标注要素
    typhoonFeature = new Feature({
        geometry: new Point(coord),                        //几何信息（坐标点）
        type: "typhoon",                                   //类型（台风）
        info: simplePntInfo,                               //标注的详细信息
        imgURL: imgURL,                                    //标注图标的 URL 地址
        fid: "typhoonPoint" + i.toString()
    });
    typhoonFeature.setStyle(createLabelStyle(imgURL, 0.8));
    tfljPntInfoLayer.getSource().addFeature(typhoonFeature);
    //将台风路径点要素添加到对应的缓存数组中
    if (tfMarkerArray == null) {
        tfMarkerArray = new Array();
    }
    tfMarkerArray.push(typhoonFeature);

    //将台风路径点添加到台风路径数组中
    var dot = [simplePntInfo.jindu, simplePntInfo.weidu];
    if (tfPathInfoArray == null) {
        tfPathInfoArray = new Array();
    }
    tfPathInfoArray.push(dot);
    //绘制的不是第一个路径点，则绘制中间的路径线
    if (i > 0) {
        var linFeature = new Feature({
            geometry: new LineString(tfPathInfoArray)              //路径线的几何信息（坐标点）
        });
        //设置线要素的样式
        linFeature.setStyle(new Style({
            stroke: new Stroke({
                color: '#EE0000',
                width: 2
```

```
            })
        })
        );
        tfljPathInfoLayer.getSource().addFeature(linFeature);          //添加线要素
    }
}
```

代码说明：在上述代码中，addTFPath 非常关键，用于在地图上添加单个台风路径点（即矢量点要素）与两点之间的连线（即矢量线要素），以及当前台风路径点标识（即一个图标矢量点+两个圆）。其中，在添加台风路径点时，要根据当前台风强度大小设置相应的图标（即由 imgURL 参数设置相应图标地址），在实例化台风路径点要素时也要设置 type、info、fid 属性参数，便于实现台风路径点的 Popup 标注功能。

程序代码 9-20　绘制台风预测路径的关键代码

```
/* 绘制台风预测路径，即标注点以及移动路径，每个国家和地区的预测路径采用不同颜色表示*/
function drawTFForcastInfo() {
    //台风要素
    var typhoonFeature;
    //第一步：绘制台风预测路径点
    for (var i = 0; i < tfForcastInfoArray.length; i++) {
        var simplePntInfo = tfForcastInfoArray[i];          //单个预测路径点
        var lon = simplePntInfo.jindu;
        var lat = simplePntInfo.weidu;
        var coord = [lon, lat];                              //预测路径点坐标
        var n = 0;
        var tfGrade = 5;                                     //若无台风风力，则默认为热带气压
        var imgURL = "";
        if (simplePntInfo.windstrong != null) {
            n = simplePntInfo.windstrong.indexOf("级");
            tfGrade = simplePntInfo.windstrong.slice(0, n);
        }
        if (tfGrade == 4 || tfGrade == 5 || tfGrade == 6 || tfGrade == "            ") {
            imgURL = imgBaseUrl+"/Wind06.abc2d8bd.png";
        }
        if (tfGrade == 7) {                                  //热带气压
            imgURL = imgBaseUrl+"/Wind06.abc2d8bd.png";
        } else if (tfGrade == 8 || tfGrade == 9) {           //热带风暴
            imgURL = imgBaseUrl+"/Wind05.99c53e33.png";
        } else if (tfGrade == 10 || tfGrade == 11) {         //强热带风暴
            imgURL = imgBaseUrl+"/Wind04.64ec73c1.png";
        } else if (tfGrade == 12 || tfGrade == 13) {         //台风
            imgURL = imgBaseUrl+"/Wind03.b4f7b7e4.png";
        } else if (tfGrade == 14 || tfGrade == 15) {         //强台风
            imgURL = imgBaseUrl+"/Wind02.6a5e9ea6.png";
        } else if (tfGrade == 16) {                          //超强台风
            imgURL = imgBaseUrl+"/Wind01.0c638630.png";
```

```
            }
            //添加台风预测路径点，即新建标注（矢量点要素）并添加到地图容器中
            typhoonFeature = new Feature({
                geometry: new Point(coord),                          //几何信息（坐标点）
                //name: resInfoArray[i].SiteName,                    //名称属性
                type: "typhoon",                                     //类型（台风）
                info: simplePntInfo,                                 //标注的详细信息
                imgURL: imgURL,                                      //标注图标的 URL 地址
                fid: "typhoonPoint" + i.toString()
            });

            typhoonFeature.setStyle(createLabelStyle(imgURL, 0.8));
            tfljPntInfoLayer.getSource().addFeature(typhoonFeature);
            if (tfMarkerArray == null) {
                tfMarkerArray = new Array();
            }
            tfMarkerArray.push(typhoonFeature);
        }
        //第二步：绘制台风预测路径线
        var dots1 = new Array();
        var dots2 = new Array();
        var dots3 = new Array();
        var dots4 = new Array();

        dots1.push([tfDetailInfoArray[tfDetailInfoArray.length - 1].jindu, tfDetailInfoArray[tfDetailInfoArray.
length - 1].weidu]);
        dots2.push([tfDetailInfoArray[tfDetailInfoArray.length - 1].jindu, tfDetailInfoArray[tfDetailInfoArray.
length - 1].weidu]);
        dots3.push([tfDetailInfoArray[tfDetailInfoArray.length - 1].jindu, tfDetailInfoArray[tfDetailInfoArray.
length - 1].weidu]);
        dots4.push([tfDetailInfoArray[tfDetailInfoArray.length - 1].jindu, tfDetailInfoArray[tfDetailInfoArray.
length - 1].weidu]);

        var dot = null;
        for (var i = 0; i < tfForcastInfoArray.length; i++) {
            var forecast = tfForcastInfoArray[i].forecast.slice(0, tfForcastInfoArray[i].forecast.indexOf(" ")); //
国家和地区属性
            dot = [tfForcastInfoArray[i].jindu, tfForcastInfoArray[i].weidu];        //台风预测路径点
            switch (forecast) {
                case "中国":
                    dots1.push(dot);
                    break;
                case "日本":
                    dots2.push(dot);
                    break;
                case "中国台湾":
                    dots3.push(dot);
```

```
                break;
            case "美国":
                dots4.push(dot);
                break;
            default:
                break;
        }
    }

    var linFeature1 = new Feature({
        geometry: new LineString(dots1)                    //中国台风预测路径线几何信息
    });
    //设置线 1 的样式
    linFeature1.setStyle(new Style({
        stroke: new Stroke({
            color: '#FF3C4E',
            lineDash: [5, 5],
            width: 1
        })
    })
    );
    var linFeature2 = new Feature({
        geometry: new LineString(dots2)                    //日本台风预测路径线几何信息
    });
    //设置线 2 的样式
    linFeature2.setStyle(new Style({
        stroke: new Stroke({
            color: '#04FAF7',
            lineDash: [5, 5],
            width: 1
        })
    })
    );
    var linFeature3 = new Feature({
        geometry: new LineString(dots3)                    //中国台湾预测路径线几何信息
    });
    //设置线 3 的样式
    linFeature3.setStyle(new Style({
        stroke: new Stroke({
            color: '#FF00FE',
            lineDash: [5, 5],
            width: 1
        })
    })
    );
    var linFeature4 = new Feature({
        geometry: new LineString(dots4)                    //美国预测路径线几何信息
```

```
        });
        //设置线 4 的样式
        linFeature4.setStyle(new Style({
            stroke: new Stroke({
                color: '#FEBD00',
                lineDash: [5, 5],
                width: 1
            })
        })
        );
        //添加矢量线要素
        tfljPathInfoLayer.getSource().addFeatures([linFeature1, linFeature2, linFeature3, linFeature4]);
    }
```

代码说明：drawTFForcastInfo 为绘制台风预测路径的方法，读取台风预测信息数组 tfForcastInfoArray 的数据后，先遍历每个预测路径点，根据预测台风强度大小在地图上添加预测路径点要素；再遍历每个预测路径点，根据国家和地属性分别绘制每个国家和地的台风预测路径线。

4．实现 Popup 标注

当单击右侧结果列表中的某一条数据，或者鼠标在台风标注点上悬浮时，会弹出台风详细信息的 Popup 标注，实现方法为 showTfljPopup。此处采用 Bootstrap 中提供的无序列表样式来加载台风路径的内容，具体如下代码所示。

程序代码 9-21　加载台风详细信息的 Popup 标注

```
    /*显示台风详细信息的 Popup 标注*/
    function showTfljPopup(data) {
        var tfInfo = data;
        if (tfInfo.forecast == undefined) {
            var html = '<div class="tfDetail"><span class="label label-primary" style="font-size:100%">实测路
径</span>'
            + '<ul class="list-group tful" style="margin-bottom:0px;margin-top:15px">'
            + '<li class="list-group-item ">过去时间：' + tfInfo.tm
            + '</li><li class="list-group-item ">经度坐标：' + tfInfo.jindu
            + '</li><li class="list-group-item ">纬度坐标：' + tfInfo.weidu
            + '</li><li class="list-group-item ">最大风力：' + tfInfo.windstrong
            + '</li><li class="list-group-item ">最大风速：' + tfInfo.windspeed + '米/秒'
            + '</li><li class="list-group-item ">中心气压：' + tfInfo.qiya + '百帕'
            + '</li><li class="list-group-item ">移动速度：' + tfInfo.movespeed + '公里/小时'
            + '</li><li class="list-group-item ">移动方向：' + tfInfo.movedirect
            + '</li></ul></div>';
        }
        else {
            var html = '<div class="tfDetail"><span class="label label-primary" style="font-size:100%">预测路
径</span>'
             + '<ul class="list-group tful" style="margin-bottom:0px;margin-top:15px">'
```

```
                + '<li class="list-group-item ">预报机构：' + tfInfo.forecast
                + '<li class="list-group-item ">到达时间：' + tfInfo.tm
                + '<li class="list-group-item ">经度坐标：' + tfInfo.jindu
                + '<li class="list-group-item ">纬度坐标：' + tfInfo.weidu
                + '</li><li class="list-group-item ">最大风力：' + tfInfo.windstrong
                + '</li><li class="list-group-item ">最大风速：' + tfInfo.windspeed + '米/秒'
                + '</li><li class="list-group-item ">中心气压：' + tfInfo.qiya + '百帕'
                + '</li><li class="list-group-item ">移动速度：' + tfInfo.movespeed + '公里/小时'
                + '</li><li class="list-group-item ">移动方向：' + tfInfo.movedirect
               + '</li></ul></div>';
        }
        //获取要素点坐标
        var coordinate = [parseFloat(data.jindu), parseFloat(data.weidu)];
        popupCxt = $("#popup-content");
        //设置 Popup 标注容器里的内容
        popupCxt.html(html);
        //设置 Popup 标注的位置
        PopopOverlay.setPosition(coordinate);
    }
```

9.4.8 卫星云图

本系统以展示卫星云图图片的简单应用为例，查看某个时间点的卫星云图数据，或根据时间动态演示卫星云图的变化走势，如图 9-21 所示。若有气象部门提供的卫星云图数据服务接口支持，可以将卫星云图数据叠加到地图上显示。

图 9-21　卫星云图的简单展示

本系统中的卫星云图功能是通过对话框的形式实现的，即结合 jQuery UI 的对话框控件实现。初始化卫星云图对话框后，通过卫星云图对话框中的“打开”按钮可加载卫星云图功能页面（newYunTu.htm），实现加载卫星云图图片与进行轮播的功能。

1. 卫星云图对话框

在首页初始化时，需要初始化卫星云图对话框，关键代码如下所示。

程序代码 9-22　系统首页创建的对话框 HTML 元素

```
<div id="dialog" title="卫星云图">
    <iframe id="wxytIframe"></iframe>
</div>
```

程序代码 9-23　初始化卫星云图对话框

```
//初始化卫星云图对话框
$("#dialog").dialog({
    modal: true,                               //创建模态对话框
    autoOpen: false,                           //默认隐藏对话框
    height: 590,
    width: 920,
    minWidth: 920,
    minHeight: 590,
    open: function (event, ui) {
        $("#wxytIframe").attr("src", "newYunTu.htm"); //加载卫星云图
    }
    ,
    close: function (event, ui) {
        $('#wxyt').attr('checked', false);          //关闭对话框时取消选中“卫星云图”复选框
    }
});
```

代码说明：在系统首页初始化函数中（即 Init.js 中的方法），添加上述卫星云图对话框初始化的代码，创建模态对话框，在 open 方法中设置对话框中的 iframe 来加载卫星云图，卫星云图展示功能由页面（newYunTu.htm）与功能脚本文件（yunTuFun.js）实现。

2. 卫星云图展示

在卫星云图功能页面 newYunTu.htm 中，引用功能文件和样式文件，以及第三方的 jQuery 库与 jQuery UI 库，实现卫星云图的展示，如图 9-22 所示。

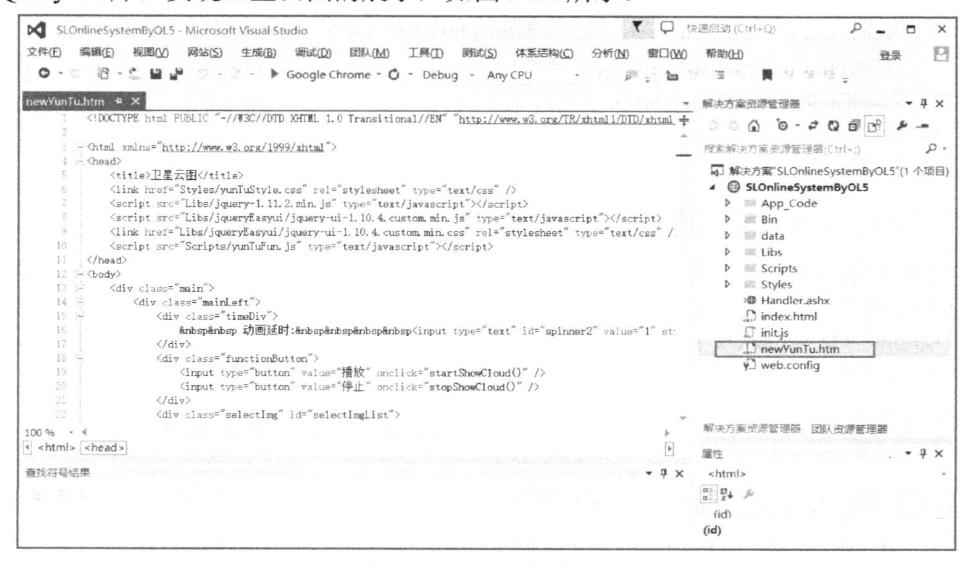

图 9-22　卫星云图展示

展示卫星云图的关键为调用 initSelectImgList 初始化图片列表，通过 startShowCloud()实现卫星云图图片动态轮播功能。

程序代码 9-24　初始化图片列表关键代码

```
var timeStrArray = new Array();
var timeShowStrArr = new Array();
var ytInfoTimer = null;              //卫星云图播放动画时间控制器
var timeControl = 0;                 //控制卫星云图播放
/*初始化卫星云图图片列表*/
function initSelectImgList() {
    GetImgAddress();                 //得到卫星云图图片地址
    //动态创建左侧列表
    var html = "<ul>";
    for (var i = 0; i < timeStrArray.length; i++) {
        var tempHtml = "<li class='wxytLi c'>" + timeStrArray[i] + "</li>";
        html += tempHtml;
    }
    html += "</ul>";
    $("#selectImgList").append(html);
    //列表项的样式设置
    $(".selectImg ul li").hover(function () {
        $(this).addClass("b");
        $(this).css("cursor", "pointer")
    }, function () {
        $(this).removeClass("b");
    })
    //单击列表项显示对应的卫星云图图片
    $(".selectImg ul li").click(function () {
        $(this).addClass("a").siblings("li").removeClass("a");
        var imgUrl = "Libs/images/yuntu/" + $(this).text() + ".jpg";
        $('#yuntuImg img').attr('src', imgUrl);
        timeControl = $(this).index();
    })
}
```

程序代码 9-25　播放卫星云图的关键代码

```
/*开始播放卫星云图*/
function startShowCloud() {
    var time = $("#spinner2").spinner("value");
    if (ytInfoTimer != null) {
        clearTimer();
    }
    //设置计时器动态播放卫星云图
    ytInfoTimer = setInterval(function () {
        if (timeControl * 20 > 470) {
            $("#selectImgList").scrollTop(timeControl * 20 - 400);
        }
        if (timeControl != 0) {
            $(".selectImg ul li:eq(" + (timeControl - 1) + ")").removeClass("a");
```

```
            }
            $(".selectImg ul li:eq(" + timeControl + ")").addClass("a");
            if (timeControl < timeShowStrArr.length) {
                var imgUrl = timeShowStrArr[timeControl++];
                var url = "url(" + imgUrl + ")";
                $('#yuntuImg img').attr('src', imgUrl);        //切换卫星云图图片
            } else {
                timeControl = 0;
                clearTimer();
            }
        }, time * 1000);
    }
```

代码说明：在初始化卫星云图图片列表时，读取本地存储的卫星云图图片地址，动态创建列表展示；在实现卫星云图图片动态播放功能时，则设置计时器通过切换当前卫星云图图片来实现。

9.5 系统部署

9.5.1 系统打包

系统编写完成后，即可用 Parcel 工具进行打包。打开命令行，通过“cd”命令可进入系统工程的文件目录，如图 9-23 所示。

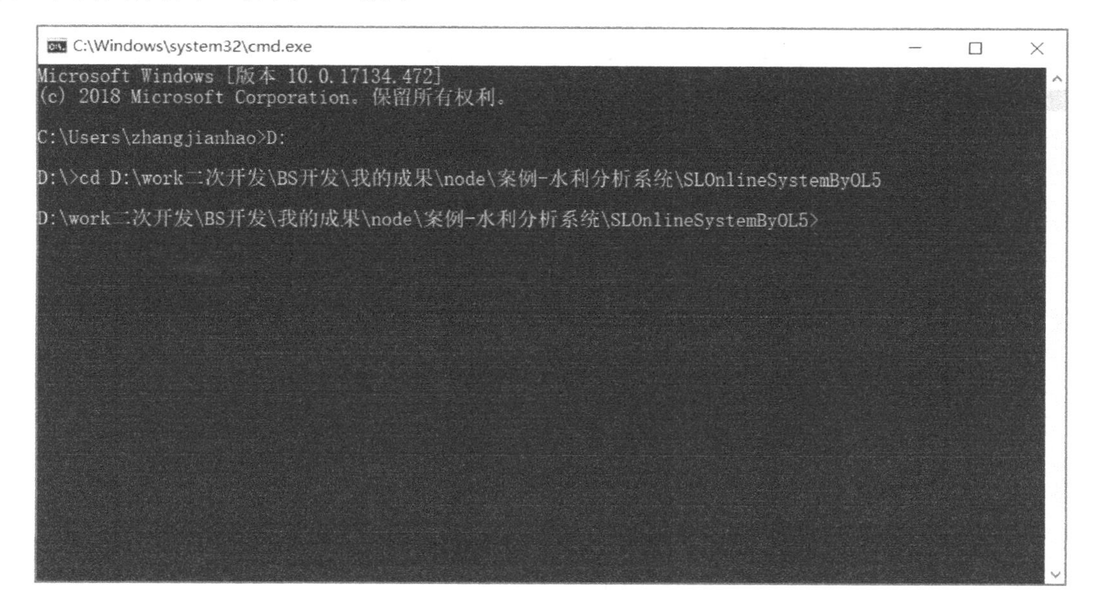

图 9-23　进入系统工程文件目录

输入命令“npm init-y”，可在当前目录下生成一个名为 package.json 的配置文件。在该文件中添加程序的调试入口和打包入口，如图 9-24 所示。

```
package.json
{
    "name": "SLOnlineSystemByOL5",
    "version": "1.0.0",
    "description": "",
    "main": "index.js",
    "scripts": {
      "test": "echo \"Error: no test specified\" && exit 1",
      "start": "parcel index.html",
      "build": "parcel build --public-url . index.html"
    },
    "keywords": [],
    "author": "",
    "license": "ISC"
}
```

图 9-24　添加程序的调试入口和打包入口

配置文件设置完成后，在命令行中输入命令“npm start”，即可对程序进行调试，默认的调试地址为“http://localhost: 1234”。调试完成后输入命令“npm run build”，可对系统进行打包，会在当前目录下生成一个 dist 文件夹，将所用的资源文件全部打包至该文件夹中，如图 9-25 所示。

打包完成后，将后台文件复制到 dist 目录下，如一般处理程序、后台数据库操作代码文件（.cs 文件）、web.config 配置文件等。

9.5.2　系统发布

本系统是使用 JavaScript 在.NET 模式下开发的，因此需要 Internet 信息服务管理器（IIS）作为 Web 服务器发布站点。下面以 Windows10 系统为例，发布水利信息在线分析服务系统。

```
C:\Windows\system32\cmd.exe

D:\work二次开发\BS开发\我的成果\node\案例-水利分析系统\SLOnlineSystemByOL5>npm run build

> SLOnlineSystemByOL5Demo@1.0.0 build D:\work二次开发\BS开发\我的成果\node\案例-水利分析系统\SLOnlineSystemByOL5
> parcel build --public-url . index.html

√  Built in 1.38s.

dist\init.8599aaf9.map                ‼  2.39 MB    281ms
dist\init.8599aaf9.js                  690.18 KB    583ms
dist\splitShow.bb38f761.png             46.77 KB     47ms
dist\logo.f0f1951a.png                  29.11 KB     31ms
dist\terrain.a089699b.png               36.66 KB     31ms
dist\vector.07389f60.png                26.68 KB     31ms
dist\image.eb74b88a.png                 25.75 KB     31ms
dist\style.21939a21.css                 10.33 KB     21ms
dist\index.html                          8.53 KB     15ms
dist\init.5cd39c0a.css                    3.6 KB     79ms
dist\sssq-red.52dbbf91.png               3.36 KB     31ms
dist\yq03.937a892e.png                   3.24 KB     46ms
dist\sssq-green.8bf4239c.png             3.24 KB     30ms
dist\yq05.0480b442.png                   3.22 KB     46ms
dist\yq04.01db3265.png                   3.21 KB     46ms
dist\yq01.26345b6d.png                    3.2 KB     30ms
dist\Wind02.6a5e9ea6.png                 3.19 KB     31ms
dist\yq02.c4eccaec.png                   3.16 KB     46ms
dist\yq06.eb44a73c.png                   3.13 KB     51ms
dist\Wind01.0c638630.png                 3.09 KB     47ms
dist\Wind01.0c638630.png                 3.09 KB     47ms
dist\Wind03.b4f7b7e4.png                 3.01 KB     31ms
```

图 9-25　打包项目

系统详细发布步骤如下：

（1）在发布站点之前，首先验证 IIS 中的应用程序池是否包含.NET v4.5 和.NET v4.5 Classic。打开 IIS 应用程序池，如图 9-26 所示，查看是否包含.NET v4.5 和.NET v4.5 Classic。

如果没有，说明.NET Framework 没有完全安装，这样种情况下发布的网站是无法访问的，需要重新安装配置。

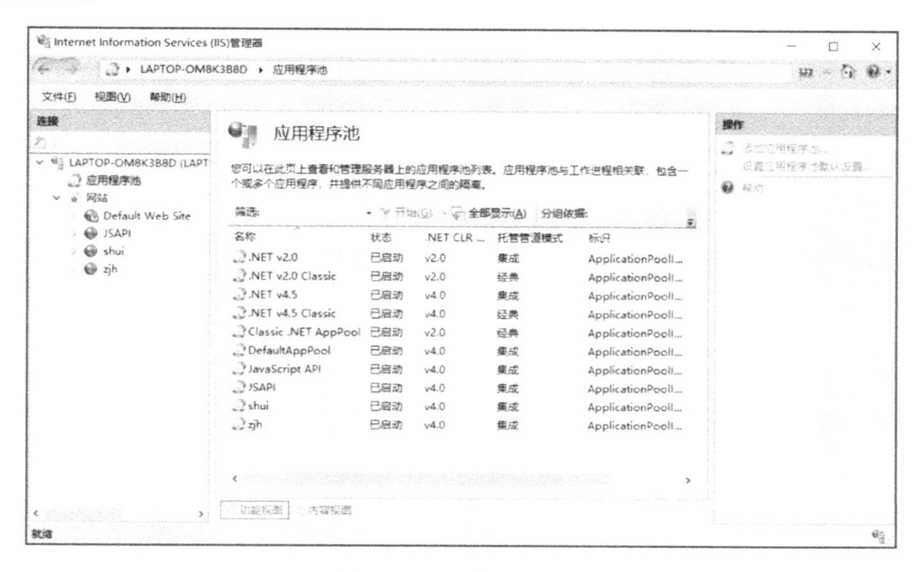

图 9-26　IIS 应用程序池

（2）右击图 9-26 中的“Default Web Site”，在弹出菜单中选择“添加应用程序”，在弹出的“添加应用程序”对话框中设置别名和物理路径，如图 9-27 所示，单击“确定”按钮后即可创建网站。

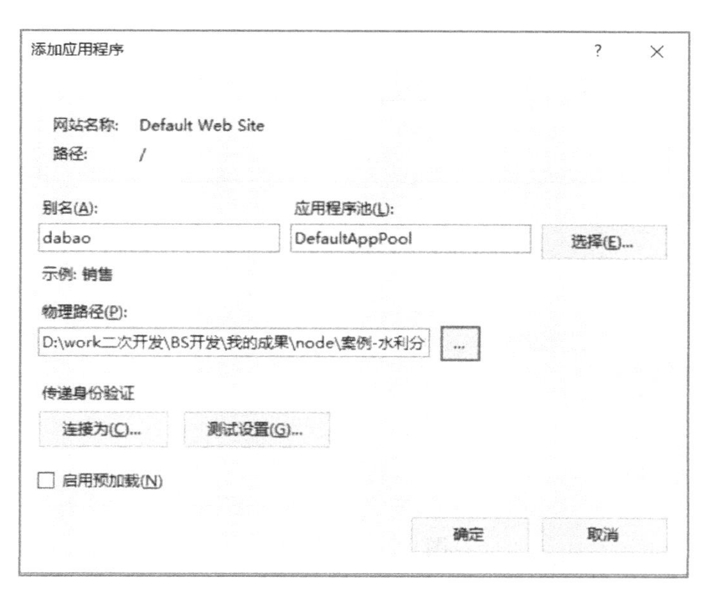

图 9-27　“添加应用程序”对话框

（3）双击新建的网站，单击中间操作窗口下方的“内容视图”，右击“index.html”，在弹出的菜单中选择“浏览”即可在浏览器中查看已经发布的网站，如图 9-28 和图 9-29 所示。

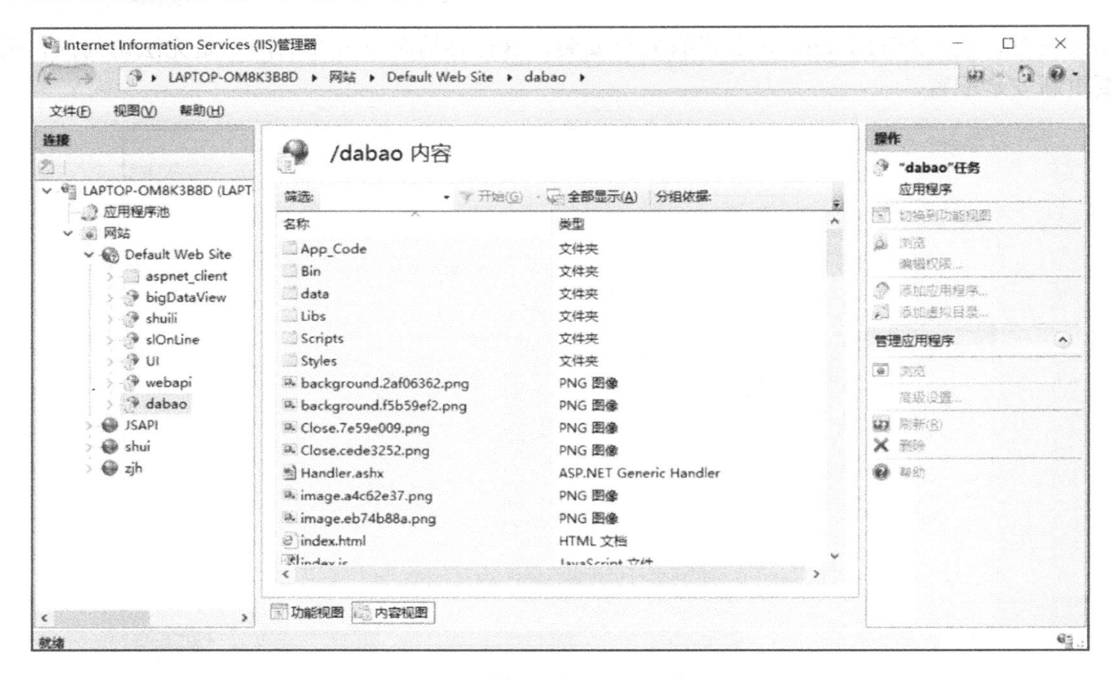

图 9-28　网站发布成功

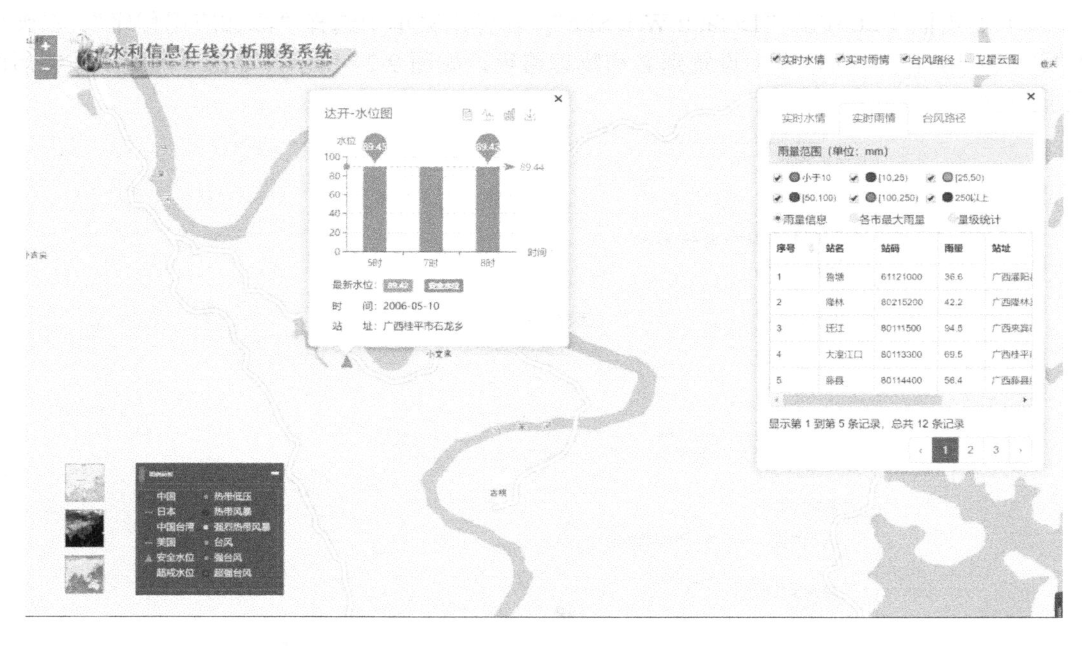

图 9-29　浏览网站

（4）在站点配置文件（web.config 文件）中，可以根据服务器配置环境修改业务数据库连接字符串，如程序代码 9-26 所示。

程序代码 9-26　web.config 文件数据库配置文件

```
        <appSettings>
```

```
        <add     key="GXSLSql"     value="Data     source=192.168.16.107;initial     catalog=guangxi;user
id=sa;password=sa"/>
      </appSettings>
```

上述是水利信息在线分析服务系统实现的整个过程，该系统是基于模块化方式进行开发的，有效降低了系统体量，提升了加载效率，以 jQuery 的 JavaScript 脚本为核心技术，保证了系统的灵活性、可扩展性、可维护性。

9.6　练习

练习 1：尝试基于本系统中的历史雨情信息，结合热点图实现雨量区域分布功能。

练习 2：尝试将本系统部署于 Tomcat 等 Web 应用服务器软件中。

练习 3：尝试基于 Java 的 Web 后台操作，将本系统更改为与 Java 结合开发的 WebGIS。

参 考 文 献

[1] 袁建洲，尹喆，等. JavaScript 编程宝典[M]. 北京：电子工业出版社，2006.

[2] [美]JonathanChaffer，KarlSwedberg. jQuery 基础教程[M]. 郝刚，袁永刚译. 北京：人民邮电出版社，2008.

[3] 百度百科. http://baike.baidu.com/.

[4] 百度文库. http://wenku.baidu.com/.

[5] OpenLayers 官方网站. http://openlayers.org/.

[6] OpenLayers 中文官方门户网站. http://www.openlayers.cn/portal.php.

[7] CSDN 博客. http://blog.csdn.net/qingyafan.

[8] 博客园. GIS：揭开你神秘的面纱. http://www.cnblogs.com/gisangela/archive/2013/02/20/2918884.html.

[9] Echarts 官方网站. http://echarts.baidu.com/echarts2/doc/doc.html.

[10] Bootstrap 中文官方网站. http://www.bootcss.com/.

[11] Bootstrap-table API 中文版. https://blog.csdn.net/S_clifftop/article/details/77937356?locationNum=3&fps=1.